圖 1　1970 年 8 月，加拿大科學探測船哈德森號（Hudson）行駛在阿拉斯加的北海岸，周圍環繞著許多多年生冰層（拍攝自船上的直升機）。

圖 2　2014 年 8 月，波弗特海（Beaufort Sea）南邊的典型融冰。這是我搭乘破冰船 USCGS Healy 號進行極地長征時，所觀察到的現象。

圖 3　格陵蘭海的冬季航道上，處處瀰漫著冰寒的霧氣。

圖 4　典型的冬季景致，白雪覆蓋在平滑的首年冰（first-year ice）上。首年冰的厚度大約是 1 到 1.5 公尺。右側有一條被重新凍結的航道，該處冰層的厚度和外觀，已經長得跟兩側的冰原差不多。現在這樣的景色在北極十分常見。

圖 5　2003 年冬天，遠征隊在北冰洋斯瓦爾巴德（Svalbard）北部的葉爾馬克高原（Yermak Plateau）上紮營。第二天早晨，冰層出現了一道裂縫。

圖 6　接下來的幾個小時，這道裂縫迅速向兩側擴大，變為一條寬闊的航道。圖中作為比例尺的帳篷，即為圖 5 的帳篷。

圖 7　2007 年 4 月，波弗特海上剛生成一週的冰脊（pressure ridge）。

圖 8　波弗特海的同一塊冰脊，以小型水下自動巡航器（AUV）的多音束聲納（multibeam sonar）勘測，深度色階的單位為公尺；紅色圓圈的位置是潛水員下水探查的區域（如小圖所示）。

圖 9　2012 年 7 月，格陵蘭海上由破碎海冰形成的擱冰（stamukha）。擱冰頂端的黃色基地站，是用來蒐集冰脊掃描影像的地形掃描儀。

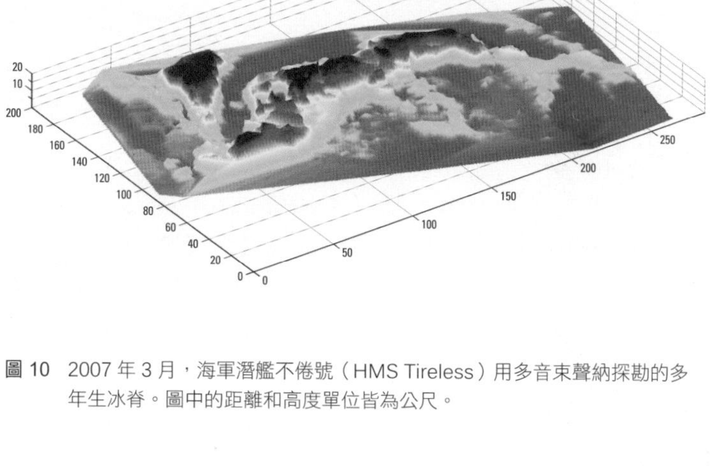

圖 10　2007 年 3 月，海軍潛艦不倦號（HMS Tireless）用多音束聲納探勘的多年生冰脊。圖中的距離和高度單位皆為公尺。

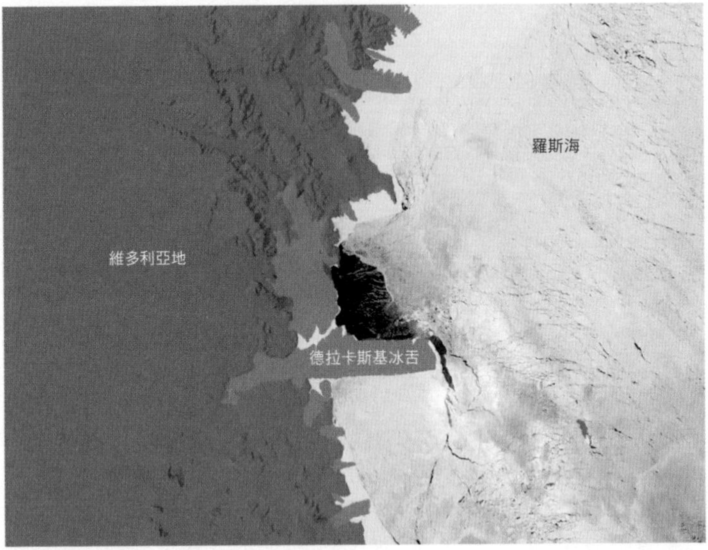

圖 11　2014 年 10 月，羅斯海的特拉諾瓦灣（Terra Nova Bay）冰間湖（polynya）。冰間湖的水域為黑色區塊，而下降風（katabatic wind）從附近陸冰帶下的嚴冷寒氣，則讓湖面覆上了些許帶狀的白色冰晶。

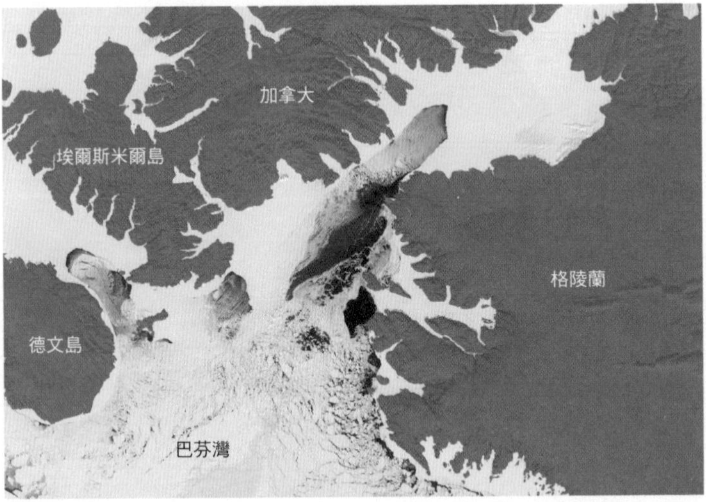

圖 12　2015 年 3 月，在格陵蘭和埃爾斯米爾島間的北水（North Water）冰間湖。

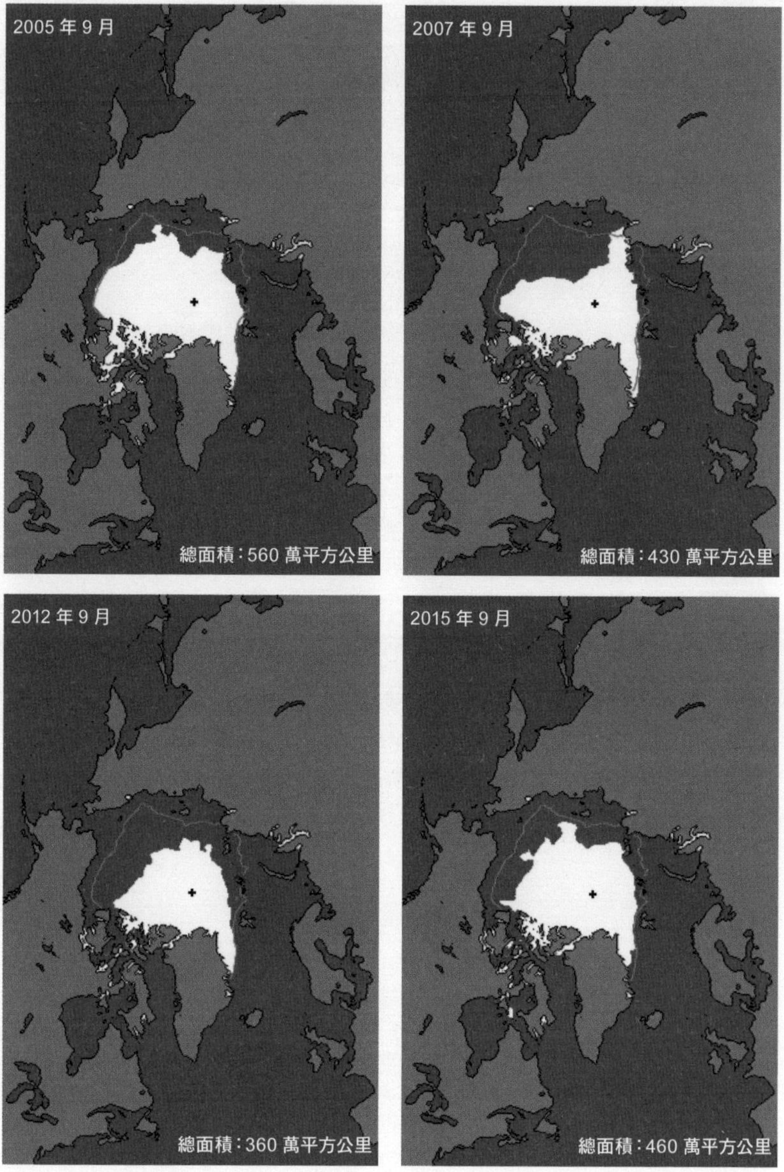

圖 13　北冰洋冰層於 2005 年、2007 年、2012 年和 2015 年 9 月分布的狀況。粉紅色線條框出的範圍為（以往）冰層面積的中間值。

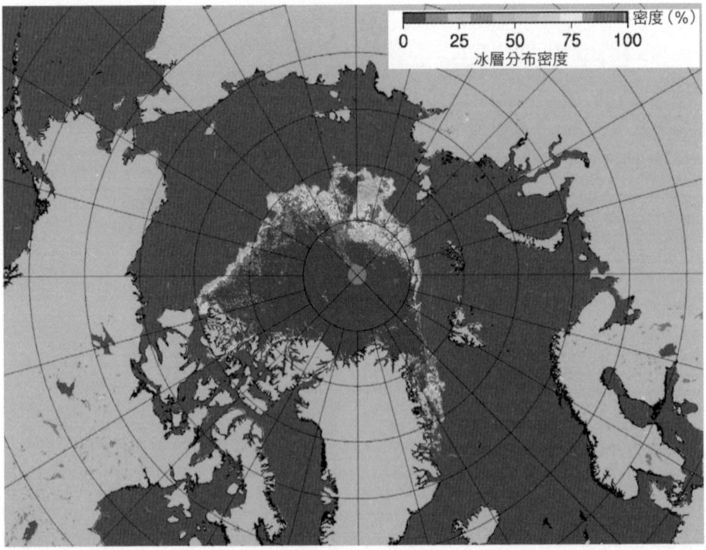

圖 14　2012 年 9 月中旬，由不萊梅大學（University of Bremen）探查、繪製的冰層分布狀況；該圖顯示北極邊緣的冰層密度相當低。

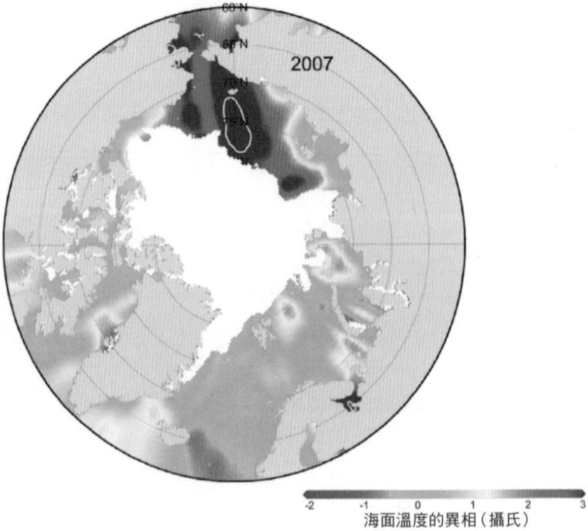

圖 15　2007 年夏天，西伯利亞陸架北側的海洋表面溫度等溫線圖。

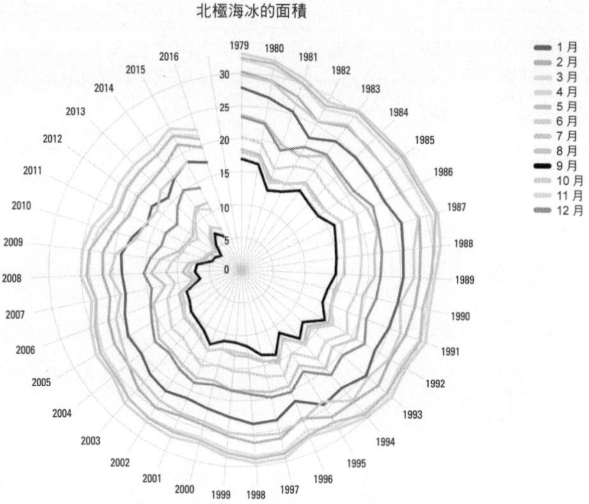

圖 16　「北極的死亡漩渦」。從 1979 年開始，將每年的每月冰層體積標記在極座標圖上，會發現不斷削減的冰層體積呈螺旋狀朝座標圖中心移動。

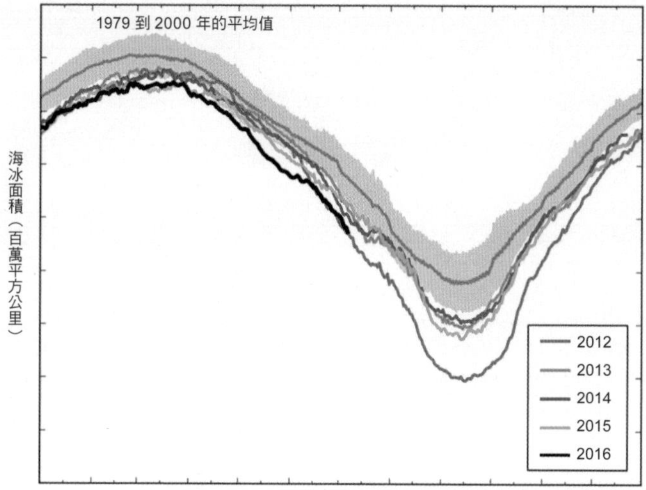

圖 17　北極海冰的四季變化。畫有中間值曲線的灰色帶狀區，呈現了 1979 到 2000 年間冰層面積變化的狀況，當時，海冰消融的速度還沒有這麼快速。

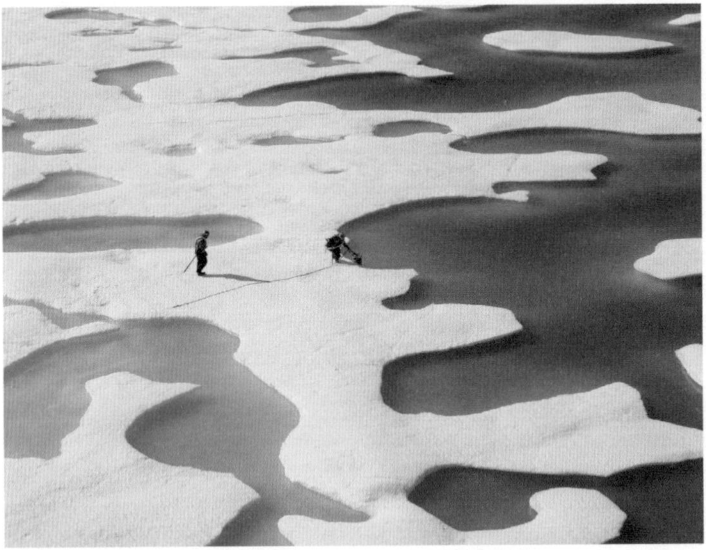

圖 18　北冰洋上的夏季海冰融出一漥漥的水坑，有些甚至還形成了融穴（thaw hole）。

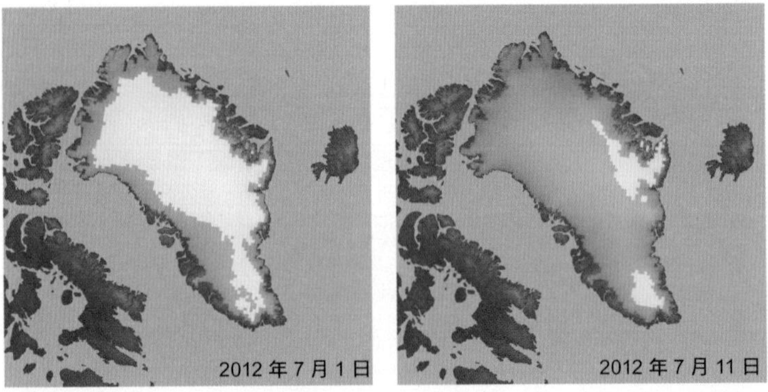

圖 19　2012 年 7 月，格陵蘭冰原頂端發生了嚴重的消融事件。整塊藍色的區域即為衛星偵測到的融化面積。

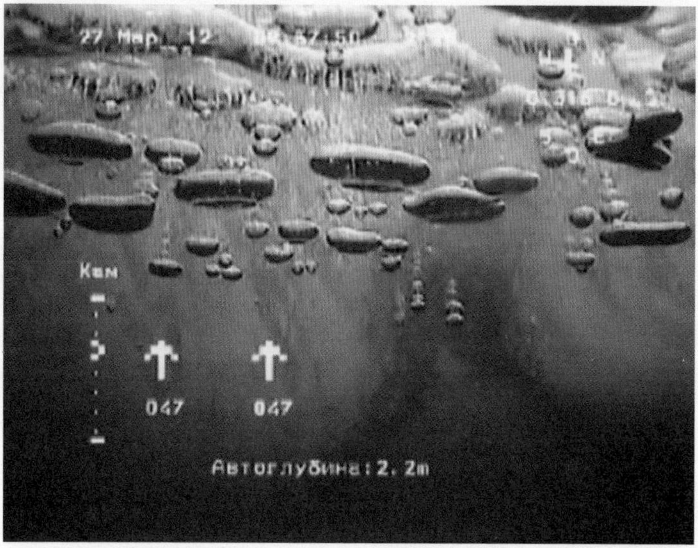

圖 20　從海底衝出的甲烷氣泡，受到海洋冰層的阻擋，變成了扁平狀。模糊的背景顯示，這塊海冰的厚度有 2.2 公尺。

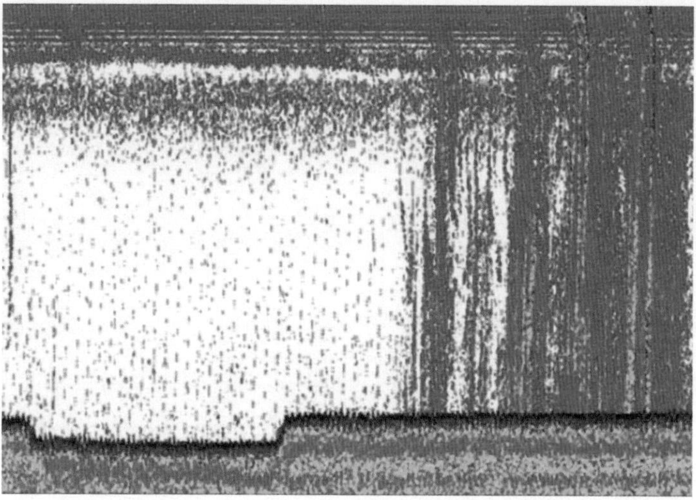

圖 21　聲納於海平面下方 70 公尺處偵測到從東西伯利亞冰架冒出的羽狀氣泡（bubble plumes）。

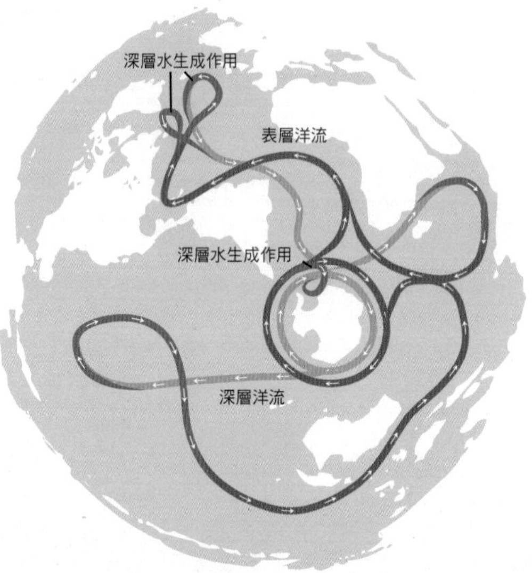

圖 22　全球溫鹽環流的狀況，又稱「深海洋流」。此圖呈現出表層和深層洋流的流向和深層水的位置。

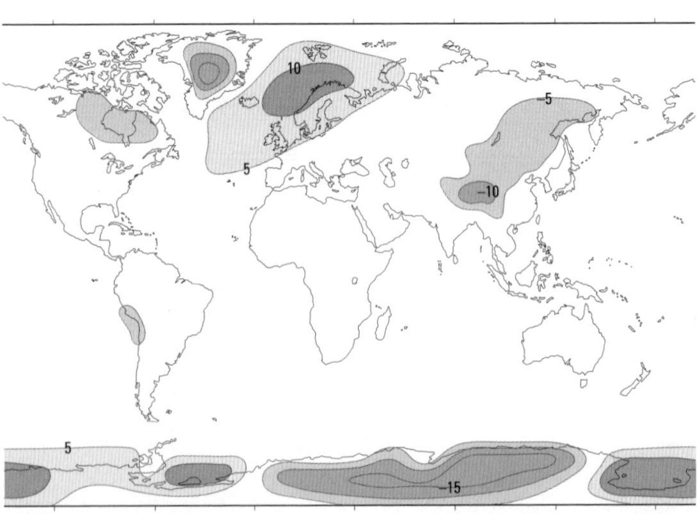

圖 23　1999 年全球溫度異常的等溫線圖。此圖呈現的溫度變化是與該區的平均溫度相比（同一緯度的平均溫度）。歐洲北部和西部的異常暖化是墨西哥灣流（Gulf Stream）和大西洋區的溫鹽環流帶去的暖洋流所致。

圖 24　格陵蘭海中心，奧登冰舌上的荷葉冰（pancake ice）。船上的研究人員會針對比較厚實、生成年歲比較久的荷葉冰進行採樣。

圖 25　研究人員用測波浮標（wave buoy）研究比較薄、年輕的荷葉冰。

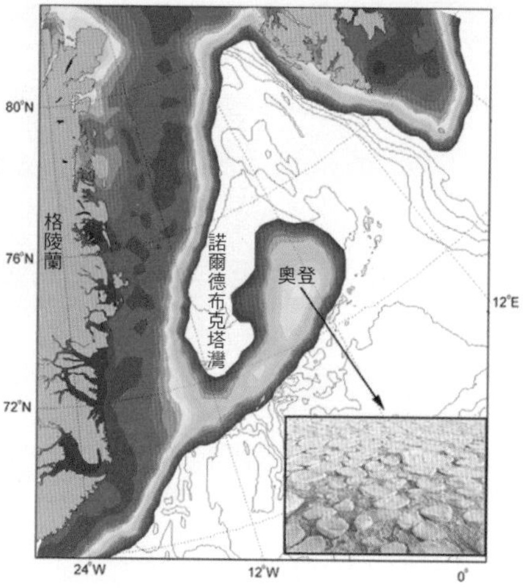

圖 26　1997 年冬季的奧登（Odden）冰舌。紅色代表流出北冰洋的厚實極地冰層。藍色和黃色代表當地新生的年輕冰層，這些冰層在奧登地區以荷葉冰的形式存在（請見小圖）。

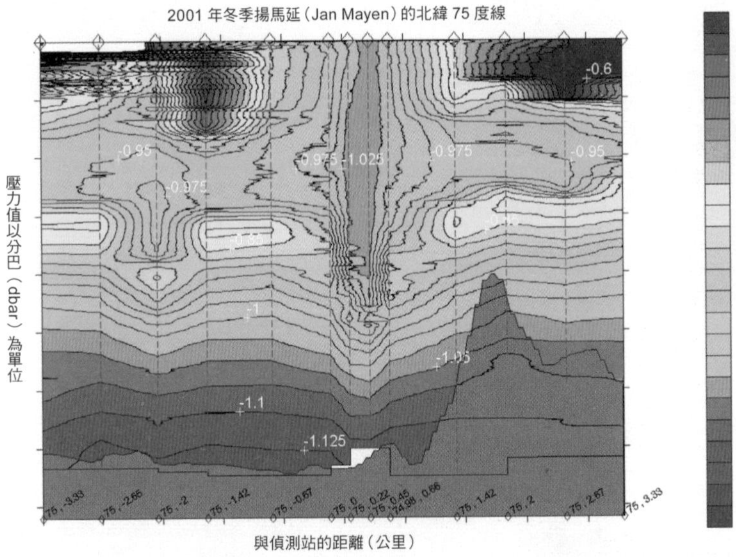

圖 27　地熱煙囪區的溫度，此區為圖 24 的海域，在大地熱煙囪的左側還有另一座比較小的地熱煙囪。圖中的壓力數值，幾乎等於它的深度數值（單位為公尺）。

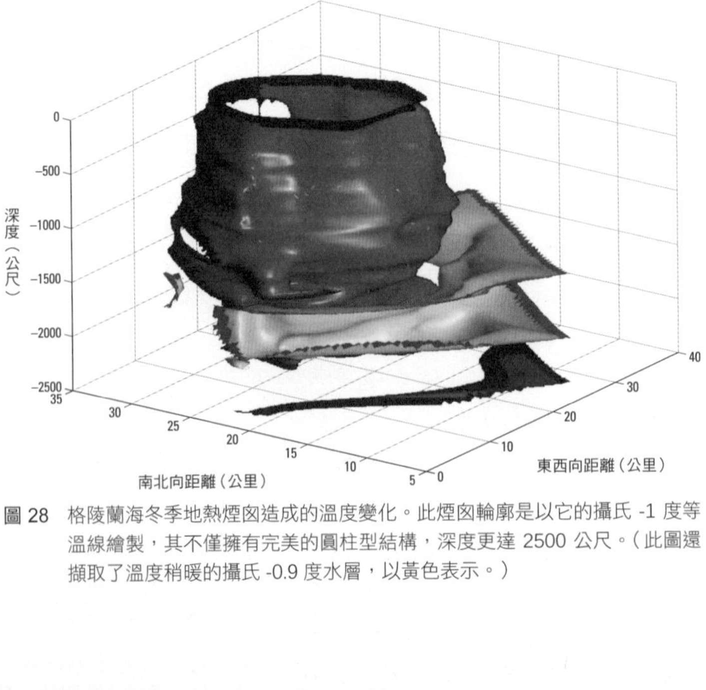

圖 28　格陵蘭海冬季地熱煙囪造成的溫度變化。此煙囪輪廓是以它的攝氏 -1 度等溫線繪製，其不僅擁有完美的圓柱型結構，深度更達 2500 公尺。（此圖還擷取了溫度稍暖的攝氏 -0.9 度水層，以黃色表示。）

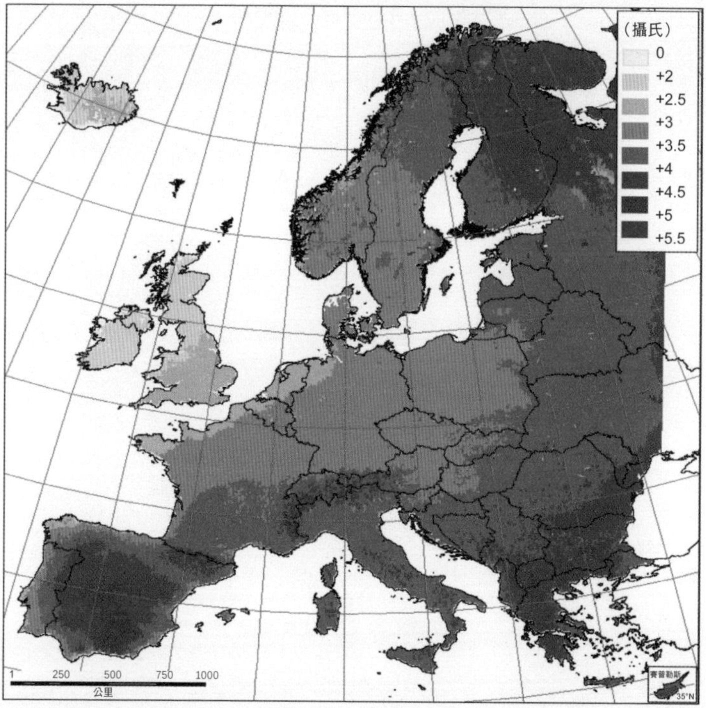

圖 29　2008 年歐洲環境署（European Environment Agency，EEA）對歐洲 2100 年的暖化現象所做出的預測。

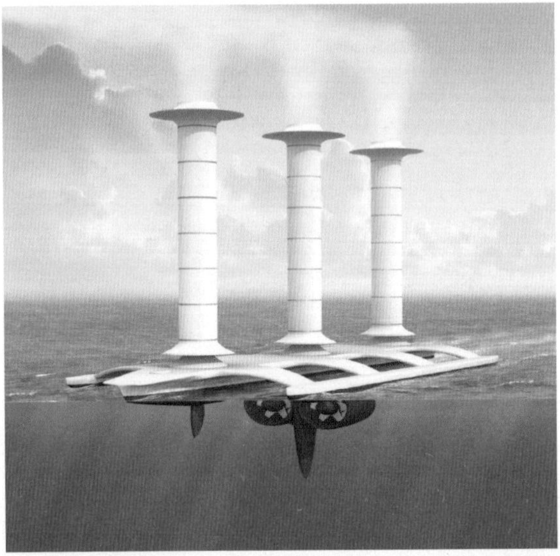

圖 30　執行閃耀海上雲層（marine cloud brightening）任務的噴霧船艦，此圖為史蒂芬・薩爾特（Stephen Salter）的假想圖。圖中以三座轉子推進器（Flettner rotor）作為基地，將水分子噴射到雲層中。

圖 31　北大西洋東部航路上的凝結尾跡，北緯 44 到 55 度，西經 5 到 15 度。這些凝結尾跡在航道上存留了好幾天，表示某些海洋雲的日照反射率（albedo）確實可能藉由船隻的行經而提升。

消失中的北極

極地海冰持續消融，不僅洪水會來臨，2050年地球也將不再適合人居

彼得·瓦哈姆斯——著　王念慈、吳煒聲、黃馨如——譯

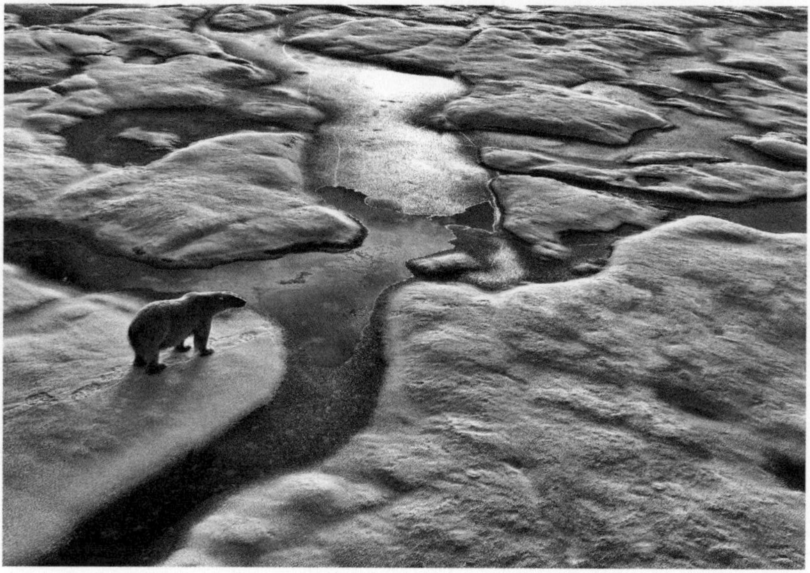

A FAREWELL TO ICE

A REPORT FROM THE ARCTIC

PETER WADHAMS

為了紀念過去一起探險的北極故友們，

將本書獻給他們

比爾・坎貝爾

馬克思・酷恩

諾曼・戴維斯

莫伊拉和馬克思・鄧巴

傑夫・哈特斯利－史密斯

瓦利・赫伯特

林・路易斯

瑞・賴瑞

小野野夫

埃爾基・帕樂索爾

戈登・羅賓

溫斯特・斯蒂芬森

查爾斯・斯威辛班克

諾伯特・翁斯戴特

湯馬斯・維霍夫

目錄

認識冰層，守護北極

完成這本書，我要感謝的人不計其數，因為在撰寫過程中，接受太多人的幫助。他們告訴我真相，提供我想法，甚至鼓舞我繼續前行。感謝貝克惠（Paul Beckwith）、卡特（Peter Carter）、費特爾（Florence Fetterer）、哈里森（Martin Harrison）、合普（Chris Hope）、凱內（Charles Kennel）、基內（Daniel Kieve）、馬丁（Seelye Martin）、芒克（Walter Munk）、尼森（Jon Nissen）、奧福蘭（Jim Overland）、斯基勒內哈博（Hans Joachim Schellnhuber）、瓦斯特（David Wasdell）和惠特曼（Gail Whiteman）。

我也很感謝卡爾（Carl Wunsch）、瓦斯特（David Wasdell）和班內基（Subhankar Banerjee）幫我審閱這本書的原稿，並給予我寶貴的意見，使這本書的內容得以增補、修訂的更完整。感謝美國海軍研究部（Office of Naval Research）長期支持科學研究，才讓我有機會出版這本書；也要謝謝義大利費爾莫（Fermo）Casette d'Ete 小鎮上 Grafiche Fioroni 公司的貝斯帝（Andrea Pizzuti）幫忙繪製本書的插圖。

最重要的是，我要對我的妻子卡薩莉娜（Maria Pia Casarini）（她是義大利費爾莫 the

Istituto Geografico Polare 'Silvio Zavatti'的執行長）表達滿滿的謝意，謝謝她一直以來支持我、為我加油打氣。

我把本書命名為《消失中的北極》，希望沒有冒犯到海明威。（編按：本書原文書名為 A Farewell to Ice 與海明威之名作《戰地春夢》〔A Farewell to Arms〕有異曲同工之妙）在書中我不僅談論到近期地球海洋冰層大量消逝的現象，也就我個人長久以來，投身於這個領域的研究經驗，分享了一些資訊，希望能讓大眾對北極和海冰的特性有所認識，並瞭解它們的消失將對地球將造成什麼不可預期的後果。

第十二章的內容是參照《氣候變遷對地球的衝擊》（*Climate Change: Observed Impacts on Planet Earth*）第二版中的〈南冰洋冰層改變所蘊含的意義：冰層的年週期和變動〉，此書由萊查（Trevor Letcher）編著，二〇一五年由荷商出版公司愛思唯爾（Elsevier）出版。

彼得・瓦哈姆斯

推薦序1

全球社會公民都應該讀的書

彼得・瓦哈姆斯投身極地研究長達四十七年，這段期間他觀察並測量到極地冰層分布的劇烈變動。本書開頭，先簡短的回顧地球上海冰和陸冰的生成歷史，再進一部描述其在研究生涯中所見證到的轉變。現在，北極的夏季海冰面積已從原本的八百萬平方公里，縮減至不到四百萬平方公里，以此縮減速度來看，夏季無冰的北極景象或許很快就要成真了。

遙遠海冰的消融，並不只是一個與我們毫不相干的古怪現象，因為海冰的消逝，將大幅降低地球把太陽輻射折射回太空的能力（由六十％降到十％），進而加速全球暖化的速度；同時，隨著冰層的融解，在上一個冰河期，被凍存於冰層中的甲烷（這是一種非常強大的溫室氣體），也將大量釋入大氣層中。《消失中的北極》不但是一本告訴你北極現況的權威性著作，更是一本及時提醒大眾關心海冰消融議題的警世好書。

沃爾特・芒克
加州拉霍亞斯克里普斯海洋研究所榮譽教授

北極打噴嚏，全世界都會感冒

轟隆～轟隆～即使在巨大的鋼鐵船艙內，仍不時隨著一陣陣撼人的撞擊聲響而顫抖、搖晃，破冰船正以緩慢的速度破冰前行，帶領著科學家們進行一場極地長征，嘗試理解極地海冰的消融與全球暖化之間的關聯。

我因參與多年國內外的深海海洋生物多樣性調查，有幸受邀參與二〇一〇年北極科學考察隊，其實在出發前，對極地海洋的想像，除了現已退役、幾近殘破且上岸僅供瞻仰的海洋試驗船「海功號」之外，所知有限。近三個月航行作業期間，沿途可見悠游於浮冰之間的海豹、海象及不時地噴出水柱的鯨魚，更興奮目睹了北極熊正在享用著海豹大餐，即使破冰船已轟然駛近仍不捨離去……，然而全球海洋的暖化現象已經悄悄地蔓延至地球最蠻荒的極區，過去堅厚的海冰已不復見；因海冰消融造成初級生產力退離了許多野生動物賴以生存的近岸；上升的海水溫度促使底棲魚類漸向較南方的低溫深海，以及向北方的極點深淵遷移分布……，北極的海洋似乎將無可避免地面臨一場生態危機。但許多國家卻將此變化視為機會，因為北冰洋夏季無冰期即將提前來臨，由早期海洋探險家所推測的北極航道漸露希望，隨之而來的天然資源與軍事價值，恐怕會讓北極所引發的爭議日趨白熱化。

二〇一六年初的霸王級寒流，讓亞熱帶地區的台灣民眾見識到北極打噴嚏、世界跟著感冒的影響。《消失中的北極》一書中讓我們體認到，極區的變化竟然能直接或間接影響到遠在台灣的我們，甚至全世界的人類無一能倖免！因為，極地的冰層能反射太陽熱能，進而調節地球的溫度，但暖化後的地球讓陸地上冰層消退後，引發永凍土內的超級溫室氣體（甲烷）加速釋出，暖化的海洋讓海冰融化後裸露出更多的海面，讓更多太陽的熱能被海水所吸收、並驅動更多的海冰被消融……，一旦海冰真的消失了、大洋輸送帶停止了，一場毀滅性的大浩劫恐難避免了！但是，在擔心、害怕與絕望之餘，我們是否真能夠及時做出改變了？除了深思，是該採取行動了！

廖運志
國立海洋科技博物館助理研究員

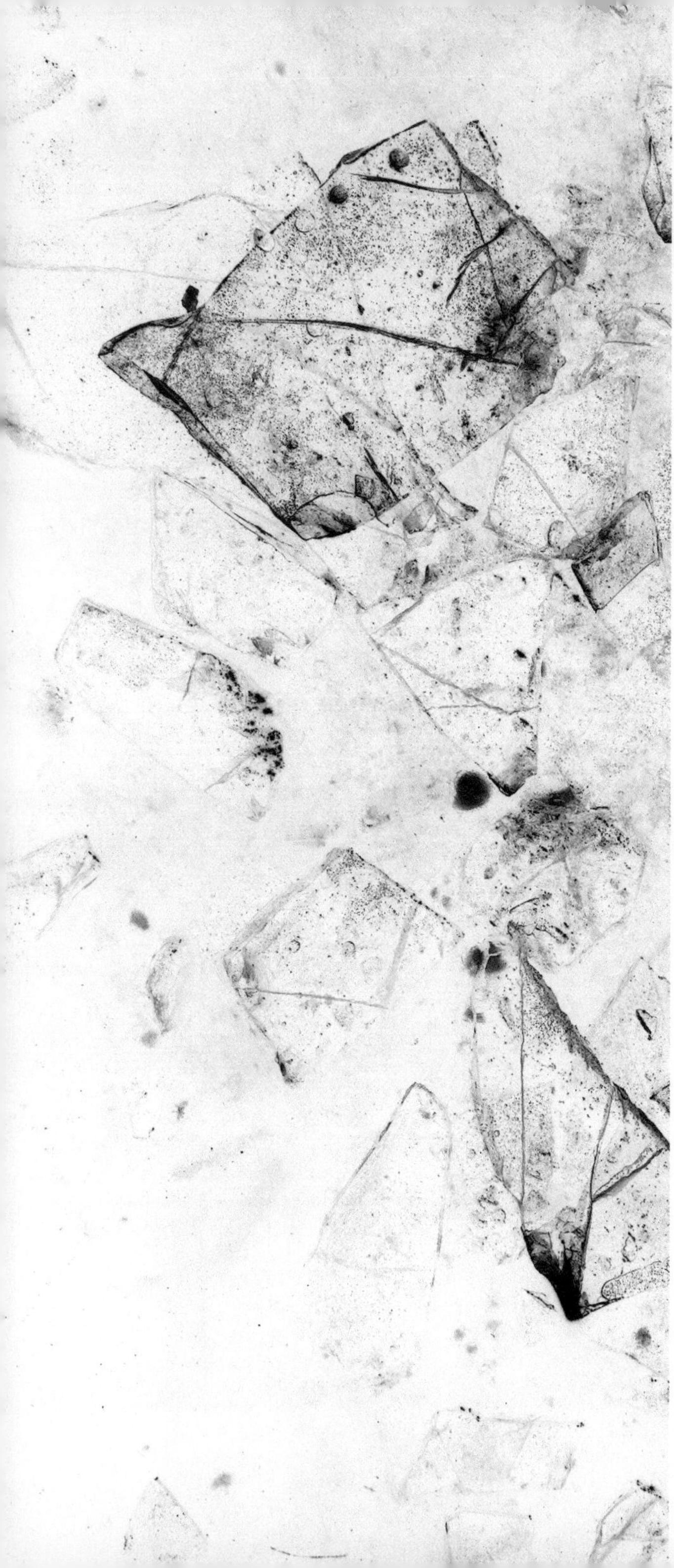

第一章

湛藍美麗的北極悲歌

從一九七〇年開始，我就一頭栽進「極地研究」。過去大多數的時間，我很榮幸能在劍橋大學史考特極地研究中心（Scott Polar Research Institute）進行極地探勘的工作，並擔任執行長一職。這個研究中心的成立，是為了紀念在南極探險歸途罹難的羅伯特・法爾肯・史考特隊長（Robert Falcon Scott）；這裡是全球極地研究員的天堂，吸引全世界的極地人才前往取經，許多人更為了要好好拜讀它豐富的館藏，和原本服務的機構申請長假。

一九七〇到一九八〇年期間，我每年至少會去極地工作（通常是北極）一次。在那裡工作時，我就跟其他身在歐洲、美國、俄國和日本的同儕一樣，傾盡心力去了解海洋冰層的基本物理特性，並亟欲找出決定它「消長」和「移動」的因素。然而，對冰層進行實地探勘並不是件輕鬆容易的事，有時還相當危險。不過當時研究北極的我們，沒幾個人認為自己在有生之年會看見北冰洋發生任何改變。

我很幸運（或者是說不幸）成為第一位證明這項事實的人之一。當我比較一九七六年和一九八七年，藉由潛水艇聲納進行的冰層厚度調查數據時發現，這段期間冰層的厚度平均減少了十五%。這份結果於一九九〇年發表於《自然》（*Nature*）期刊後，[1]激發了更多人在往後十年深入探究這個議題，而他們的研究也顯示冰層不僅真的變薄了，甚至當時的冰層還比一九七〇年的厚度，薄了四十%以上。[2]

這些研究成果證明極地確實正在發生某些劇變，因此極地研究員紛紛放下自己眼前專注的工作，開始以宏觀的角度來看待整個極地的變化；這些極地研究員化身為氣候變遷專家，成為名副其實的氣候變遷先驅，因為**北極似乎是全球氣候變遷最為迅速和劇烈的地區。**

順暢的航道，代表毀滅的開始

我對極地海洋的研究，起源於一次因緣際會中。

一九七〇年的夏天，我第一次搭乘加拿大海洋科學探測船哈德森號（Hudson）前往北極；當時這艘船也乘載著首次環航美洲的任務。哈德森七〇遠征隊，在一九六九年的寒冷秋風中，駛離了新思科舍省（Nova Scotia）港灣，航行的足跡遍及南極半島（Antarctic Peninsula）、南冰洋、智利峽灣和廣大的太平洋海域。[3]該次的航行路線是要過境西北航道（Northwest Passage），在此之前，只有九艘船成功橫渡這塊海域。[4]哈德森號是一艘驅冰船（Ice-strengthened vessel），這是航駛極地航路的必備條件。

在阿拉斯加和西北地區的北海岸，北冰洋的海冰與陸地的距離相當接近，往往兩者之間只會留有幾英里寬的狹窄水道供我們通行；甚至有時，這些厚重的冰層還會受到海流的推擠，直接緊密堆疊在海岸上，讓我們不得不繞道而行（卷頭彩圖1）。因此，最後當我們航行到西北航道的中段時，還必須向加拿大政府申請支援，由破冰船麥克唐納號（John A. Macdonald）帶我們繼續向前航行。

在過去那段時日，與加拿大極地的海冰搏鬥是件稀鬆平常的事。一九〇三到一九〇六年間，挪威極地探險家亞孟森（Amundsen）花了三年的時間才通過西北航道；第二艘通過這條航道的船隻，則是皇家加拿大騎警（Royal Canadian Mounted Police）所屬的雙桅帆船聖羅克號（St. Roch），它於一九四二年到一九四四年間完成整趟航行。

時值今日，在夏季從白令海峽（Bering Strait）駛近北冰洋時，卻會發現前往北極的水道暢行無阻。湛藍的海水一路向北延伸，直至離北極不遠之處才可見到冰層的蹤跡。根據不少人的預測，到這本書發行的時候，很可能北極本身也會歷經數萬年來首次的無冰現象。現在，西北航道是非常好航行的海域，截至二〇一五年止，總共已有兩百三十八艘船行駛過這條航道。二〇一二年九月，北冰洋表面的冰層面積已經從一九七〇年代的八百萬平方公里，銳減至三百四十萬平方公里。

這絕非誇大其實，單從地球的顏色就可證明我們所居住的星球確實發生了變化。還記得太空員在阿波羅八號上，首次從月球後方拍下的美麗地球影像嗎？這顆孕育著人類與萬物的星球，在宇宙中是一顆精巧的藍色球體，而球體的兩端則呈現銀白色彩。如今，當我們從太空中觀看夏季的北極時，卻發現原本應該是冰層覆蓋的雪白景致，已被一片湛藍海洋所取代，而這一切都是人類所造成的。**這是地貌，第一次因人類而產生的重大改變，儘管這樣的改變並非我們刻意營造，卻極有可能衍生出人類無法預期與控制的災難性結果。**

冰層融化，會釋放大量溫室氣體

事實上，極地冰層消融的狀況比我們所看到景象還要嚴重。在我透過聲納測量冰層厚度的數據中顯示，一九七六年到一九九九年間，北極冰層的平均厚度已經縮減了四十三％。[5] 不僅如此，這些數據還透露了更多的訊息。

過去大部分覆蓋北極的冰層都已經形成多年，我們稱之為多年生冰層（multi-year

ice）。這種冰層擁有崎嶇、壯觀的地形，它的冰脊（pressure ridge）不僅巨大到會擋住探險員的航路，且冰脊的龍骨（keel）還會朝海平面下方延伸至超過五十公尺的深度。（圖1-1）。

然而，最近十年洋流系統發生變化，促使許多多年生冰層被帶出北冰洋，因此首年冰（first year ice）遂成為北極的主要冰層類型（卷頭彩圖4）。首年冰，是指當年冬季生成的冰層，其厚度最多只能達到一・五公尺，平滑的冰層表面上也僅有一些微微隆起的平淺冰脊。這種在單一冬季中形成的薄薄冰層，一到夏天就很容易因為暖熱的空氣和海水而消融殆盡。然而，再過不了多久的時間，北極夏冰消融

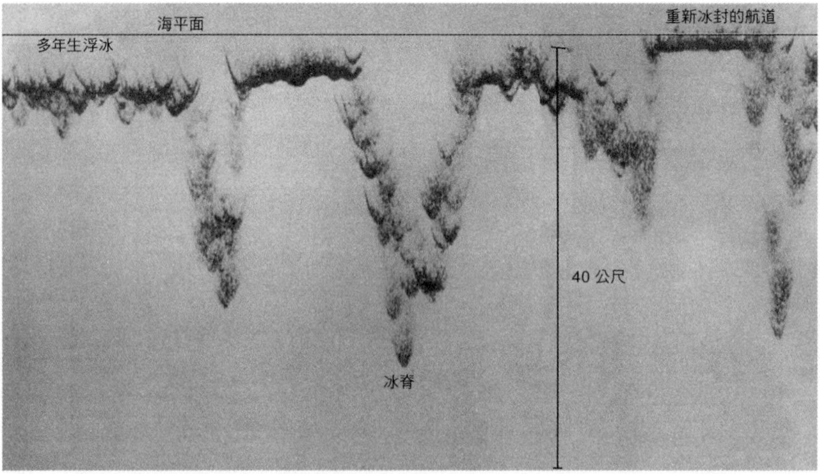

圖 1-1　多年生冰層上的冰脊，以潛艇的聲納探測裝置偵測，最大的冰脊深達 30 公尺。

的速度就會超過其冬冰生成的速度，到了那個時候，我們將會進入美國氣象學家馬克・賽瑞茲（Mark Serreze）所說的「北極死亡漩渦現象」（Arctic death spiral），[6] 即夏季時北極地區的所有冰層都將徹底崩毀消失。正如同我稍後會在第七章所提的，不遠的將來北極將出現九月無冰的景象，接著再過幾年，北極無冰的季節甚至將拉長到四到五個月之久。

北極夏季冰層的崩毀，將帶來許多嚴重的後果，其中兩項的影響尤為劇烈。

第一，一旦夏季的冰層消融殆盡，露出海面，地球將太陽輻射折射回太空的能力，將從六十%降至十%，如此，會進一步加快北極和地球暖化的速度。假使最後四百萬平方公里的冰層消逝無蹤，伴隨它一起消失的日照反射率（albedo），恐怕將對地球造成相當嚴重的溫室效應，其影響程度與我們過去二十五年來所排放的二氧化碳量不相上下。

第二，少了冰層覆蓋的北極，地球將失去重要的空調系統。一般而言，無論北極夏季的冰層有多薄，只要有冰的存在，海平面的溫度就不可能超過攝氏零度，因為溫度較高的海水，都會在融解海面冰層時降溫。因此，當覆蓋海面的冰層消失後，夏季海面的溫度會上升好幾度（目前衛星觀測到的數值是上升攝氏七度），再加上海風吹拂，更會讓這股熱度由淺海大陸往海底深處延伸。接著，這股延伸至海底的熱流，會解凍近海永凍土的表層，釋放永凍土中自上一個冰河期以來一直塵封不動的沉積物。釋放出的沉積物包括甲烷水合物，這些甲烷水合物分解後，將產生大量的甲烷氣體。**甲烷是威力強大的溫室氣體，一分子的甲烷即可製造相當於二十三分子二氧化碳所產生的溫室效應。**

一組每年都會對東西伯利亞海底進行探勘的美俄探險隊發現，該海域的海床一直不斷冒出大量含有甲烷的氣泡。除此之外，其他在拉普捷夫海（Laptev Sea）和卡拉海（Kara Sea）（這兩個海域在北冰洋的陸緣海）進行研究的探險隊，亦發現這些海域的海床有大量的甲烷氣泡冒出。倘若這些甲烷的釋出會提升大氣整體的溫室氣體量，那麼，它勢必也會立刻加速全球暖化的速度。

我撰寫本書的目的，就是為了說明這些年北極發生的劇烈變動，並告訴大家為什麼北極冰層的消融，會對全人類造成致命的威脅。我們必須明白這不只是一個引人注目的自然生態或地貌改變而已，更與我們生活的環境、氣候，甚至人類的存亡息息相關。

自從我二十一歲投身學術研究後，便一直致力於海洋冰層和極地現象的研究，而在這個我即將揮別北極壯麗景觀的時刻，我對這些改變又有什麼感想呢？我極度認為這樣的改變將泯滅地球的靈魂，同時為人類帶來莫大的災難。北冰洋的海洋冰層，曾經保護人類免受極端氣候的衝擊，但是我們的貪婪和愚笨卻奪走了這片美麗的銀白世界。現在，假如我們想要倖免於冰層消融後所引起的災難，就必須即刻展開積極的行動。

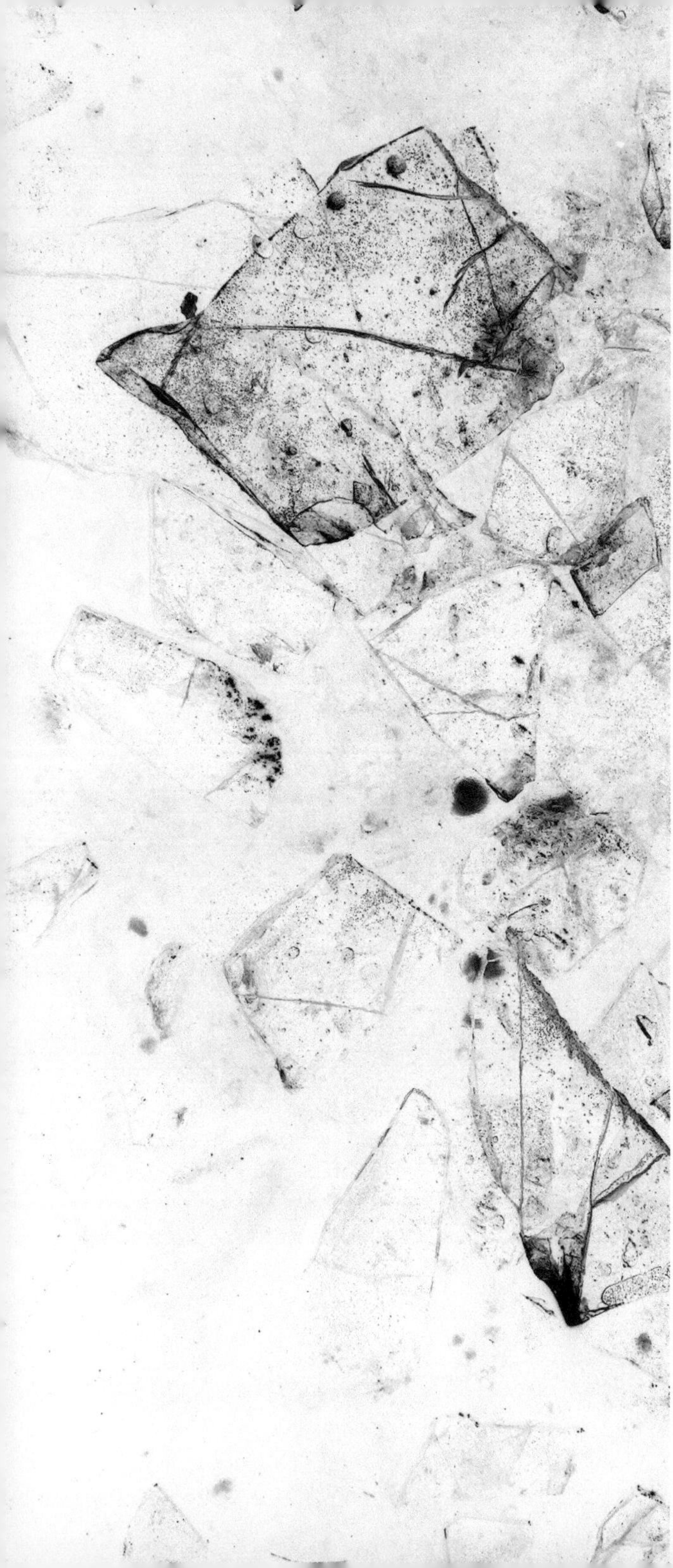

第二章

冰層結晶的奧妙

冰層的晶體結構

為什麼冰層在地球的能量系統中，扮演如此重要的角色，且每一顆覆有冰層的星球都有可能孕育出生命呢？關鍵就藏在冰層的特殊結構中，更確切的說，是構成它的水分子；因為水分子獨一無二的化學特性，才孕育出生命萬物的要素。

每一顆獨立水分子（H_2O）的結構，皆呈現近乎完美的四面體，猶如一座座金字塔狀的三角錐體（圖2-1）。一般來說，水分子中的電子會繞著氫原子（H）的質子運行，使氧原子（O）的質子與其共享電子，形成「共價鍵」（covalent bond）。一顆水分子中會有兩條這樣 H-O 的鍵結，而它們之間則會形成一個一〇四・五度的夾角（完美的四面體夾角是一〇九・五度），再加上每一顆氧原子還有另外兩個可形成鍵結的未成對電子對，如

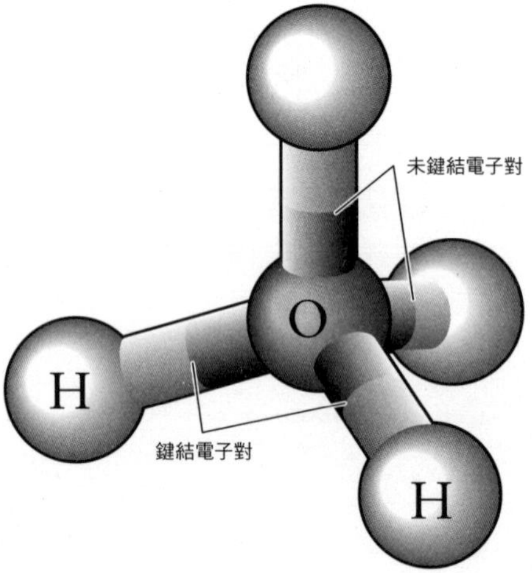

圖 2-1　水分子的四面體結構。

此，便組成了水分子的四面體結構。

那麼，當這些自由活動的水分子從液態轉變為固態時，會發生什麼事呢？直到一九三五年後，我們才解開了這道難題；當時，著名的美國化學家萊納斯・鮑林（Linus Pauling）清楚解釋了固體冰晶的立體結構和特性。[1]

冰晶的基本結構承襲了水分子的四面體特性，每一個位在四面體中心的氧原子，都會和另外四顆氧原子相結合，分別形成四條與中心氧原子相距

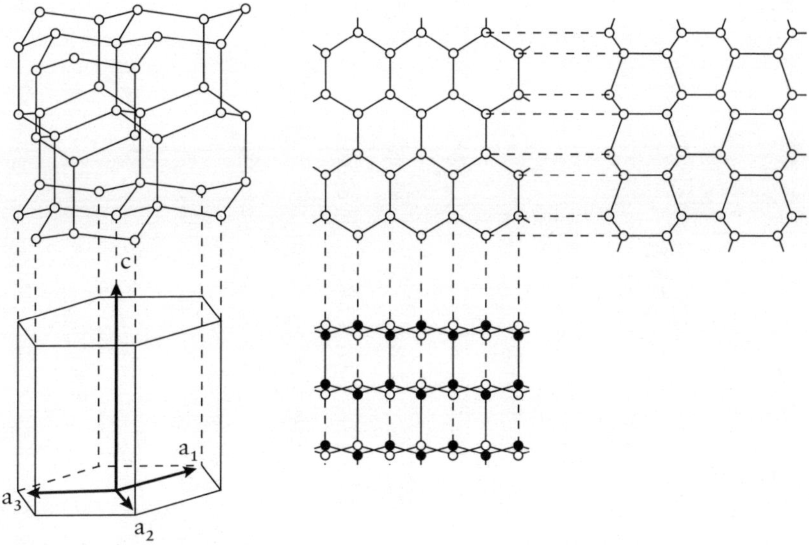

圖 2-2 冰晶的立體結構。此圖呈現出冰層中氫、氧原子的排列狀況，其構成的六角形平面微微起伏，相互堆疊、排列成蜂窩狀的立體結構。c 軸是冰晶的對稱軸，而其他三個軸則是構成冰晶基面的橫軸。

○・二七六奈米（nm，10^{-9}公尺）的鍵結。這些由氧原子緊密排列形成的單層冰晶平面，即為基面（basal plane）。冰晶晶胞（unit cell）形成的基面，會以垂直晶體主軸（即圖2-2的c軸）的方式不斷堆疊，因此冰層的整體結構和蜂巢很類似，它是由許多波狀的六角形（puckered hexagon）相互堆砌而成（圖2-2）。這樣的結構，會使冰體產生異向性（anisotropic），也就是說，晶體的不同面向會具有不同的物理性質。

對水分子而言，比起朝向冰層的縱向形成一層新的冰層基面，朝既有冰層的橫向形成冰晶會容易許多。因為水分子朝冰層的垂直方向形成冰晶時，其氧原子必須和冰層建立四條鍵結，但若是朝冰層的橫向形成冰晶，那麼，其氧原子就只需要和冰層的蜂巢結構形成兩條鍵結。換言之，冰晶比較容易朝基面的橫軸生長（即圖2-2的a1-a3軸），而非沿著c軸生長；**因此冰層面積變大的速度會比變厚的速度快，這是了解海洋冰層的一個重要概念。**除此之外，這些冰晶的生成特性，也造就了各式各樣的冰晶花樣，例如從雲堆中生成的雪花，或是海面和湖面上凝結的初冰裡，都可以看見它們細緻的晶體變化。

由薄薄水霧凍結所形成的玻璃窗花，是我們最容易觀察的對象。第一顆形成的冰晶體會在玻璃上，形成由中心向外散射出六根冰針（arm）的形狀，且每一根冰針之間都夾著六十度角，接著，它們便會如樹木開枝散葉一般，從這些冰針上又長出以六十度角生長的新生冰針，如此不斷地填滿冰針之間的空隙；這個生長的過程被稱為「樹狀生長」（dendritic growth），其過程非常迅速。而英文單字「dendritic」源自於希臘文，在希臘文中它所代表的意思正是「樹」。

水的密度特性

在地球表面，冰分子可以在極高壓和近乎絕對零度（攝氏負二百七十三・一六度）的條件下，生成出更為緻密的冰體結構；事實上，目前我們已經發現冰分子能依照溫度和壓力的不同，表現出高達十七種的多樣形態。[2] 其中，在一般狀況下生成的冰體，是由1h型冰晶組成，同時它也是我們在生活中最常見到的冰晶結構。至於某些在高壓下形成的冰晶類型，大概存在於遠離太陽的行星內部，這部分我們可以透過實驗室的技術再現它們的面貌。

接著，就讓我們來看看於接近絕對零度下形成的冰體吧！這類冰體在外太空中發揮了非常特殊的作用。例如，大多數彗星的外部都有冰體的存在，這些冰體包覆了太空中微小的粉塵粒子，使得太空人在地球大氣上空觀測這些星體時，會感到它們發出一閃一閃的亮光。天文學家弗雷德・霍伊爾（Fred Hoyle）認為，生命或許就是從太空的這些微小冰體中誕生，因為它形成一個受質（substrate），將許多分子聚合在一起，進而產生化學反應，最終創造出宇宙中的新生命。

最近，歐洲太空局（European Space Agency，ESA）的太空登陸器菲萊號（Philae），在執行探測67P/丘留莫夫－格拉西緬科彗星（67P/ Churyumov Gerasimenko）的任務時發現，當覆蓋在彗星外部的冰體因為接近太陽而升溫時，其冰體會蒸散為水蒸汽，噴射逸散至太空中。氧原子之間若要形成網絡，必須仰賴氫鍵（hydrogen bond）的幫忙，這種鍵結會透過氫原子將兩顆氧原子連結在一起。每一條氫鍵都會是「一顆氫原子」在「兩顆氧原子」之間，不過氫原子的位置並不會落在兩顆氧原子的正中央，而是會隨機偏向某一側的氧原子。也就是說，每一顆氧原子的旁邊都有兩顆氫原子，但是每一條氫鍵上卻只能有一顆氫原子；只要遵守這兩項源自量子力學（quantum mechanics）的規則，氫原子便能以各種方式排列。而冰層之所以會產生裂縫，正是受到氫鍵長度的影響。

當冰融化時，冰層中的某些氫鍵會產生斷裂，使得水分子的排列發生變化，進而破壞了冰層的結構。水分子和其他分子（例如金屬）的特性非常不一樣，因為的它液態密度比固態密度大。純水的密度是每立方公尺一千公斤重（這是我們原本對一公斤的定義），純冰的密度則是每立方公尺九百一十七・四公斤重。海水的密度比純水高，通常落在每立方公尺一千零二十五公斤，因此在海水中，水和冰之間的密度大概差了十%左右；這正是為什麼浮冰或冰山在海面上都只會露出十分之一體積的原因。

那麼，假若水的特性變得跟其他物質一樣：固態比液態重，世界會變成什麼模樣呢？

首先，湖泊、河水甚至海洋都將可能被完全凍結。在這樣的條件下，一旦水面因為低溫形成了冰晶，冰體就會快速下沉到海底或湖底，堆疊出一層冰層。以湖泊為例，湖底的生命可能因此全部消失，到了冬季尾聲，從湖底不斷向上堆疊的厚重冰層可能會讓湖面只剩下一層淺淺的湖水，甚至是一滴湖水都沒有，湖中所有的生物，也都將隨著湖水的凍結而全部消逝。同樣的情況也可能發生在海中，雖然現在還不清楚冬季的時間，是否長到足以讓冰層有機會從海底將海洋完全填滿。不過，這樣的冰層生長速度肯定相當快，因為在現實世界中，海洋表面形成的薄薄冰層，其實是為了避免海水被進一步凍結；但在我們假想的另一個狀況中（也就是冰比水重），海洋將會在冬天無止盡的吸取大氣中的寒氣，並在海床上形成厚厚的冰層。

我想應該沒有任何人曾經模擬過，在這樣的情況下海洋會不會徹底凍結，可是假如這件事真的發生，大概所有的生命都將消失，只剩一些微小的生物體能生存其中吧？海洋生物或許只能出現在靠近赤道的海域，因為那裡的海水不會結凍，而在高緯度的地區，我們則只能看到不斷被海冰填補的海床。

另外，我們生活中某些習以為常的狀態也將出現變化。例如，現實世界中，水凍結後體積會膨脹，因此在縫隙中的水滴，在凍結成冰的時候，就可能在路面或是岩壁上撐出一條條的裂縫，造成某種程度的寒害。不過，在冰的密度大於水的情況下，這樣的現象就不可能發生。同樣的，在這樣的條件下，我們也不可能溜冰。事實上，我們之所以能在冰上順利滑行，是由於冰鞋施壓在冰面時，接觸面的融點會降低，使冰轉化為水，降低了我們與冰面的摩擦力，進而讓我們得以在冰上順暢滑行。然而，當冰的密度大於水時，冰鞋施加在冰面的壓力反而會提升冰的融點，讓冰更不易融化，我們也就不可能在冰上暢快滑行。

凍結與融解

讓我們把目光重新轉回現實世界，好好了解這些嚴寒之水的奧祕。

通常我們都會覺得液體毫無結構可言，因為當中的分子會隨意的四處流動。可是嚴寒之水的結構卻不太一樣，它含有一些呈冰晶排列的結構，只不過這些結構不是非常穩固，通常只能維持幾秒鐘或幾分鐘，就會被水中其他的熱運動（Thermal Motion）破壞。這個狀況就有點像是一群站在擁擠月台上的人，雖然他們試圖併肩談話，卻還是被不斷湧入的人潮沖散一般；而這也解釋了淡水在攝氏四度時，才達到最大密度的奇妙現象。

假如秋季時分，高緯度的河川或湖泊因冷空氣的到來而降溫，一開始表面被冷卻的水會往下沉（溫度高的水通常比溫度低的水密度低），而海底較深層、溫度相對較暖的水則會向上升，取代下沉的冷卻水分子；這個過程叫做「對流翻轉」（Convective Overturn），在整座湖的水溫均勻降至攝氏四度前，它都會不斷進行。一旦湖水的溫度降至四度，情況就會有所改變：湖面持續降溫的水層密度會變得比較小，因此它們會開始停留在湖水表層，不再往下沉降，對流作用也會就此中止。此時，湖面的溫度有可能快速降至零度或結凍，但比較深的湖水卻還是會維持在接近攝氏四度左右的水溫。為此，儘管秋季的湖面很容易結冰，不過若想要讓整座湖泊完全凍結，恐怕需要花上一段很長的時間，且往往還來不及等到它完全凍結，冬天就已經結束了。

反觀海水，它並沒有所謂的最大密度，因此只要開始冷卻，在到達冰點前，它的密度將隨著溫度的下降而越變越大。此外，當淡水的含鹽量超過千分之二十四・四時，其特性也會變得跟海水一樣。大多數海水的鹽度落在千分之三十二到三十五之間，只有少數幾座獨立式的海洋，像是波羅的海（Baltic Sea），或是靠近北極大河河口的海域，會出現含鹽量低於千分之二十四・七的情況。

英文有一個形容詞「brackish」，一般人是用來形容有點兒鹹，卻又不及海水鹹度的東西，可是在海洋學上，科學家對它卻有嚴格的定義：只要是用這個詞來形容的水，其鹽度就一定低於千分之二十四・七，並且擁有淡水在攝氏四度密度最大的特性。這表示秋天時，這類型的海洋會一直進行對流翻轉運動，直到所有的海水到達冰點為止。這種海水的冰點會低於攝氏零度，而一般海水的冰點會因鹽分的存在而降低至攝氏負一・八度（鹽分降低冰點的特性，也成了我們將鹽巴撒在結冰路面上的主要原因）。在海面出現任何冰層前，只有一件事能避免海洋全面降溫，那就是海洋中來自各個不同地方的水流，這些成分相異的水流會以不同的速度朝不同的方向流動。各水層之間的密度會快速變化、產生對流（此段洋層即為密躍層〔Pycnocline〕），只不過這股對流作用，最多只會觸及淺層水的底部。在北極，這些淺水層被稱之為「北極淺層水」（Polar Surface Water），而在它下方的水層被叫做「大西洋水」

（Atlantic Water），因為它是由大西洋延伸至北冰洋的水流。

冰能浮於水的事實，意味著，雖然海冰形成時會在海洋表面覆上一層薄薄的冰層，但是洋流卻仍然可以在冰層下方運行，深海處也仍會有生命的存在。另外，在海冰附近或是內部還會有浮游性植物（phytoplankton）出沒，因為那裡最容易獲取它們進行光合作用時所需要的光線。例如，南極海冰下層的細小鹽水通道裡就住著不少浮游生物，每年這些浮游生物大約供應了整個南冰洋三十%的生物產量。

冰的另一項重要特性，即是它擁有非常高的融化潛熱（latent heat of fusion）。「潛熱」是融化物體所需要的熱量；當冰已經到達融點時，融解一公斤的冰需要八十大卡的熱量。它和比熱（specific heat）不同，比熱是使物質上升攝氏一度時所需要的熱量。水的比熱是每一公斤一大卡，這也是我們對熱能的標準單位「卡」（calorie）的基本定義：讓每一公克的水上升攝氏一度所需要的熱能即為一卡（由此可見，生活中有兩個重要的單位都是以水為標準來定義，分別是公斤和卡）。

假如讓一公斤的水上升攝氏一度需要一大卡的熱量，而融化一塊一公斤的冰需要八十大卡的熱量，那麼，融化一塊冰的熱量就可以讓相同重量的冰水溫度上升攝氏八十度；這是一個很重要的對比，你可以自己做個小實驗，親身體驗一下它們之間的奧妙。首先把兩個相同的湯鍋放在火力一致的爐子上，一只鍋裡裝著處於融點的冰塊，另一只鍋裡則裝著攝氏二十度的水，兩者的重量均為一公斤，同時加熱。當裝水的鍋子沸騰之際，你會發現原本裝有冰塊的湯鍋，也會恰好融盡最後一塊冰晶。

冰的高融化潛熱特性，就好像是為地球造了一座巨大的儲熱槽，可做為氣候變遷的緩衝區。夏季的海冰就是最好的例子：它雖然會不斷融化，但是只要它沒有被融盡，海面附近的氣溫和水溫就能維持在攝氏零度左右，因為溫暖的空氣和水流雖然會使冰層融化，但在它們融化冰層時，也會將自己的溫度冷卻下來。因此，夏季的海洋上只要有海冰的存在，這些冰層就可以扮演絕佳的氣溫和水溫調節系統。

海冰的生成

在本書中，我們最關注的冰層是在海洋中生成的海冰。現在，就讓我們來看看海冰是如何出現和生長，以及這種冰有哪些已知的特殊分子和晶體屬性吧！

首先，我們把討論的條件設定為沒有海浪干擾的平靜海象，因此當冷空氣帶走海面的熱量後，海面的分子就會開始凍結。這些凍結的分子會在海面形成一顆顆冰晶，一開始它們的大小只有直徑兩到三公厘，形狀呈盤狀或星狀。不論是盤狀或星狀的晶體，皆會有一道垂直的對稱軸（圖2-2的c軸），而盤狀的冰晶在海面上會以樹狀向外生長（即以原冰晶為中心，向外射出六根冰針，彼此相夾六十度角），將原本蜂巢狀的六角形冰晶擴展成六倍大的雪花狀冰晶。

但扁平冰晶的冰針相當脆弱，非常容易斷裂，於是這些懸浮在海面的盤狀冰晶和冰針碎片就會雜亂的交織在一起，不僅增加了海面水層的密度，也在海面上形成一片貌似白色泥漿或是鎂乳的冰層；這種初生成的冰層被叫做「碎晶冰」（frazil），或是「脂狀冰」（grease ice）。在平靜無波的狀況下，碎晶冰最後會凍結在一起，形成一整塊連續性的薄薄新生冰層；學者將它稱之為冰殼（nilas）。起初，這些透明的冰層只有幾公分厚（襯著海水看起來就像深色的冰殼），不過隨著冰層越來越厚，冰層的顏色也會轉為灰色。最終，整個冰層都會變為雪白的外觀，我們也無法再透過它看到冰層之下的景物。換言之，一旦冰殼形成，海水和大氣之間便被一道物理性的屏障區隔開來，冰層生長的方式也就開始有所不同。到了那時，水分子將在冰層的底部凝固，這個過程叫做「凍結生長」（congelation growth）。在冰層持續不斷地生長、茁壯後，才會形成首年冰（first-year ice）。

在一個冬季中，首年冰在北極大約可以長到一・五公尺的厚度，在南極則是〇・五至一公尺。若冰層形成的地點是在南極或其他有許多海浪和亂流的海域，它處於碎晶冰階段的時間就會更長，但是這些碎晶冰仍可在氣候調節上發揮重要的功能（詳細說明，請見第十一章和第十二章）。

當連續性的冰殼形成，在冰─水介面出現的每一顆獨立冰晶，都會透過不斷凝固冰層下方的水分子，使冰殼越來越厚實。對冰晶的生成來說，橫向生長比縱向來得容易，而且延伸已成形的蜂窩狀平面，也會使冰層不斷向下增厚。因此，就跟達爾文的物競天擇理論一樣，冰晶的形成會以橫向為優先，再彼此緊密堆疊，讓冰層越變越厚。一般而言，冰層的厚度來到二十公分時，晶體仍會持續生長，不過會開始橫向產生一些細長、垂直的柱狀晶體。這些柱狀結構是首年冰的明顯特色，單憑肉眼就可以觀察到這項特徵。為此，就物理的角度來看，這類冰層的結構相當脆弱，因為組成它的晶體其實全都朝著同一個方向生長。

那麼，鹽溶解在海水裡會發生什麼事呢？雖然冰晶的結構非常開放，但它還沒有開放到能輕易讓其他分子或原子和它們連結在一起，因此當冰層在海水上形成時，鹽分子並不能進入晶體的結構中；儘管如此，鹽分子還是有其他方法能進入冰層。

實際上冰—水介面並非是一個完全平整的平面，它是由許多平行的凸起物排列而成，這些凸起物就是「樹狀冰晶」（dendrite），每一顆冰晶都會快速的發展出蜂巢狀結構（即樹狀生長），而結構之間則會存在著許多狹小、充滿水分的凹槽。隨著冰層不斷生長，這些浸潤在凹槽中的水分也會變成一個個獨立的晶體，我們把它稱做「鹽水細胞（brine cell）（圖2-3）。[3] 這些鹽水細胞的外層很快就會被凍結，進而讓細胞的體積不斷向內變小，最後只會留下一小滴約〇・五公厘大小的液體沒被凍結，這顆斑點大的液體就是極度濃縮的鹽水。

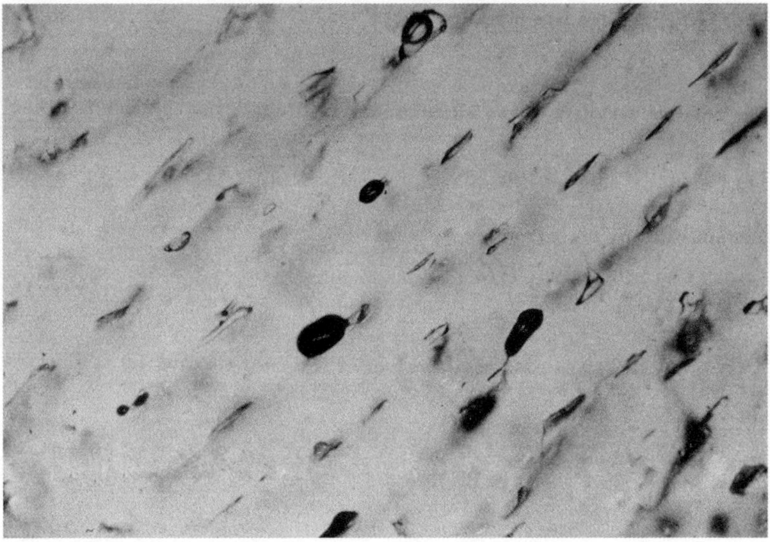

圖 2-3　海洋冰層中的微小鹽水細胞；鹽水層之間的空隙為 0.6 公厘。

這些帶有鹽分的鹽水細胞，讓首年冰嚐起來帶有一點兒鹹味（新生的冰層的鹽度大約是千分之十，海水則是千分之三十二左右），冬季期間，這些鹽水細胞會慢慢地以各種形式排出冰層，像是鹽水細胞遷移作用（brine cell migration）、鹽水排除作用（brine expulsion）和單純的重力引流作用（gravity drainage）等。

鹽水細胞遷移作用的發生，是因為冬季時大氣和海水的溫度差距非常大。冰—水介面的溫度為攝氏負一・八度，但冰—氣介面的溫度卻可能來到攝氏負三十度，造成每一顆細胞的上方溫度都會略低於下方。因此，當細胞上方的水分被凍結時，細胞裡剩下水分的鹽度會變得更高，而高鹽度又會讓下方的冰晶結構被融解，使得整顆鹽水細胞向冰層下方移動。**鹽水排除作用**則出現在氣溫驟降、整顆鹽水細胞要被完全凍結的時候。極度濃縮的微量鹽水液體會承受極大的壓力，最終這股壓力會破壞冰晶結構，使鹽水得以離開原本的凹槽、向下移動。至於排鹽效果最好的，就是重力引流作用，它運作的原理跟冰的生成有關。當水分子不斷在冰層下方凝固、增厚冰層時，原本在冰層底部的鹽水細胞就會被推到水線（waterline）之上，不再浸泡於水中；此時受到重力的牽引，鹽水細胞便會自動循著冰晶之間的孔隙再向下滴流到下方的冰層之中，而這些鹽水流經的路徑則很容易跟河川一樣匯聚成一條條的「排鹽渠道」（brine drainage channel）。

夏季來臨時，所有覆蓋於冰層表面的白雪和部分表面冰層皆會融為淡水，匯流至冰層上因消融形成的水塘，而這些融水將不斷執行所謂的「沖洗作用」（flushing），沖洗掉冰層中剩餘的鹽水細胞。假如這一塊冰層有辦法度過這個夏天，進入第二年的生長季，那麼此刻它嚐起來的味道就會近乎清水、不帶鹹味，且質地也會變得更為堅硬，形成所謂的「多年生冰層」；對破冰船而言，它是比首年冰更難克服的障礙。

夏冰融解的重要意義

這些在夏季形成的消融水塘（melt pool）對氣候變遷有非常大的影響。冬季的海冰上覆蓋著一層亮白的白雪，這樣的表面可以幫助冰層反射掉八、九成的太陽輻射，以反照率（亦即入射的太陽輻射被直接反射回太空的比率）來表達的話，它的折射值落在〇・八到〇・九左右。當積雪融化，裸露出冰層，某部分的冰層表面可能會帶有一些冬天累積在冰雪上的髒污黑煤（來自大氣環境），使得冰層的折射率掉至〇・四到〇・七。而這種情況多發生在

六、七月，此時恰好是太陽輻射的高峰，烈日經常是二十四小時高掛天空。假如**夏季冰層裸露和形成消融水塘的時間稍微提早，冰層額外吸入的輻射量，就會促使冰層融解的更快，很有可能使得整塊冰層消融殆盡。**許多研究北極的科學家都認為，現在的北極正在發生這件事情，因此造成不少冰層在夏季後，一去不復返。

當消融水塘的深度變得越來越深、面積變得越來越大時，它們流進大海中的可能性也會越來越大。或許，是因為塘緣融及浮冰或是冰層的原有斷層，也或許是它直接融穿了冰層、形成了融穴（thaw hole）。但不管水塘裡的淡水是以什麼樣的形式流入大海，它們都會在海冰下方的幾公尺處形成一道低鹽度的水層，加速海冰底部消融的速度。

冰間航道和冰脊的生成過程

目前為止，我們已經知道海冰是如何形成，熱力作用又是如何影響它們在海面上的消長。不過在北極，只有一半的冰層是以這種方式生成，另外一半的冰層則是由海上現有的

「冰體」重新塑形而成。

冰體若是以線性的方式相互堆疊，便會形成「冰脊」（pressure ridge）。同時，因為這個過程所產生的冰層裂口，則稱之為「冰間航道」（lead）；究竟這些奇妙的極地景觀是如何形成的呢？海上流冰的消長是一個持續不斷的動態，在海上，它們的上、下方各有一股力量驅動著它們的走向，分別是風的摩擦力和海流的流向。然而，在這個過程中風的影響力比海流大，這樣的特性也造就了海洋上幾座重要的淺層洋流系統。以北極為例，在靠近北美的北極海盆（Arctic Basin）海域上就有一座順時鐘轉的環狀洋流系統，被稱之為波弗特環流（Beaufort Gyre）；同時，來自西伯利亞的流冰，在北極往格陵蘭的下降風（katabatic wind）吹拂下，亦在歐洲北部的海域聚攏，形成了一股名為跨極地漂流（Trans Polar Drift Stream）的洋流系統。

驅動海冰流向的風應力（wind stress）具有強大的力量。據估計，它可以將一塊質地緻密的流冰推行四百公里之遠。但假如這股風的力量有所分歧，就可能產生輻散風場（divergent wind field），也就是說，它將同時產生不同方向的風應力，進而把緊偎在一起的冰層撕扯開來。由於冰在水上沒有什麼支力點，因此一旦冰層被這股輻散風吹拂，其冰層間的裂縫就會越變越大，形成冰間航道（卷頭彩圖6）。冬季時，這樣的航道並不能維持多久的時間，因為大氣和海洋之間的溫差太過巨大（大氣的溫度通常在攝氏負三十度，海水則是攝氏負一・八度），航道很快又會重新凍結。

新生成的航道海面會溢散大量的熱量到大氣之中（每平方公尺一千瓦以上），所以航道上煙霧瀰漫，處處都是從水面蒸散到大氣中的冰寒霧氣（卷頭彩圖3）。一般來說，年輕的冰層只要花個幾鐘頭就可以重新形成冰殼，快速修補起這道裂痕，使海面的液體不再蒸散。之後，若有帶著匯聚型（convergent）風應力的風吹向這塊年輕冰層（一般而言，這類型的風會將浮冰聚攏在一起），航道上才再度凍結的脆弱冰層，就成了第一個受到衝擊的對象，而它破碎的冰塊則會沿著水平面上下大量堆積；這樣線性的變形結構（外觀就像是一長條的礦渣堆）被稱為冰脊（卷頭彩圖7），也有學者將它位在水面上的部分叫做「冰帆」（sail），水面下的部分則叫做「龍骨」（keel）。

龍骨的體積比冰帆大上許多，北極海域的龍骨甚至可以深達五十公尺，但多數龍骨的深度大約都落在十到二十五公尺之間，三十公尺深的龍骨則大約每一百公里才能見到一個。通常龍骨的深度會是冰帆高度的四倍，寬度則是兩到三倍，如此看來，冰脊附近未受擠壓的冰層下方顯然或多或少都有龍骨的存在。冰帆和龍骨之間的體積之所以會有這樣的差異，是因為重力的力量比浮力大，因此比起浮在水面上，這些破碎的冰塊反而會更容易被壓入水面。

事實上，大約有四十％的北極海冰是由冰脊構成，其中又以沿海地區的比例最高，該處冰脊的出現率可達六十％以上。一開始冰脊是由線性方式簡單堆疊的冰塊組成，但當冰塊漸漸凍結在一塊兒，冰脊的結構就會變得越來越堅固；因此多年生冰脊的硬度會變得跟周圍未受擠壓的冰層相同，甚至更強；這個道理就跟我們傷口癒合後留下的疤痕一樣。多年生冰層擁有非常堅硬巨大的冰脊，因此，除非你開的是最重量級的破冰船，否則所有船隻遇到這種冰層都只能繞道而行。相反的，首年冰的厚度不只比較薄，它的冰脊也比較不堅固，因為，此時構成冰脊的冰塊尚未相互凍結在一起，所以一般的驅冰船便可以輕鬆解決首年冰對航行造成的阻礙。

南極的冰脊比較平淺，通常厚度會比北極少了六公尺，這是因為南極冰層的生長速度比較慢，一年只能生成〇・五到一公尺的厚度，而北極冰層的厚度一年就可能增加一・五公尺。這些淺薄的冰層很容易因風應力而直接變形，不像北極冰層還需要先經過切割（產生冰間航道）和撞擊的步驟。正因為如此，南極冰脊的厚度往往和兩側冰層的厚度差不多，再加上它形成冰脊前不會產生冰間航道，因此之後它也沒有機會再藉由擠壓，重新凍結航道冰層的方式來增加冰脊的厚度。冰脊在南極冰層裡占的體積似乎也比較少，僅有三十至四十％左右（關於南極海冰的介紹，詳見第十二章）。

淺水區的冰層

海冰一開始往往是在最靠近海灘的淺水區生成，因為在那裡大氣只需要冷卻薄薄一層的水層，便可以使水面凍結；這種冰被叫做「岸冰」（landfast ice），也有人將它叫做「固定冰」（fast ice），因為它會一路凍結到海底，彷彿跟海床綁在一起。由於它們已經擱淺在岸上，因此在它朝海面延伸，受到潮汐拍打、產生裂隙時，冰層僅會稍微浮動，整個冰體仍會保持在固定的位置上。這時，若朝內陸吹拂的海風帶來流冰，便會與之形成冰脊，並擱淺在較淺的水域中。年輕的冰層會環繞著這些擱淺的冰脊生長，而這整個區域就是所謂的「岸冰區」（fast ice zone）。岸冰區裡水深非常深，因此擱淺冰脊也很深，一般來說它們的深度大多落在二十五到三十公尺之間。

離岸的冰層在完全擱淺前會一直活動，且還會不斷對海床進行「冰蝕作用」（ice scour）：其冰脊的底端會在海床的沉積物上，鑿刻出許多條狹長的溝槽。海底冰蝕地形的發現時間是在一九七〇年，當時，我第一次和加拿大地質調查局（Geological Survey of Canada）的隊員搭乘哈德森號前往北極探勘。一路上我們的船尾都拖著一座側掃聲納探測器（sidescan sonar），透過發射扇形的聲波束，探測器能依照聲波反射的狀況繪製出海床的面貌。原本我們都以為它會在近海區偵測到一片平坦、充滿淤泥的海床，然而，我們卻看到海床上有一排雜亂的狹長溝槽，就像是喝醉酒的農夫犁出的田一樣。

這些新舊交錯的溝槽構成一幅迷人的紋理，有些溝槽是一條條死板板的直線，有些溝槽則是呈現環狀或螺旋狀的靈動曲線，整個畫面猶如日本禪園裡的地景藝術。我還記得當時我跑到主要回聲探測器的螢幕前，發現我們所經之處皆會在海床上留下約二到四公尺深的小溝槽。於是，我們馬上知道這些蝕刻地形，肯定是嵌在冰層中的冰脊所造成的，因為在它們徹底擱淺前，海風和洋流都會不斷拽著冰脊，用它山峰狀的龍骨在海床上鑿刻出一道道的溝槽。對任何想在北極淺海區進行埋設海底管線或設置開採井口的工程而言，這些溝槽都會為他們帶來前所未見的危險！

其他更深入探討這類冰蝕作用的研究也已發現。某些地方的海底溝槽深度，甚至深達六十五公尺，遠比當地的冰脊還深（就像我先前說的，冰脊的深度很少超過三十公尺）。學者對這方面的解釋是：這些溝槽可能是上一個冰河期過後留下的古老傑作。由於彼時的水分多封存在冰層中，海平面的水位相對較低，所以冰脊才能鑿蝕出如此深的溝槽；加上北極水域的沉積速度非常緩慢，只有少許浮游生物的殘骸，可作為沉積物的來源（牠們細小的甲殼會如雨滴般沉降至海床上），因此，這些古老的溝槽才一直無法被填平，留存至今。

一九七〇年代，科學家利用側掃聲納探測器陸續偵測了其他更深的水域，發現了不少冰山級的巨型海底冰蝕作用（iceberg scour），它們分別位在拉不拉多海（Labrador Sea）、巴芬灣（Baffin Bay）、格陵蘭和南極海域。這些深達一百五十至三百公尺的溝槽，都是過去冰山底端鑿刻海床的痕跡。令人驚訝的是，此現象竟也成為第一項證明火星曾有過水流的證據。

在紐芬蘭（Newfoundland）工作和生活的克里斯（Chris Woodworth Lynas）是我的好友兼同事，他不僅是研究冰山級海底溝槽的專家，同時也在加拿大北極圈的威廉王島（King William Island）上發現了它們的蹤跡（該處已經沒有貴族的存在）。這座島嶼在上一個冰河期曾是海床的一部分，那時附近冰川中的冰山在它沉積著礫石的海床上劃出了一道道的溝槽。之後，又過了一陣子，這塊海床才又因地質作用被抬升為現在我們眼前所看到的島嶼。

二〇〇三年，克里斯在瀏覽火星表面照片時（這些照片是太空登陸器航行號〔Voyager〕利用火星軌道攝影機〔Mars Orbiter Camera〕拍攝），發現它與威廉王島之間有極為相似的地貌，[4]後來更和他的同事雅克・吉蓋恩（Jacques Guigné）共同發表了這篇有關火星研究的突破性論文。今天我們都能接受火星曾有水分存在，並且或許孕育過某些生命，但是在二〇〇三年，這樣的觀點非常偏離主流看法。儘管如此，這些冰蝕溝槽證明了火星上不僅確實有過流水，且這些水還會週期性的凍結（可能只有在冬季發生）、形成冰山或冰脊，在古老的火星海床上鑿蝕出各種紋理。

這段發生在淺水區的地形作用相當複雜，整個過程的主要角色除了有岸冰外，近海快速移動的流冰亦發揮重要功能。流冰對固定冰層產生的摩擦曳力（frictional drag）會形成一個剪切帶（shear zone），該區域的摩擦力和壓力能創造出巨大的冰脊，有時，還會產生綜橫交錯的廣大破碎冰層，形成所謂的冰礫平原（rubble field）。不過，整場地質運動中，最吸睛的焦點還是壯觀的孤島式冰脊（isolated ridge），俄文以「stamukha」這個名詞來形容這種地形，意即「擱冰」，北西伯利亞的淺水區常可見到這類地形。擱冰是在冬季擱淺在海岸、成為岸冰區一員的龐大冰脊。由於它的冰體固若磐石，因此即使到了春、夏之際，它周圍的冰層紛紛分崩離析，但它的龍骨仍會穩穩的將它嵌在海床上，並在一片廣闊的開放水域中形成一座半圓形的冰島。有時候它的外觀看起來就像是一座布滿淤泥的真正島嶼，因為早春的融水會沿著西伯利亞的河川淌流，使它的表面覆上一層隨著融水釋出的泥土。當擱冰的龍骨終於消融到無法嵌在海床上時，整座冰體便會在北冰洋上到處漂流，成為航行船隻或是海上鑽探設備最棘手的阻礙之一。

擱冰是一種很罕見的流冰，然而，二〇一二年我在弗拉姆海峽（Fram Strait）進行夏季考察時，卻幸運地在介於斯匹茲卑爾根島（Spitsbergen）和格陵蘭之間的海域親眼見到了一座。卷頭彩圖9拍下了擱冰表面的巨大隆起，而長年累積在冰層表面、混雜著藻類和汙泥的沉積物，則讓它的外觀呈現一片深褐色。我在這塊冰層的下方放了一台水下自動巡航器（autonomous underwater vehicle，AUV），並利用多音束聲納（multibeam sonar）繪製出它在海面下的面貌。它的龍骨大概有二十八公尺，這樣的深度已足以讓它在典型的剪切帶裡擱淺。

冰間湖

最後，我們要來看極地沿海的另一種特殊景觀，這些地方即便在冬天都不會有岸冰或冰脊存在，而是呈現一個開闊水域的狀態。英文沿用俄國人對這些區域的稱謂「polynya」來代表這類景觀，它在俄文的意思是「水池」。

許多因素都會造就出此景觀，不過「陸風盛行」是最主要的因素。當強勁的陸風不斷吹拂，岸邊新生成的冰層便很容易被吹向大海，最多甚至可能被吹至離岸邊數十公里遠的海面，使沿岸出現一片無冰的水域。冬季的時候，靠近岸邊的開闊水域會蒸散出陣陣的冰寒霜霧，離岸比較遠的冰層則會以碎晶冰的形式漂浮在海上，並隨著陸風漂流到離岸更遠的海域，直到碰上了其他更大的流冰才會停下來。南極的海岸線上有著一連串的冰間湖地景，因為當地盛行下降風（沿著南極冰層的穹頂，一路往下吹向海面的陸風），當它們從沿岸山脈的縫隙之間吹出時，會形成一股強勁的風力，將岸邊的冰層驅離海岸；因此擁有冰川的峽谷下方，往往都可以見到冰間湖的蹤跡。

冰間湖是一種常態性的景觀，所以通常學者都會將它們命名。卷頭彩圖11的冰間湖是位在羅斯海（Ross Sea）的特拉諾瓦灣（Terra Nova Bay）冰間湖，現在義大利和南韓均在此設有極地研究基地，過去史考特隊長也曾在進行北方極地探查時，被迫在此處的冰穴中生活了一個冬季。

冰間湖在北極不太常見，但它卻相當重要。北令海（Bering Sea）的聖勞倫斯島（St. Lawrence Island）因為冬季北風盛行，南側有一座冰間湖，而當地的伊努特人（Inuit）就是靠著在此湖漁獵度過嚴冬。格陵蘭北端和埃爾斯米爾島（Ellesmere Island）之間還有一座名叫北水（North Water）的著名冰間湖（卷頭彩圖12），然而，它形成的方式卻和前者不同。這裡的陸風和洋流會不斷將冰層往南推向這兩座巨島之間的海域，使得兩島之間的水路越變越窄，形成一道弓狀的屏障，讓冰層在經過這道屏障時，就猶如濕沙過篩般容易被卡住。因此，雖然南向的水流仍可通過屏障間的縫隙流入，但冰層卻會被阻擋在屏障之外，久而久之，便造就了這座冬季冰間湖。

另一座位在格陵蘭東北方海岸的東北水（Northeast Water）常態性冰間湖，其誕生則和諾多司壯丁肯（Nordostrundingen）南端的突出海岬有關。此海岬極為突出，北極流冰向南漂流至此時，根本來不及「轉彎」、只能紛紛擱停於此，而海岬背側也因而形成了一塊無冰的水域。丹麥考古學家曾經在此地發現古愛斯基摩人的皮筏（umiak）和石器，顯示大概在幾千年前，伊努特人就已經在這個極北端（北緯八十一．二六度）的岬角過著漁獵的生活，這或許是因為在這個區域可以獵捕到許多北極熊和海豹的緣故。

在這個章節中，我用簡短的文字概述了海冰的特性，以及它在海面形成和生長的方式。接下來，我們將繼續看到冰層對地球的重要性，因為它的消融正對全球氣候帶來嚴重的衝擊。但在此之前，我們還需要先了解一下其他在陸面上的冰層狀況，例如凍結的冰川和冰原，雖然它們消減的速度比海冰慢許多，可是卻也正在不斷消失中，不可輕忽。

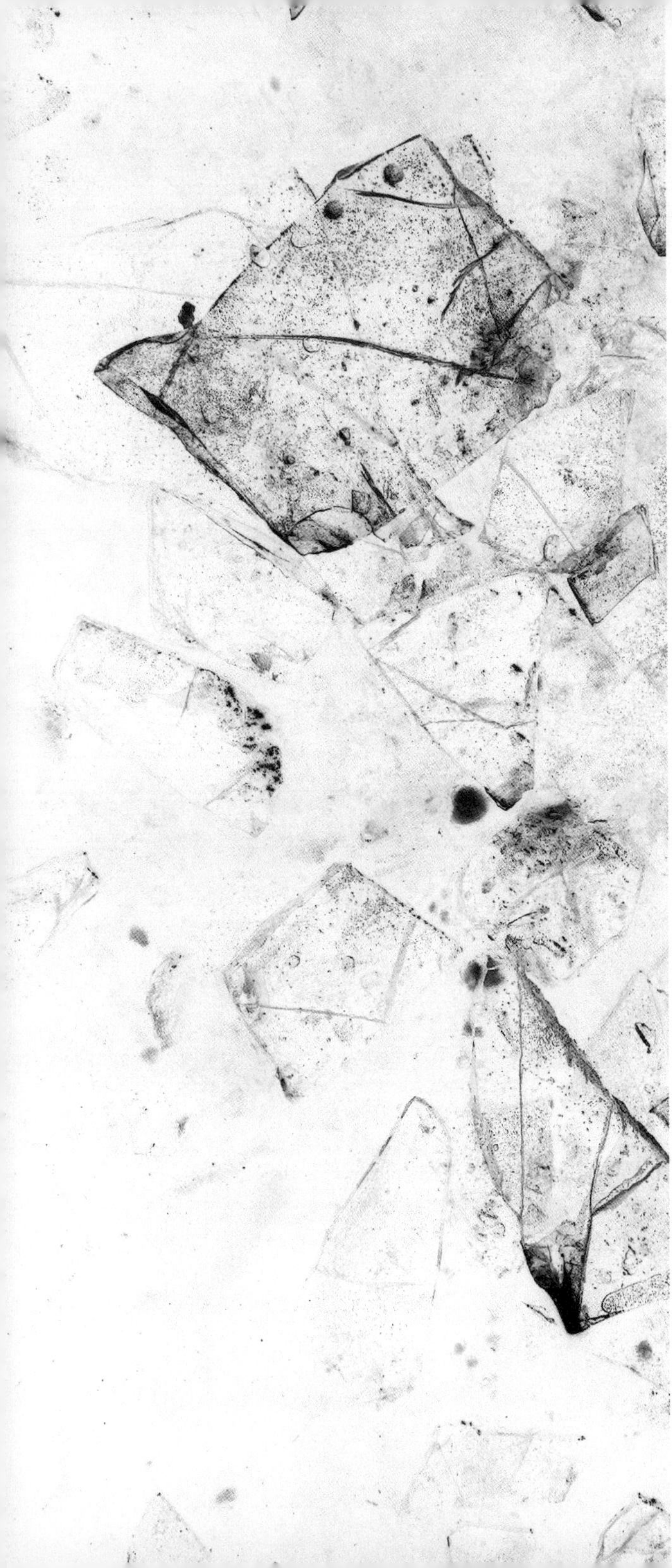

第三章 地表冰層的簡史

「冰」的首次現身

事實上，目前我們仍不知地表上的水首次凍結成冰的時間，也不清楚它是如何發生。距今四十五億四千萬年前，地球在太陽星雲（solar nebula）中誕生，當時，這個由氣體和塵埃組成、環繞著太陽打轉的盤狀星體是顆極度炙熱、年輕的行星。事實上，那時地球的表面是呈現熔融的狀態，一方面是因為地表火山活動頻繁，另一方面則是因為它常常和太陽星雲中的大量塵埃和礫石產生碰撞。整個大氣裡充斥著毒氣，幾乎找不到氧氣的蹤影。

在這個惡劣的環境之中，沒有任何生命能夠生存。直到了三十八億年前（有些科學家的說法是四十一億年前），地球上才開始出現生命，彼時地球的表面似乎已經固化，甚至出現少許液態水，不過肯定還沒有任何冰層出現。有趣的是，目前已出土的最古老化石，是考古學家在西格陵蘭具有三十七億六千萬年歷史的岩石中發現，這些化石裡所蘊含的碳元素，證明它們曾經是生命的起源。當然，那時這些原始的生物並不是生活在格陵蘭上，而是生活在海洋底部的泥層。

這個關於生命起源的精采故事告訴了我們，**水對生物的重要性：生命不僅由它誕生，也因它延續，每一個有生命力的細胞都少不了水分的滋養。**可是，一開始地球上的水是從何而來呢？學者推測，地表最早的水分子可能是由地球內部排出的氣體，和主要由冰組成的彗星和小行星相互作用所產生。

一開始出現在地球上的生命體是非常微小的單細胞生物，小到必須用顯微鏡才看得到，一直等到五億八千萬年前，這樣的情況才開始出現轉變。也就是說，地球從有生命出現以來，大概有八十％的時間，都是由這種演變速度極度緩慢的單細胞生物組成。然後，突然之間，多細胞生物出現了，其創造無限可能性的特點，使得演化的腳步開始突飛猛進，它們演化成形形色色的生物，甚至進一步演化出器官和四肢等生理構造。自此之後，我們在演進之途上從未走過回頭路，這個「從單細胞邁向多細胞生物」是生命演進史上的關鍵一步，但這一步竟然花了我們如此長的時間；老實說這樣的結果令人大感意外。因為早在二十億年前，地球上就已經出現了首批能行光合作用的生命體——它們能吸收太陽輻射，並在二氧化碳的幫助下茁壯，同時釋出氧氣；從那一刻開始，大氣中的氧氣含量就越來越高，地球的環境也變得越來越適合生命生存，而當時的海洋和陸地上，都已經出現單細胞植物的蹤跡。

從地球的誕生到多細胞生物的出現，整個過程長達近四十億年，古生物學家將這一大段的時間稱之為「前寒武紀」（Pre-Cambrian），但是在這段期間當中，冰層究竟身在何方呢？

「雪球地球」悖論

古氣象研究人員將地球的氣候史粗分成兩大類，分別是：「高熱期」（hothouse Earth），此時地球的溫度比今天高出許多；以及「冷卻期」，此時地球的溫度已明顯降溫。地球大約有七十五%的時間都處於高熱期。然而奇怪的是，歷史的跡象顯示前寒武紀應曾有過冰河期，且跟之後的幾場冰河期相比，它對地球的影響程度更為強烈。

實際上，地質學家發現的第一個冰河期是休倫冰河期（Huronian glaciation），也有人稱它為瑪格凝冰河期（Makganyene glaciation），後者是以該冰川沉積物被發現的地點命名，其地點位在南非。休倫冰河期發生在二十四到二十三億年前，當時地球上既沒有光合作用，大氣裡的氧氣濃度也不高，整個環境只允許單細胞生物緩慢生長。它是地質史上最強烈，且時間最長的冰河期，必定對那時生存在地球上的生物造成極大的衝擊。

正是這段冰河期，讓科學家有了冰凍星球的想法。他們認為此時地球表面的海陸全被凍成一片冰霜、具有非常高的日照反射率，從太空看起來就像一顆雪白的球體。於是一九九二年時，加州理工學院（California Institute of Technology）的約瑟夫・柯世韋因克（Joseph Kirschvink）首次提出了這項一直備受爭議的理論，並將之命名為「雪球地球」理論。[1] 雖然至今這項理論尚未被所有人接受，但它已經有非常完備的理論架構。

現在我們必須思考的問題是：這個過程是如何啟動？它持續了多長的時間？地球是如何破冰而出？當地球處於雪球狀態時，整個地表又呈現什麼面貌呢？雖然這些問題很難有個確切的標準答案，因為我們難以找到關於這些問題的古老證據。但，這段冰河期的過程卻可能是這麼進行的。

瑪格凝冰河期之時，太陽的亮度還不像現在這麼強。今天我們往往會以「太陽常數」（solar constant）來討論太陽的亮度：所謂的太陽常數，係指進入地球大氣層的太陽輻射總量，這項常數並非亙古不變，其每年的數值都會產生些微的偏差（某部分的學者認為，僅僅是這些許的偏差值，就足以對氣候造成改變）。太陽常數與太陽亮度息息相關，一旦它的數值增加就表示太陽的亮度提升，而它的數值平均每十億年就會增加六%左右，雖然緩慢卻相當穩定。二十三億年前，太陽的亮度大約比現在暗了十五%，地球也因為充斥著大量溫室氣體，像是二氧化碳和火山劇烈活動噴發出的甲烷氣體，溫度比現在高出許多。假如當時火山活動突然減緩，整個地球就很容易降到比現在還低的溫度。在瑪格凝冰河期的時候，南非還位在靠近赤道的位置，因此，也暗示這個冰河期影響的範圍遍及整個地球，為此，火山活動減緩的推論是十分合理的機制。為什麼呢？因為今天我們可以在赤道附近發現冰川的蹤跡，例如吉力馬札羅山（Mount Kilimanjaro）的山頂，但瑪格凝位處低海拔，這說明當時整個地球很可能完封在一片冰雪之中。

另一項對這段冰河期的解釋是，當時地球上的生命體已經逐漸演化出光合作用的功能，且開始改變大氣成分的組成、提升氧氣的含量。大氣中的氧氣和甲烷反應後形成了二氧化碳，雖然二氧化碳也是一種溫室氣體，但它產生的溫室效應比甲烷弱許多（低了二十三倍）。就這樣，游離氧使大氣中的甲烷大量消失，因為只要它一出現，便會馬上氧化甲烷。整個過程就如蓋亞理論（Gaia theory）所說的「生命讓地球變得更宜人」，儘管幾乎不會有人將冰河期說成是「適宜生物生存的環境」，但地球的降溫，確實可能是因為這些產氧生命體清除了大氣中的甲烷所致。

「雪球地球」持續了多長的時間，此時地球上的生命又變成了什麼模樣？

就某種程度來說，這顆冰凍星球是處在一種自給自足的狀態。被冰層覆蓋的地表會把整個星球的平均日照反射率，提升到〇・八左右（地球現在的平均日照反射率是〇・三），如此一來，大部分進入大氣的太陽輻射都會被折射回太空。因此，學者曾經依此計算出雪球地球的平均溫度，大約落在攝氏負五十度，靠近赤道的地方則在負二十度左右，非常不適合生物生存。

另外，海洋裡的冰層厚度也是一個未知數。那時的海冰可能非常厚，也許厚達一公里，就跟南極洲的冰架一樣厚，只不過它是在海裡生成，而非陸地。由於赤道附近的溫度比較高，冰層的厚度也會比較薄，所以高緯度的厚實冰層將往赤道的方向漂移，與當代冰川的流動方式一樣；這股冰流和冰川的差異只在於它發生的地點：冰川是在陸地，但它卻是在海洋。而覆蓋在赤道上的冰層，厚度則可能落在數百公尺到一公尺之間，落差非常懸殊。事實上，一公尺厚的冰層很容易產生裂隙和冰間溝渠，使海洋和大氣能透過這些介面交換氣體和熱能，更重要的是，海裡行光合作用的生物也能藉此延續生命，繼續提升地球的含氧量。而海底中洋脊（mid-ocean ridge）的火山仍會持續爆發，並從火山口噴發出大量溫室氣體，二氧化碳和甲烷皆會因此重返大氣。**藉由這些方法的交互作用，一段時間後，溫室氣體在大氣中的濃度，又會達到造成冰層融化的臨界點，讓地球重回溫暖的狀態。**

這段暖化的過程可能相當迅速，在地球經歷了上億年的雪球狀態後，也許只花了兩千年的時間，它便又讓地球破冰而出。在這漫漫長冬中，許多種單細胞生物靠著自身多變的型態，和充滿韌性的適應力生存下來。

雪球地球，不只出現一次？

地球首次化身為雪球的故事並不完整，這也成為地質學家和氣候分析員對此產生歧見的原因。不過地質上的遺跡顯示，地球似乎不只一次被完全冰封，在首次雪球現象過後的十五億年，距今七億一千萬年前，地球再度徹底凍結，開始了斯圖爾特冰河期（Sturtian glaciation）；**在這次雪球假說中，二氧化碳扮演關鍵的角色。**

地球一直受到板塊運動的影響，不論是大陸或海洋，其地殼岩層皆是透過板塊邊緣的重疊處相互推擠形成；板塊推擠時，熔融態的岩漿會從地函（mantle）中冒出，冷卻凝固後便形成了新生的地殼。約在七億一千萬年前，板塊運動早就將所有的陸地聚攏在一起，且在赤道上和赤道周邊的區域形成了一塊巨大的陸地——盤古大陸（Pangea）；這個現象加劇了矽酸鹽風化作用（silicate weathering）（亦即岩層中的矽酸鎂和二氧化碳反應，在水中形成了重碳酸鹽和矽酸。近來，有學者想利用這個原理降低大氣中的二氧化碳含量；他們打算把含有矽酸鹽的岩石打成碎石，撒在海灘。關於此方法，詳見第十三章）。同時，裸露岩塊的溫度較高，更加速風化過程的進行。

爾後，再過不久岩塊被雨水打濕，致使盤古大陸開始四分五裂，形成多個面積較小的新大陸，海岸地形隨之變多，雨水也加入風化岩塊的行列；而內陸的地形通常比較單調，往往呈現一片荒蕪。在這兩種風化效應的作用下，二氧化碳似乎不斷被消耗掉，讓地球的溫度再度冷卻，進入新的冰河期；而這一段冰河期大約持續了六千萬年。

最後，在六億三千五百萬年前，地球似乎第三度，也是最後一次轉變為雪球的面貌。這個緊接在斯圖爾特冰河期之後出現的冰河期，稱為馬里諾冰河期（Marinoan glaciation），歷時約六百萬到一千兩百萬年（這兩個冰河期都是以南澳的地名命名）。學者認為，是二氧化碳和風化作用再次造成這次的冰河期，只是這次還有其他因素，例如天文現象就是其中一項。他們推斷當時可能有龐大的太空碎粒雲遮蔽了太陽對地球的輻射熱，致使地球降溫。

「雪球地球」是一個很新的觀念，由於它發生的年代太過久遠，現在我們很難找到支持它曾經存在的實質證據，為此，在未來說不定有一天這項理論會被徹底推翻。儘管如此，不管雪球現象是否曾發生過，有一項事實是永遠都不會被抹滅掉，那就是目前我們知道，在前寒武紀期間，地球確實有過三次歷時非常久的冰河期。這表示在正常的情況下，地球有很長的時間都處在沒有冰化的溫暖狀態（溫度往往比今天還高），只有在冰河期發生的短暫期間，地球溫度的恆定狀況才會受到破壞。自從冰河期出現後，它便不斷地反覆發生；那麼過去六百萬年來，已經出現在地球上的我們又經歷過哪些氣候變化呢？

天文現象與冰河的關係

地球在過去六百萬年裡大多處在「高熱期」，而非「冷卻期」。古氣候學是一個新興的科學，學者尚未仔細檢視到多少氣候巨變，在地球上留下的證據，因此我們無法肯定的說在過去六百萬年間，地球上不曾發生過幾段冰河期（也許很短暫）。實際上，我們對地球歷史的了解仍非常粗淺，但就整體來看，地球在這段期間好像大多處於溫暖的狀態。

這不是一本地質學書，也不是一本專門討論地球氣候變遷史的歷

600 萬年間的溫度在始新紀和上新紀期間不斷下降（利用深海沉積物中的同位素計算、得出的3)。第 4 區塊的曲線，代表反覆出現的冰河期，第 5 區塊的曲線則是我們從上一次冰河期恢復

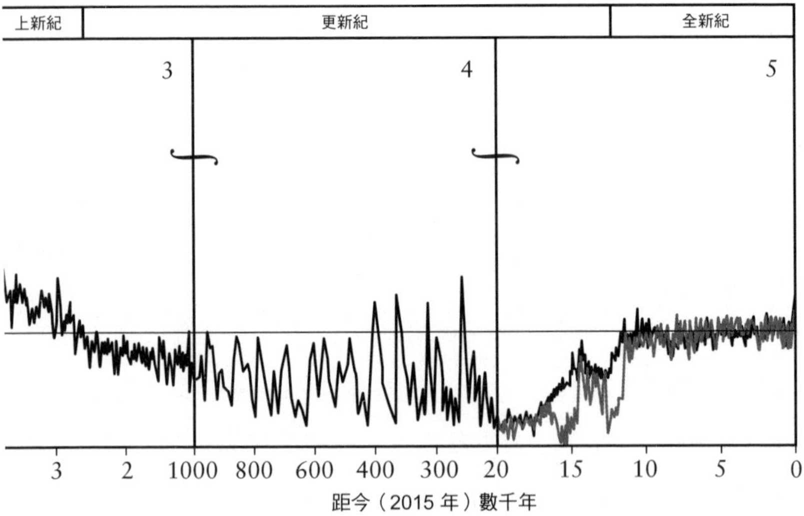

史書。**在這本書中，我要關注的焦點是冰層和它所扮演的角色，看看它最終會對地球造成什麼樣的影響。**但在此之前，我們確實需要仔細檢視地球史上其他二氧化碳含量快速飆升的階段，從中學到一些教訓。我們從氣候史得到的其中一項教訓是，地球大氣中的二氧化碳含量從未上升至與今天一樣迅速。現在人類的行為正在干擾原本的氣候系統，並可能對地球造成前所未見的後果。

在六千五百萬年前，曾經發生過一起造成地球二氧化碳濃度飆升的重大事件，那就是墨西哥尤卡坦

圖 3-1　地球的溫度變化。5 億到 8000 萬年前地球的溫度比現在溫暖（曲線 1）；6000 萬到
數值，曲線 2）；大約在 300 萬年前，地球的溫度近一步下降到了今日的氣溫（曲線
到近日溫度的過程。

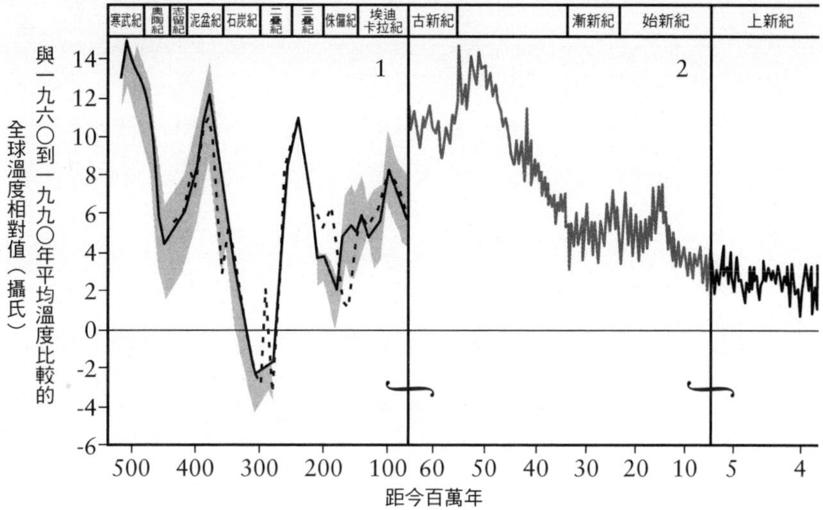

半島（Yucatan Peninsula）的著名白堊紀到第三紀行星撞地球事件（K-T asteroid impact），它對地球帶來全球性的災難。衝擊波和浪潮蔓延了整個地球，大量的土石和粉塵散佈在大氣之中，造成地球一片黑暗和死寂。當時，地球肯定歷經了好幾個嚴寒冬季，就像我們預測核戰將對地球造成的「核冬天」（nuclear winter）一樣。[2]恐龍就此滅絕，因為牠們缺乏調節體溫的能力，無法適應急遽的氣候變化。幾千年後，撞擊產生的立即性效應消退，地球又開始暖化。在一萬年的時間內，大氣的二氧化碳含量上升了二千 ppm（百萬分之一），溫度則上升了攝氏七・五度（平均一年增加〇・二 ppm 的二氧化碳和〇・〇〇〇七五度的溫度）。以上，都是因為受到撞擊的碳酸鹽頁岩、森林大火和海洋暖化對大氣釋出了四兆五千億噸碳。

儘管如此，與現在二氧化碳濃度每年上升三 ppm 相比，行星撞擊所造成的上升幅度還比較低。人類將溫室氣體排入大氣的速度遠比任何已知的自然事件快，即便是行星撞地球這類的極端事件也不例外。

撞擊事件的數百萬年後，西伯利亞地區釋放出大量的甲烷（現今仍不清楚是因何而起），造成氣候暖化，溫度上升攝氏五度左右，大氣二氧化碳濃度也上升將近一千八百 ppm。不過，這些現象都發生在一萬年之間，因此，其實每年溫度只有上升〇・〇〇〇五度，二氧化碳也只增加了〇・一八 ppm。但這起甲烷釋放事件，同樣滅絕了地球上的許多物種，並改變了環境；然而，它使二氧化碳上升的速度仍不及今日的人類。

這些事件讓地球幾經升溫後，地球又透過一些方法，花了超過五千萬年的時間逐漸降溫。學者利用海底沉積物中的有孔蟲殘骸（一種微小的海洋生物）的氧十六和氧十八同位素比值，便可推演出這股蘊涵在深海水溫中的趨勢（圖3-1，曲線二）。氧十八是一般氧原子氧十六的同位素，它比後者多了兩顆中子；當有孔蟲生長的水溫出現變化時，有孔蟲殼裡的這兩種氧原子比值就會隨之改變。除了溫室氣體外，科學家不確定還有什麼原因，會讓此階段的氣溫長期處於下降的狀態。在此同時，地表大陸的分佈也重新洗牌，南極洲在這五千萬年以上的時間裡移動到了高緯度，並且形成冰層。

最終，這股降溫的趨勢把我們帶到了反覆發生冰河期的「近代」。**過去六百萬年來，地球的平均溫度能降得這麼低，或許和地球運行軌道的小幅改變有關。**因為軌道的改變，可能讓太陽對地球表面的輻射量微幅減少，進而降低地球的平均溫度，反覆促成冰河的消長，形成所謂的冰河週期。這是很重要的過程，不過一直到十九世紀後期，地質學家才首次發現了冰河期遺跡，並認為它是地球史上「唯一」的冰河期，命名為「大冰河期」。然而，這真是近代地質學上最令人尷尬的誤會，因為其實他們當時發現的那個冰河期，才在一萬兩千年前結束，且只持續了幾萬年的時間。

現在我們知道那次冰河期僅是近代冰河週期的最後一次冰河期，之後的六百萬年，地球又再次經歷溫暖的間冰期（interglacial period）。在此之前，就像我們前面說的，地球的溫度除了曾在最早的幾次例外事件（雪球地球）中降低外，它的溫度一直都很高，根本不可能發生冰河期。**想要讓冰河期週期性的出現，地球的溫度必須低的恰到好處，才有辦法讓天文的波動影響到冰河的消長，也才不至於讓我們處於永久的冰河狀態。**地球大概到了最近數百萬年的冰河期，溫度才開始出現鋸齒狀的起伏；事實上，過去的地球並不常出現如此頻繁的高、低溫變化。部分科學家認為，我們燃燒石化燃料逸散到大氣中的二氧化碳和其他氣體，將阻礙地球邁向下一個冰河期，甚至有可能完全抑制了冰河時期的發生，使地球重回數千萬年前的長久高溫狀態。

現在，就讓我們來看看這段重要的週期性冰河期，是如何影響近代地球的氣候吧！

第四章

近代冰河的週期變化

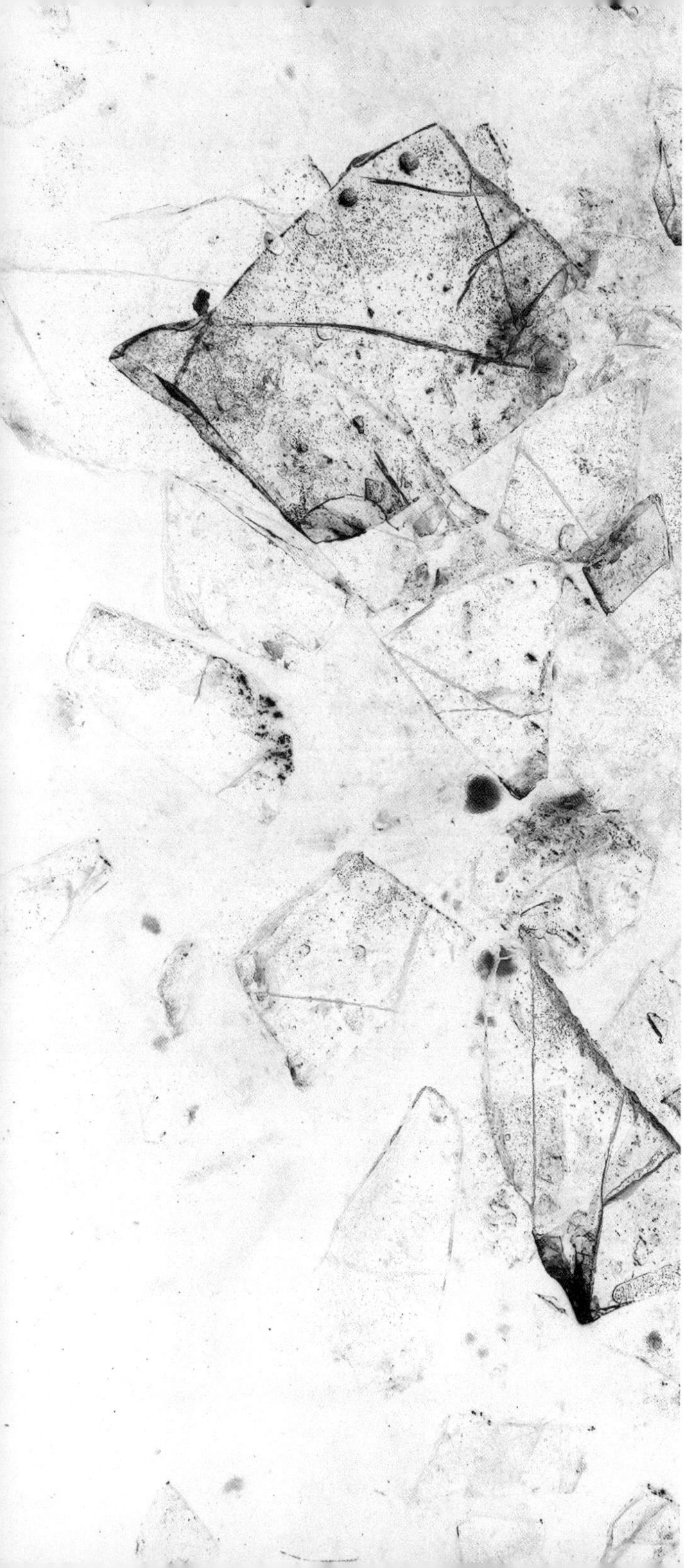

上新紀與冰河期

一直到上新紀（Pliocene）時（約五百三十萬到兩百六十萬年前），地球的氣候才開始轉變成現在我們所處的狀態。與工業化前的地球狀態相比，上新紀初期的整體氣溫，比那時多了攝氏二到四度，海平面也高了二十五公尺左右。這些跡象皆顯示，上新紀初期的冰層比較少，儘管當時的南極洲上仍有冰原，但是格陵蘭和北極海區域卻沒有海冰的存在。事實上，上新紀初期的冰層分布狀態，就跟現在的地球狀況有點類似，只不過這種現象對現在的人類而言，卻不是件好事，因為我們並不希望海平面在如此短的時間內大幅上升。

上新紀初期的溫暖氣溫促成了水文循環（hydrological cycle）：水被蒸散到空氣中後，又形成了雨水滋養大地，造就了茂密的熱帶雨林、蔥鬱的大草原和幾座小型的冰冠（ice cap，大概是現在面積的三分之二）。**雖然這個時期已經有人類的始祖生存在地球上，但人類的數量還非常稀少，根本不可能對氣候的變遷造成衝擊。**此外，當時我們的祖先也不可能發展農業，因為上新紀初期不時會有狂暴的大雨或熱浪襲來，在這種環境之下，他們很難萌生靠耕種維生的念頭。其次，儘管在這段期間地球的溫度仍未低到足以啟動冰河期，但它的溫度卻已經比一開始冷卻許多。

不過，地球的冷卻作用仍持續在上新紀進行。一直到前一陣子，科學家一致認為地球之所以能在這段期間持續降溫，都拜巴拿馬地峽（isthmus of Panama）所賜。由於大陸板塊會不斷飄移，使得連接南、北美洲的巴拿馬地峽在當時因運而生。他們認為這座地峽生成後，不但大幅破壞了原先赤道洋流的循環狀態，更阻礙了從太平洋流向大西洋的溫暖海水，因而讓地球的溫度變得越來越低。

然而，最近這項理論已經被科羅拉多大學（University of Colorado）的彼得・莫爾納（Peter Molnar）推翻，他證明了巴拿馬地峽的生成時間是在兩千萬年前，而非三百萬年前，因此，巴拿馬地峽不可能是造成上新紀中後期大幅降溫的主要原因。自從彼得提出了這項證據後，古氣候學家便又開始尋覓新的降溫原因，因為歷史留下的遺跡確實顯示，大約在距今三百萬年前的上新紀末期，地球曾經歷過一段冰河期，讓格陵蘭被冰層覆蓋，並確立了近代冰河的週期變化。

近代冰河的遺跡

為此，三百萬年前的上新紀末期，地球上一定發生了一些足以改變世界氣候的事件。

正如同我們在前一章所提到的，地球氣候在過去的二十億年間，都以非常緩慢的速度變動，當時的氣溫大多比今日高，只有極少數的時間會出現降溫的現象，並且進入長期酷寒的冰河期；這短暫的酷寒時刻，甚至可能把整個地球冰封，形成所謂的「雪球地球」。不過在那個時候，地球從未出現冷、暖時期不斷短暫交替的現象，這個現象是在最近幾萬年才開始的。我們不清楚這樣的氣候震盪究竟會持續多久，更何況說不定人類現在的所作所為，早已經破壞了地球氣候原本應有的週期變化。

想要觀察這些氣候變遷的狀況，我們可以從格陵蘭和南極冰層的冰芯（ice core）著手，因為它們透過年積層（annual layer）詳實記錄了當時氣候的變化過程。

年積層是冰雪留下的足跡，當雪花降落在冰層上形成一層積雪後，下一年降落在它上面的新雪便又會將這層積雪壓得更加密實；經年累月，就會在冰層上形成一層又一層的年積層。由於上層新雪的重量會不斷擠壓下層的積雪，因此當年積層歷經的歲月越久，其厚度就會越薄，而密度則會變大。舉例而言，若剛從天上降下、落在冰層上的積雪，或許密度只有每立方公尺三百公斤，可是當這層年積層上面壓著深達五十公尺厚的積雪時，其密度最高會來到每立方公尺八百公斤。

當積雪被上方重量不斷壓縮時，雪花的結構也會發生變化，從原來的片狀轉變為偏向顆粒狀，形成所謂的粒雪（firn）。一般來說，只要雪的密度被壓縮到每立方公尺八百公斤，它的外觀即會從綿綿雪花形成堅硬冰體。也就是說，在粒雪還未被壓縮到這個密度之前，這些冰晶之間的孔隙仍大的足以讓空氣或是融水自由流通其中，但一旦它們的密度到達了每立方公尺八百公斤，冰晶就會被牢牢的壓縮在一塊兒，形成一個緊密的固狀冰體。

當然，在這些冰體初形成時，冰體中仍會含有一些閉合式氣穴（air pocket），它們是之前存在於冰晶之間的空氣通道，但隨著冰體被進一步的壓縮，這些氣穴的體積也會越變越小，最後在不斷的高壓之下，冰層內部將只會有些許非常微小的氣泡存在。假如能將冰層縱切，讓它跟平頂冰山（tabular iceberg）一樣露出側面的剖面，我們便能清楚地看到並測量到冰層最上方的每一層年積層厚度。不過就像我們剛剛說的，越下方的年積層厚度會越薄，所以當碰到年代久遠到看不出底部年積層的「層」在哪裡的冰層，就必須靠我們對冰層壓縮率的了解，來推估計算冰層的年齡。

因此，假如我們能鑿鑽到冰層的底部，年積層便能提供我們過去一百萬年的氣候資訊，然而，也僅止於一百萬年；這也是為什麼我們無法肯定近代冰河期究竟是從何時開始的原因。那麼，我們該如何透過這些年積層，了解過去氣候變遷的狀況呢？

從冰層中瞭解古代氣候變遷

科學家想出了一個聰明的辦法，利用這個辦法我們可以從形成年積層的冰雪中，計算出當時降雪的氣溫。上一章我們曾提到，氧原子有兩種形式，一種是一般的氧原子「氧十六」（O_{16}），它的原子核有八顆質子和八顆中子；另一種則是氧原子的同位素「氧十八」（O_{18}），它的原子核比較重，比一般的氧原子多了兩顆中子。在自然界中，通常每五百顆氧十六才會出現一顆氧十八。另外，由於氧十六比氧十八輕，所以海面水分蒸散時，由氧十六組成的水分子（H_2O_{16}）也會比氧十八組成的水分子（H_2O_{18}）容易溢散到空氣中。接著在雲堆裡時，這些以氧十六居多的水蒸氣分子又會進一步凝結成冰晶。因此，透過分析降雪中O_{18}：O_{16}的比值，科學家即可推估出這些降雪形成時的氣溫是多少；這項技術是我們了解過去氣溫的最佳利器和方法。

今日科學家甚至可以使用更先進的技術，將冰層中被極度壓縮在微小氣泡中的氣體萃取出，深入分析它們二氧化碳和甲烷的含量。因此，**現在我們不但可以從冰層中知曉過去一百萬年來氣溫變化的狀態，還可以知道當時大氣中溫室氣體分布的比例。**不僅如此，冰層中的塵埃濃度也能告訴我們當時的氣候有多乾燥，當時又可能有多少沙漠存在於地球上。最後，若冰層中帶有火山大爆發後遺留下的灰燼，則代表當時的氣候很可能發生了不小的轉變。根據目前的研究顯示，過去兩千年來已經有一百一十六件火山爆發事件。最大的一次是西元一二五七年，發生在印尼的薩馬拉斯火山（Samalas volcano），而這件帶有神祕色彩的火山爆發事件，至少影響了整個地球氣候兩到三年的時間。第二大的火山爆發事件發生在一四五八年，地點在萬那杜（Vanuatu）附近，第三大則是發生在一八一五年的坦博拉山（Mount Tambora）大爆炸事件，這起火山噴發事件奪走了七萬一千條人命，並讓全歐洲在一八一六年經歷了一個「沒有夏天的一年」，造成農作物大量歉收、虧損，而前年一八一五年恰好是拿破崙政權崩塌之時，因此，更使得當代的社會產生巨大的動盪。[1]

自從科學家分別在一九五〇和一九六〇年代，首次鑿鑽到格陵蘭和南極冰層的冰芯後，他們才開始分析這些藏在冰層中的祕密。隨著時間的推進，科學家的分析技術也有長足的進步。因此，雖然一開始科學家只能從年積層的厚度粗估出冰河期和間冰期之間的交替，不過現在他們已經可以從中獲得更詳盡的溫度和氣體資料，並且利用這些資料妥善地解釋了許多氣溫偏移的現象，讓我們清楚地了解冰河期是如何開始，又是如何結束。其中，最令人大感驚奇的是，最後四次的冰河期發生的規律簡直一模一樣，彷彿是地球受到一股慣性的震盪力量左右一般。那麼，究竟這樣規律的週期是怎樣造成的呢？

受天文影響的冰河期

一九二〇年，南斯拉夫的科學家米盧廷・米蘭科維奇（Milutin Milankovitch）建立起週期性冰河期的天文理論，此即為後世所稱的「米蘭科維奇循環」（Milankovitch cycles）。但或許我們也可以說，這個重要的概念早在一八六七年就已經被提出過，當時提出這個概念的人是一位傑出的蘇格蘭科學家詹姆士・克洛爾（James Croll）。儘管他並沒有受過正統的科學教育，不過當時他任職於格拉斯哥（Glasgow）的科學圖書館（此圖書館位於英國安德森學院暨博物館內），擔任管理員一職，故藉由職務之便自學了不少相關學識；自從他在一八六七年提出這個概念後，大眾也才逐漸對這位科學家有所認識。[2]

這項天文理論是這樣的：雖然太陽每年給予地球的輻射總量是一樣的（即所謂的「太陽常數」），但由於地球運行的過程中會受到三種振盪作用（oscillation）的影響（圖4-1），使軌道產生些許偏差，因而造就了陽光在四季和不同緯度之間的差異。

第一種振盪作用是「偏心率」，它與地球繞行太陽的軌道有關。地球繞行太陽的軌道雖非正圓形，但卻近乎圓形，因此照理說，太陽灑落在地球上的輻射量應該終年等量才對，不過地球運行時產生的偏心率，卻會影響太陽輻射照射到地球上的多寡。當偏心率達到最大值○・○一六七時，地球繞行太陽的軌道半長軸（semi major axis）則會產生最大值和最小值。在最大值時，地球距離太陽的距離會變為平常的一・○一六七倍；最小值時，兩者間的距離則會變為平常的○・九八三三倍。至於地球與太陽之間的距離要從最大值重回到最小值的過程，則共需要耗

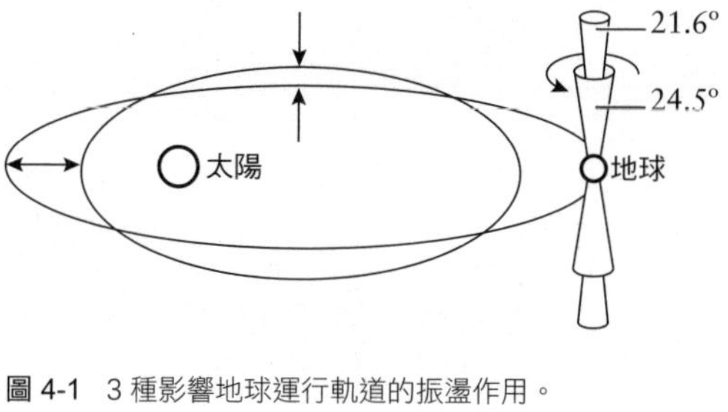

圖 4-1 3 種影響地球運行軌道的振盪作用。

時十萬年。

第二種振盪作用是「轉軸傾角」，它是地球自轉軸相對於軌道平面的傾斜角度。目前這個角度是二十三・五度，太陽輻射觸及地球的範圍會因這個傾角受到限制，因此當太陽剛好處於在南緯二十三・五度（即南迴歸線）或是北緯二十三・五度（北迴歸線）正上方時，就會分別造成南緯六十六・五度的南極圈或是北緯六十六・五度的北極圈，出現至少一天的永晝現象（同時它們對側的極圈則會處於永夜之中）。由於地球像陀螺儀（gyroscope）一樣不斷自轉，因此這個轉軸傾角也會不斷產生些許的變化，週期為每四萬一千年一次，傾角的範圍則落在二十一・六度到二十四・五度之間。雖然我們一直習慣將地表上的迴歸線和極圈線固定在某一個緯度，但實際上，它們的位置也會隨著轉軸傾角改變而向南方或北方位移，偏移的範圍大約在兩百七十公里左右。

最後，**第三種振盪作用是「近日點」（perihelion），顧名思義，它是地球繞行橢圓軌道公轉一年時，與太陽距離最近的位置。**不過發生近日點的時間並非全然相同，大約每兩萬三千年它的日期就會有所變化；目前近日點發生的時間是在十二月。這個詞可能會讓北半球的居民有點誤會，因為當太陽最接近地球之時，北半球恰好正值隆冬，但地球與太陽的距離其實並不會影響到四季的變化（轉軸傾角才會），它會影響的就只有太陽抵達地球上的輻射量而已。

以上這三種振盪作用，皆會影響地球運行的軌道，進而造成太陽輻射在四季和不同緯度之間的差異。即便它們所造成的差異相當細微，但卻仍會對地球產生一定程度的影響，因為地球是一個不對稱的星球，它的陸地大多聚集在北半球，南半球則以海洋為主。而陸地和海洋吸收輻射量的能力不同，這也讓米蘭科維奇提出的天文理論顯得更具說服力——過去全球氣候的變遷很可能就是由太陽輻射的變化所引起。正因如此，我們希望能更精細的計算過去數萬年來的氣溫，獲得平滑的氣溫變遷曲線，好讓這三項振盪作用的週期相互呼應。然而，即便米蘭科維奇循環的天文理論確實能促成氣候的平緩變化，但是我們推算出的地球氣溫曲線卻似乎仍無法和它搭上線。接下來，就讓我們來看看是什麼原因造成這樣的結果吧！

冰芯留下的氣候祕密

圖 4-2 呈現了最近四十萬年左右的氣候變遷狀況，科學家從冰芯中分析出了這段時間的溫

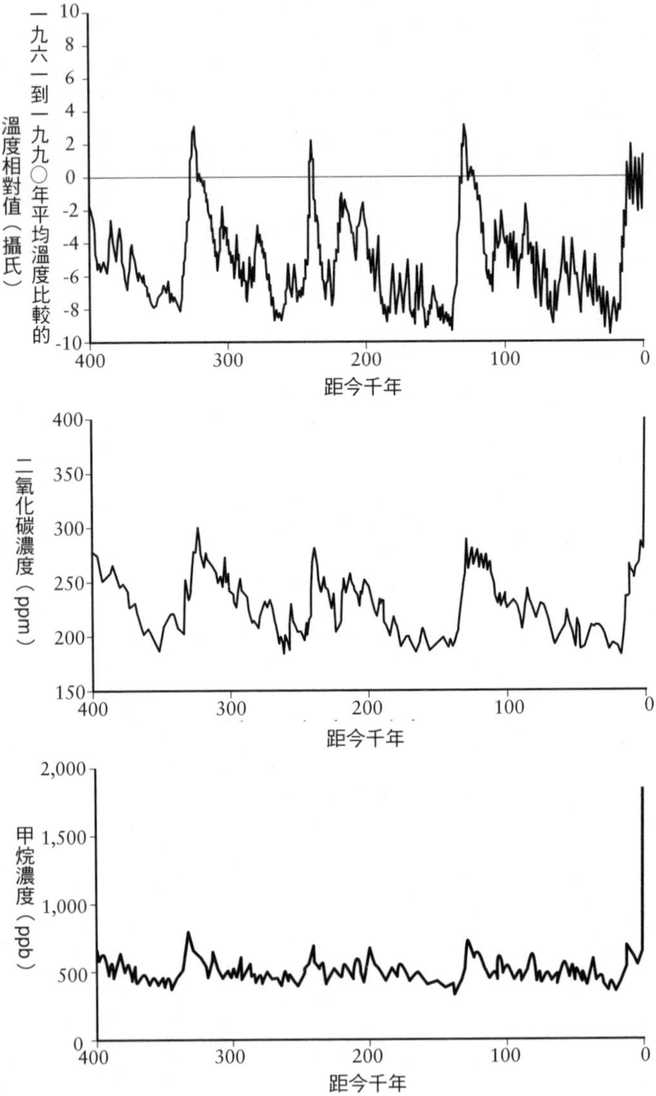

圖 4-2 由冰芯見證過去 40 萬年的氣候變遷。請特別留意全球氣溫和溫室氣體曲線之間的相似性。

度（利用O_{18}：O_{16}的比值）以及二氧化碳和甲烷的含量（利用凍存在冰層中的氣泡）。

整體數據告訴了我們兩項結果。第一，氣候變遷時，這三者之間的數值相互呼應：溫度在間冰期上升時，二氧化碳和甲烷的濃度也會增加；相對的，當溫度下降時，二氧化碳和甲烷的濃度亦會降低。第二，冰芯所記錄下的溫度曲線變化並未如米蘭科維奇循環所說的那樣平緩，而是呈現鋸齒狀。在冰河期末段，地球便突然開始以大約每一千到兩千年上升攝氏十度的速率，快速升溫到間冰期的狀態；接著再度緩慢、穩定的降溫，花了將近十萬年的時間才又讓整個地球的溫度降至足以進入下一個冰河期的氣溫。

值得注意的是，雖然這四十萬年來所涵蓋的四次冰河期，它們發生的時間長短有所不同，但它們的溫度和氣體變化曲線卻相當類似。撇開那些偶有擺動的小雜訊不看，它們處於準備進入冰河期的降溫狀態時，其整條曲線都近乎呈現線性的緩緩下降。其次，二氧化碳和甲烷的變化也極為相似，進入冰河期前，它們的二氧化碳濃度由二百八十 ppm 降至一百八十 ppm；甲烷濃度則從七百 ppb（十億分之一）降至四百 ppb。待進入冰河期一段時間後，它們三者的數值又會突然一起快速上升，回到過去它們在間冰期的狀態。由此推測，現在的我們似乎也正處於間冰期的狀態（至少就過去三個間冰期來看是如此），但究竟這樣週期性的冰河期是怎麼開始的呢？

自從這份來自冰芯、引人注目的氣候紀錄問世後，就引起了科學家心中不少的疑問，甚至有些疑問至今仍未獲得解決。他們提出的第一個問題是：**為什麼二氧化碳和甲烷的濃度會一直在這個明確的範圍內振盪？**我們在看地球早期發生的冰河期遺跡時，儘管可能有各式各樣的原因，造成那些冰河期，但是那些冰河期都屬於單一事件，不會像這樣呈現週期性的反覆發生。至少，就過去一百萬年的跡象來看，我們已經可以預測出未來發生冰河期的時間（它們除了變化的曲線呈鋸齒狀外，一切的變化趨勢都符合米蘭科維奇循環的理論），因為每一段冰河期都會將地球的溫度以及二氧化碳和甲烷的濃度帶往相同的循環週期。

以這些例證為基礎並暫時排除目前我們對地球做出的不可逆舉動，我們可以運用米蘭科維奇循環的理論推算出再過多少時間，人類將進入下一段冰河期、它將持續多久、全球的溫度將變得怎樣、以及二氧化碳和甲烷的濃度何時會分別達到冰河期巔峰的一百八十 ppm 和四百 ppb。我們可以主張近代的冰河期將會不斷呈週期性的的周而復始。然而，這整個週期總有一個起始點，於是這個想法又引發了科學家的另一項疑問：**究竟這個受天文驅動的週期性冰河現象是何時、又是如何展開？**就像我稍早提到的，冰芯至多僅能提供我們過去一百萬年的氣候紀錄，因為冰芯最底部的幾公分會直接和岩床（bedrock）密合，這部分的冰層不僅會遭到強力的擠壓，更會受到地熱的熱度而微微融化，所以我們永遠都無法從冰芯中取得比一百萬年還久遠的氣候紀錄。

此外，由於極度擠壓非常容易破壞冰層的結構，因此離地表越遠的冰芯，其可信度越低。不過就近四十萬年來這四個冰河期遺跡來看，它們的確證實了過去的氣候有出現規律性的振盪（圖4-2），且更久遠的數據，也隱約暗示這個週期在此之前已經持續了一段時間。

換言之，要讓地球的狀態符合米蘭科維奇循環，呈現冰河期和非冰河期（間冰期）不斷交替的狀態，必然有一個關鍵性的起始點。在週期性冰河現象開始之前，地球的溫度多半太過溫暖，不可能形成冰河，更不太可能產生所謂的米蘭科維奇循環。然而，就目前的跡證推演，近代冰河期的起始點似乎是在上新紀末期，但是我們仍無法確定在那段時間，到底曾經發生過幾段冰河期。

由於冰芯長達一百萬年的紀錄中，大概涵蓋了六到七段的冰河期，因此科學家推估，近代冰河期可能最多曾出現過二十次的冰河期。話雖如此，但至今科學家仍沒有辦法判定，這些比較早發生的冰河期是否與最晚的這四次冰河期，有著重複且相似的規律。

關於溫室效應的三個提問

科學家提出的下一個問題是：**為什麼地球的氣溫變化呈鋸齒狀，而非平緩的曲線？**這一點我們可以從定性的角度來討論，即「破壞冰層的速度」永遠比「生成冰層的速度」快。

當地球的溫度因天文的牽動而降低時，原本毫無冰層的地球會在冬季時先從高海拔、高緯度的地方開始降雪，此時，夏季對冰雪的消融沒有太大的影響，所以這些覆蓋在大地上的白雪會一直留存到下一個冬季；之後，翌年冬季的降雪又會覆蓋、堆疊在前一年冬天的積雪上，如此周而復始，這些積雪便會逐漸變厚，形成了冰川和冰層等地貌。即便這段過程相當緩慢，但漸漸變多的冰層仍增加了地球反射太陽輻射的能力，加速了整個地球的冷卻效應，讓冰河世界緩緩現形。之後過一段時日，地球的溫度又會再度受天文的牽動而上升，不過在這個時間點，冰層融解的速度卻會十分快速，因為雖然冰層每年只能靠冬季的降雪變厚一層，但是它消融時卻完全沒這方面的限制，過去多年累積的好幾層積雪，非常有可能在一年之內就會不見蹤影。

正因為冰層的生長與融化速度如此不成比例，讓當時的氣溫也因為冰層的急速消逝而快速上升，快速地進入間冰期。因此，我們從冰芯的年積層分析出的氣溫變遷曲線圖，才會出現如鋸齒狀的劇烈起伏，而非平緩的曲線。

而下一個疑問是：**為何不論地球升溫或降溫，二氧化碳和甲烷的濃度皆能保持同步升、降？它們兩者之間有連動關係嗎？**實際上，今日我們對這樣的概念已經十分習以為常：人類將額外的二氧化碳排放到大氣中，造成氣候暖化，進而造成冰層融化等影響。但是在近代的週期性冰河期裡，二氧化碳濃度的提升真的是造成冰層融化的第一要素嗎？又或者是否有可能，比如一開始冰層的融化和二氧化碳根本無關，純粹是地球的溫度升高所致？其次，溫度的升高同樣也使得植物蓬勃生長，因此會不會其實是它們旺盛的呼吸作用，才是導致大氣中二氧化碳濃度增加的要素？

科學家曾試圖分析溫度、二氧化碳和甲烷三者間的關係，想要釐清究竟是哪一項因素牽動了一連串的地球升溫效應，但卻都只能得到模稜兩可的結果。事實上，它們三者之間的關係比我們想像中的還要複雜，所以直到現在我們都還無法推測出它們之間的因果關係為何。假設植物的生長導致了地球溫度的上升（若暖化作用發生在有陸地的地方，這種情況很可能發生），這些植物就會把大氣中的碳納為己用，將它們轉為生物質（biomass）。這是一個年復一年的循環，每年春天植物會利用陽光，將從大氣中吸收的二氧化碳，轉化為糖和木質素等由碳組成的植物結構，而這些碳原子會繼續以這樣的形式，長時間留存在植物體內，不會消失。然而，讓人想不透的點就在此：一旦二氧化碳被植物轉換為體內的結構，它們就極可能被長期禁錮在植物體內，無法重返大氣，那麼，大氣的二氧化碳濃度又如何繼續升高？

為此，有學者假設了另一套的推論，這一套推論也是目前比較受到推崇且可信度較高理論，其主張當時二氧化碳濃度的上升，與海洋表面溫度的些微增溫有關。當地球的溫度因天文牽動而上升時，海洋表面的溫度也會略為增加，導致部分溶於海水中的二氧化碳被逸散到空氣中，造成地球的溫室效應；溫度持續上升，又致使更多的二氧化碳隨著蒸散的水氣逸散到大氣中，造成地球溫度更為暖化。

最後一個，也是令科學家最為擔憂的問題是：**在氣候的振盪系統中，冰河期和間冰期的氣溫、二氧化碳和甲烷的數值，是否就恰好代表著自然的兩個極端點？**假若真是如此，那麼我們就可以利用「地球氣候」對二氧化碳的敏感性，去計算出地球在冰河期和間冰期間，其升溫與二氧化碳濃度增加的關係。然而，地球氣候對二氧化碳的敏感性是否也意味著，未來數十年，甚至是數百年，地球的氣候也會因為我們大量排放二氧化碳而發生改變？假使我們用冰河期和間冰期的數據來估算，現在人類對地球的所作所為，又將使地球必須再花多少的時間，才能重回過去的規律週期？評估出的結果相當駭人，不過這個部分請待我到下一章再跟各位詳細說明。

此時此刻，我只需要告訴各位，比照過去地球氣候對二氧化碳的敏感性來計算，[3]我們現在的二氧化碳濃度會讓地球升溫攝氏三・六度；而如果二氧化碳的濃度再增加一倍，屆時地球的氣溫則至少會上升攝氏七・八度。顯然，如果我們再不對自己現在的舉動做出一些改變，地球暖化到後者的程度，只是早晚的問題。

至於地球氣溫上升的比例，不會完全跟二氧化碳增加的濃度相同，是因為還有其他的相關因素，也會影響地球氣溫的變化，而這些其他的因素我們稱之為「地球系統的敏感因子」（Earth System Sensitivity），實際上，它們對地球氣候造成的影響甚至比二氧化碳更為嚴重。儘管如此，我們仍不可無視二氧化碳在大氣中的含量，因為它是氣候變遷的指標之一，倘若我們一直沒有讓它的濃度降下來，說不定在幾百年後，地球的氣候就會因而產生巨變，人類甚至會滅亡。

人類如何從上一個冰河期誕生？

談論了地球過去這麼漫長的冰層歷史後，現在我們要看近代的氣候史。讓我們把焦點拉近到距今一萬兩千年前（這一段時間相較於地球演進的古老歷程，就像是一剎那般的短暫），當時，地球正從最後一次的冰河期中甦醒，（暫時）逐漸演進出宜人的氣候，讓聰明靈巧的人類，得以發明耕作的技術，進而發展出了城市、建築、金錢、數學、軍事和科學等文明。不過人類在藝術和音樂這方面的涵養，很有可能在冰河期就已經存在；至於其他使人受惠（或受難）的文明，則是因為農業帶來的豐饒和保家衛土的需求，所衍生出的文化。

此次冰河期的發生過程，確實有別於前面的幾段冰河期，為了更了解當時人類是如何從這次冰河期嶄露頭角，就讓我們稍稍回顧一下這個冰河期吧！

這一段冰河期我們稱為「新仙女木事件」（Younger Dryas），它是以一種名為仙女木的高山植物命名，「新」字則是為了將它和稍早（自然）發生的另一個冰河期「老仙女木事件」（Older Dryas）做區分。最後一段發生在新仙女木事件前的冰河期，其冰期的高峰點大約是在兩萬年前，之後地球上的冰層便開始快速消融，使溫度曲線呈現鋸齒狀的急遽上升。到了一萬兩千八百年前，這股升溫的現象已經將地球的溫度，升溫到和當代氣溫差不多的溫度；但突然間，「新仙女木事件」發生了，北半球的溫度一下子又降到了冰河期的溫度，並持續了一千三百年之久。學者之所以會說這個事件只發生在北半球，是因為他們在南極的冰芯中，並沒有看到這個事件留下的痕跡。

儘管新仙女木事件只對北半球造成影響，但當時它還是讓格陵蘭地區的溫度，比現在低了攝氏十五度。學者對新仙女木事件的成因提出了許多版本的理論，其中有一項理論認為這段冰河期和一座古冰湖——阿格西茲湖（Lake Agassiz）有關，該湖的遺址就位在現在的哈德遜灣（Hudson Bay）。這座古湖在新仙女木前的那一段冰河期，一直被來自巴芬島（Baffin Island）的冰層覆蓋、凍結，導致湖水無法流向海洋。然而，當那段冰河期結束，冰封這座湖的冰層消融後，湖水便不再受冰層的阻擋，大量淡水因而開始不斷流入大西洋中。

這一大股流入海洋的淡水，中止了格陵蘭海和拉不拉多海之間的對流，並因此減緩了溫鹽環流（thermohaline circulation）作用（詳見第十一章），致使氣候再度回歸寒冷的狀態。這套理論是由哥倫比亞大學（Columbia University）的瓦力・布羅克（Wally Broecker）提出。儘管整套理論的架構十分合理、完善，瓦勒斯也認為正是因為這座古湖的潰堤，才將大量的冰山帶入大西洋海域，不過至今仍沒有人找到足以證明這項理論成立的具體證據。

在新仙女木期後，氣溫又快速升溫到比今日略高的狀態，且一直到八千年前，整體的氣候才變得跟現在一樣穩定。當然，**今天我們都知道目前這個穩定的氣候只不過是暫時的，因為現在我們正處於間冰期的階段。**事實上，全球溫度的變化就如著名的「曼恩－布萊德利曲棍球桿曲線」（Mann-Bradley hockey stick curve）所呈現（圖 4-3），從西元一千年到工業革命前，地球都不斷在緩慢地降溫[4]。這段降溫曲線在圖中就形似球桿長長的「桿身」，而十九世紀中期拔升的溫度則像是球桿的「桿頭」。不過比起近代的最後四次間冰期，這次間冰期的氣候已經穩定不少，時間也持續得比較久，因而讓倖存於冰河期、且已經演化到智人（Homo sapiens）的人類，有機會學習耕作和定居生活。

穩定的間冰期促成文明發展

耕作者為了避免其他人侵犯到自己已經播種的土地，於是便依需求發展出一套有系統的方法，鞏固其對這塊土度的使用權：他們測量土地的大小（發展出數學）、寫下自己對這塊土地的使用權（發明了文字）並且不讓入侵者侵害他的權益（開啟了警察和軍隊制度）。對一個在冰河期靠打獵和採集維生的人來說，上述的這些發明都毫無用武之地。另外，耕作者每年在耕作期間總會有幾個月的閒暇時間，這也讓他們有心力去發展建築方面的工藝，例如打造紀念碑或用巨石建造廟宇和墳寢，同時，這方面的技術更鞏固了人類的居住安全。既然他們有心力去發展建築，當然也會有時間去思考藝術、哲學、政治乃至科學這方面的文明。

基本上，現代生活的世界就是

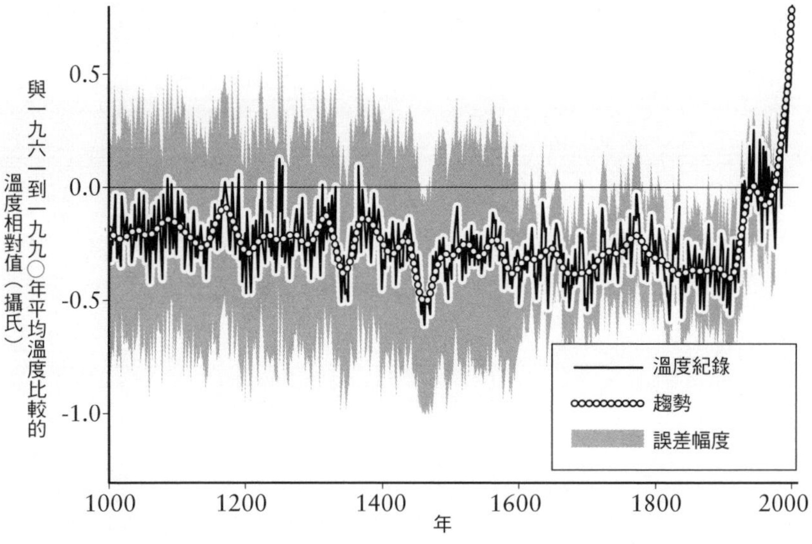

圖 4-3　曼恩—布萊德利曲棍球桿曲線，此為北半球過去 1000 年的氣溫變化。

由先祖灑下的第一把種子開始萌芽，這些他們由前一年採集中揀選出的種子，在大地上生了根、發了芽，隔年便長出了可以讓人類填飽肚子的糧食，再生生不息的為人類帶來祝福，同時也帶來了某些弊病。但無論如何，**我們現在所擁有的一切文明，都拜這一段穩定的間冰期氣候所賜。**

順帶一提，或許一開始促成農業這項重大發展的人可能並非男性。因為在打獵採集的社會中（就像今日的伊努特人），男性通常負責危險的狩獵行動，相對地，採集莓果和其他可食植物的任務則由女性包辦。當時，很可能是有女性注意到了某些可食的植物會不斷在同一地點開花結果，因而興起了刻意栽種這類植物的想法。

由於冰河期結束後，海平面快速上升，早期人類在沿海定居的痕跡全被海水淹沒了，因此現在我們若想要找到這些遺跡的蹤影，就必須到沿岸附近的海域梭巡。考古學家在海底找到了一塊帶有人類生活遺跡的大陸，將它稱為「多格蘭」（Doggerland），這一塊大陸原本與英國和其他歐洲土地相連，但是在西元前四千兩百年前時被淹沒，後來大約在五千年前，該處便形成了現在的北海（North Sea）和英吉利海峽（English Channel）。爾後，在二十世紀以前，海平面一直保持在一個相當穩定的狀態，直到二十世紀後，海平面才又再度向上爬升。這個現象意味著，人類的整個文明歷史都是在海平面穩定之時茁壯，其中，地中海沿岸的文明就是最好的例證，[5]現在，該處仍保有古老的沿岸城市，甚至羅馬時代留下的捕魚技術（在適當的水域以石頭搭造陷阱捕魚）仍被當地人使用著。

西元一千年左右，北方海域的溫度明顯比今天高，學者將這段時間稱之為「中世紀溫暖時期」（medieval warm period）。維京人（Viking）在此之前就殖民了格陵蘭，並具備飼養家畜的技能。但是西元一千四百年，氣候驟變，地球的狀態變得不適合生活（有時候我們將這段時間稱之為「小冰河期」），最終這個由維京人打造的殖民地便消失了；關於他們的消失，我們除了知道和氣候的變遷有關外，其他一無所知。不過，顯然古北歐人並不打算放棄他們在歐洲建立起的習俗和文化，他們仍試圖豢養動物，並且不願跟當時與他們有所接觸的伊努特人一樣，靠漁獵維生。然而面對環境的變遷，還一味依循著熟悉的習慣生活，未必是一件好事，有時，這反而還會將人們推入致命的險境。

下一段冰河期何時到來？

根據米蘭科維奇循環的理論推估，地球大概在兩萬三千年後會明顯變冷，屆時它將冷到足以讓我們再次經歷冰河期。然而，有沒有可能我們現在對地球造成的暖化現象會延遲、甚至是阻擋下一個冰河期的來臨呢？

雖然一直到最近，氣候學家才否定這項推測。但是當我們現在親眼見證地球暖化的速度有多麼快，這些暖化作用又對地球帶來了多少的衝擊後，已經有越來越多的人認為，我們不僅會改變地球短期的狀態（例如推遲冰河期發生的時間），或許有一天，人類更會徹底改變這顆行星的未來（例如讓下一段冰河時期永不發生）。

根據一項研究推測，當下一個米蘭科維奇循環發生時，地球並不會產生冰川作用；除此之外，在往後的五十萬年內，也不會有任何冰河期發生。[6]另一項較新的研究，[7]則將討論的焦點放在北半球，仔細探討米蘭科維奇循環對北方夏季的影響；它認為若二氧化碳不斷和緩的釋放到大氣中，就會讓下一段冰河期發生的時間至少延遲十萬年。

本篇研究的其中一位作者，漢斯・謝爾胡伯（Hans Joachim Schellnhuber）認為：「**這份研究的結果很清楚地顯示，我們已經步入叫做『人類紀』（Anthropocene）的新世紀**

一段時日；在這個世紀裡人類本身也具有改變地質的力量。另外，其實我們也可以將『人類紀』稱之為『冰消期』（Deglacial）。」「人類紀」一詞是由諾貝爾得主保羅・克魯岑（Paul Crutzen）在二〇〇〇年創造的，他認為**我們正處在一個全新的地質年代（接續前面的全新紀），而在這個地質年代中，人類對地球樣貌的變遷發揮了極大的影響力。**

或許，這些說法都有幾分道理。因為在兩百六十萬年前，地球的溫度比今天還高了兩到四度左右，這個溫度對週期性冰河期來說太熱了。然而，若這就是「關閉」（或者是不要開啟）冰河期所需要的高溫，那麼，我們很快就會讓地球到達這個溫度。根據推論，在我們不改變現在任何行為的情況下，到二一〇〇年時，地球的氣溫就將到達這個溫度。即便在上新紀，地球要開始進入米蘭科維奇振盪作用前，也需要有一些額外的事件先讓氣溫降下來，因此很有可能，我們原本以為會永不停歇的週期性冰河現象（不斷重複地球冷卻、冰層生成、冰層融化、地球暖化的過程），實際上只不過是一個曇花一現的短暫氣候現象，因為，想要讓週期性冰河作用反覆出現，還得仰賴地球溫度以外，其餘如海洋和大陸在地表上的分布位置等其他變因。然而，更有可能的是，未來地球之所以無法繼續進行持續了兩、三百萬年的週期性冰川作用，都是因為人類行為對地球氣候造成衝擊的緣故。

那麼，究竟冰河期消失對地球是好是壞呢？就我的立場，我認為任何「人為」造成的氣候變化都不是一件好事。不過推崇使用化石燃料的人或許會說，假如人類燃燒化石、提升大氣二氧化碳濃度的行為，可以讓我們因此不必進入下一個冰河期，這個行為就應該被嘉許；因為要不是有上一個冰河期結束後，地球氣候呈現溫暖穩定的狀態，人類的先祖也不可能發展出耕作和定居的習性，並且發展出過去數千年來的偉大文明。

也許這個論述確實具有某些可取之處，但問題是，現在人類排放的碳量顯然是太過頭了。事實上，我們對氣候的影響不可能僅僅是防堵或是延後下一個冰河期那麼美好，因為當今人類的所作所為，已經讓地球以前所未見的速度快速暖化；而這也正是在第五章中，我將與各位訴說的事實與真相。

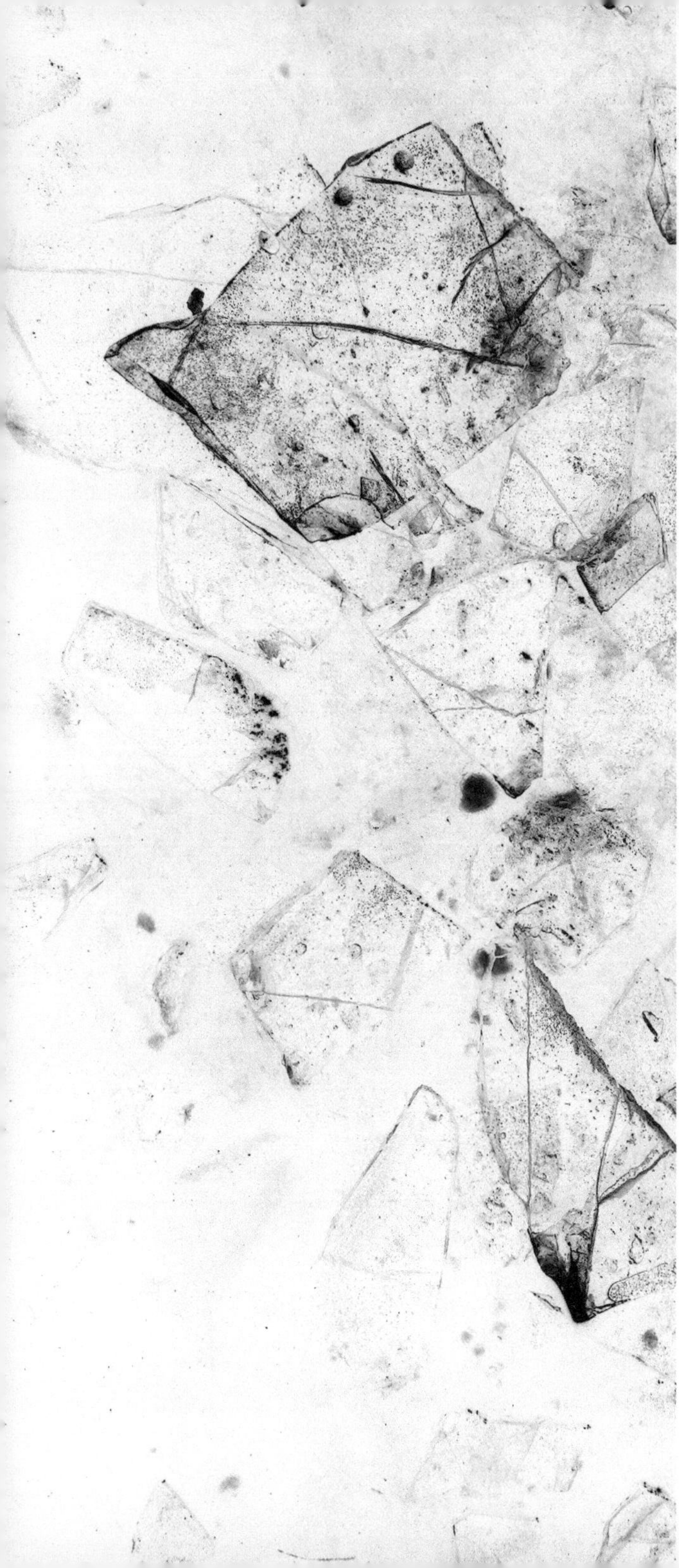

第五章

溫室效應

在第四章中，我將討論的重點放在自然天文的循環上，因為地球氣候有好幾萬年的時間都深受這些天文影響，反覆出現了週期性的冰河現象。在寒冷的冰河期，北半球大部分的面積都被冰層覆蓋；到了溫暖的間冰期，這些冰層的身影則只能退居高緯度或高海拔的地方，像是格陵蘭和高山等。另外，南極洲則是一直處於冰封的狀態。

在現在這個間冰期之前的上一個間冰期，大約是發生在一萬三千年前，那時智人已經存在。其實，智人剛從非洲的其他人種演化出來時，並未具有生存優勢，但是，後來他們靠著卓越的智慧，漸漸在世界各地開枝散葉，甚至還移居到與他們起源地環境相差甚遠的土地生活。一開始，智人以打獵採集維生，並且有製作石器的能力，不過他們當時的思維還過於原始，人口也不多，因此根本無法想出耕作或定居這類的生活方式；面對冰河期的侵襲時，也只能默默接受挑戰，只求活命、無力抵抗。

若說到能靠科技改變地球環境的人類，大概也只有生存在這個間冰期的現代人了。因為過去兩百年來，人類為了發展科技，使用了大量的化石燃料。當然，不只有燃燒化石燃料所排放的二氧化碳改變了地球的環境，還有更多已經行之數千年的因素，都是讓氣候產生變化的幫凶，例如：濫墾、伐林、利用（和消耗）水資源和栽種作物等。只不過在這眾多的因素中，又以人類近代發明的機器影響最為強烈；儘管這些機器為我們分擔了勞務，但產生其動力的化石燃料卻排放出了大量的溫室氣體，將人類推向一個前所未見的處境。因此，在這一章就讓我們來仔細檢視，人類文明所釋放出的這些溫室氣體究竟如何改變氣候。不過，在步入正題前，請讓我們先來了解一下地球本來就存在的「天然溫室效應」是如何運作，因為它對地球生命的存在相當重要。

天然溫室效應

溫室效應是根據一個非常簡單的物理原則運行：假如地球是一個實質的球體，我們就可以在取得地球目前與太陽相距的距離後，利用一八八四年的一道簡單方程式，推導出地球在沒有大氣的情況下所相對應的溫度；接著，再把大氣納入考量，就可以看出它會對地球溫度造成什麼樣的影響。將大氣納入考量後，我們發現地球的溫度變高了；此即為所謂的「天然溫室效應」。為什麼呢？事實上，**現在我們排入大氣中的那些溫室氣體本來就存在於大氣中，只不過濃度沒像今日這麼高，因此也不至於讓地球變得這麼熱。**

想像一下，如果地球沒有被大氣包覆，並且在太空中又只能接收到太陽的輻射，其結果會如何呢?當地球因為太陽的輻射熱而升溫，它也會開始向太空輻射自身的能量；而最後地球呈現的溫度，就是太陽輻射和地球輻射之間抗衡的結果。

我們用絕對溫度（°K）來討論這個問題，並以「T」表示兩者相抗衡所得到的溫度數值，這個T值必定要大於絕對零度（攝氏溫度加上二百七十三・一六即為絕對溫度）。假設太陽發出的輻射量一直保持在一個恆定數值，且這個函數與太陽表面的溫度有關；太陽表面的溫度就大約是攝氏六千度。由於太陽黑子的活性時有變動，太陽表面的溫度也會隨時間產生些微的變化；變化的過程相當緩慢，依照目前的趨勢來看，大約要數十億年，太陽表面才會因此微微升溫。因此，為了簡化計算的複雜度，我們將太陽垂直射入每平方公尺地球的輻射量視為是一個常數，數值是每平方公尺一・三七千瓦（kW/m^2），並以「S」作為此常數的代號。

換句話說，假如你在衛星上裝設一顆轉換率百分之百的太陽能電池，當它被太陽直射時，每平方公尺將能夠產生一・三七千瓦的能量，這也是太陽能發電的最大產率。也正因如此，若想要產生充足的太陽能電力，就必須架設大面積的太陽能板。

這麼說來，每一道觸及地球的太陽射線，都可以在每平方公尺的地表產生一・三七千瓦的能量。那麼，到最後地球能從中攔截到多少能量呢？首先我們要將太陽常數的S乘以地球的橫截面積（πR^2，R為地球的半徑），所得到的數值就是太陽輻射在地球上產生的總能量。不過由於地球本身並非一個完美的黑體（black body，意指它會吸收所有投射到它身上的射線），有部分可見光能量一觸及地球便會立刻被折射回太空，因此，方才算出的總能量還需要扣除代表日照反射率數值的α（地球整體的日照反射率大約是〇・三〇）。於是最後**我們就得到了$\pi R^2 S(1-\alpha)$這個公式；利用它，我們就可以計算出地球吸收太陽輻射的總量。**

太陽射線會使地球升溫，但是當地球升溫到一定的程度時，它也會開始向外輻射自己的能量。一八八四年，兩位師徒關係的傑出奧地利物理學家一起發現了「斯特凡－波茲曼定律」（Stefan- Boltzmann Law），定律的名字正是以他們兩位的姓氏命名（約瑟夫・斯特凡〔Josef Stefan〕和他的學生路德維希・波茲曼〔Ludwig Boltzmann〕），該定律說明了任何一個天體（在黑體的情況下）其每平方公尺所輻射出的總能量，與星球表面絕對溫度（T）之間的關係：輻射總量與絕對溫度的四次方（T^4）成正比。代表這項定律的公式中還有一項比例常數σ，其數值為5.76×10^{-8}，單位則為$W/m^2 \cdot K^4$（瓦數／平方公尺・〔絕對溫度〕^{4}）。因此，在這條定律中，我們就可以了解溫度高的天體會比溫度低的天體釋放出更多的輻射量。

一八九三年，德國的威廉・維因（Wilhelm Wien）發現了另一條熱輻射的定律，後世將之稱為「維因位移定律」；它描述了黑體輻射所產生的電磁輻射頻率（frequencies of electromagnetic radiation）和星球表面溫度之間的關係。以太陽為例，當它的表面溫度達到高峰時，它的電輻射頻率恰好落在我們的可見光範圍，因此我們看它會覺得是白色的，此時，它就處於白熱狀態（white-hot），相對的，當太陽表面溫度比較低時，它就處於紅熱狀態（red-hot）。然而，由於地球的溫度太低，其所發出的波長無法落在可見光的範圍內，因此我們無法用肉眼看到它所發出的輻射波長，只能利用儀器去測量，了解它發出的輻射落在哪一段微波範圍（microwave range）。

因此，地球表面溫度在每平方公尺的面積下所發射出的輻射量就是σT^4（前提是，地球對這些低波長的輻射來說，確實要表現的跟黑體一樣），地球的整個表面積則是$4\pi R^2$（4這個因數是地球的整個表面和攔截太陽光線的截面區域之間的比值）。接著，我們可以再把這些數值乘以黑體的發射率（emissivity）因子ε（在〇和一之間），即可得知地球的輻射狀況。在正常溫度下，地球的輻射狀況近乎「黑體」，也就是說地球是一個完美的輻射散熱器，但如果我們不將「輻射率因子ε」納入考量，就可以看出溫室氣體對地球溫度的影響。

如果地球是太空中的一顆獨立星球，則有兩種能量必定會保持在平衡的狀態，即：地球發射出的輻射量會恰好與它接收到的太陽輻射量相等。因此，地球的溫度才能一直保持在穩定的溫度T，此即為地球的平衡溫度（equilibrium temperature）。為了推導出T值究竟為何，我們需運用以下方程式：

$$4\pi R^2 \varepsilon \sigma T_4 = \pi R^2 S（1-\alpha）$$

稍稍將此方程式重新整理、排列後，會得到：

$$T^4=S（1-\alpha）/4\sigma \varepsilon$$ （公式一）

這是我在這本書中運用到的唯一一條方程式，但它的重要性不容小覷，因為這是代表了進入和離開地球能量的簡單等式，定義出了地球的可居住性（habitability）。

我們將所有地球的相關數據代入該方程後，得到了令人驚訝的答案：T值竟等於二百五十五°K，即攝氏負十八度。換句話說，**如果地球沒有大氣，其表面的平均溫度將遠低於冰點，整顆地球也將冰封成一片死寂的世界。**後來科學家也以此公式推導了其他行星表面的溫度，發現決定行星表面溫度的因素不再於行星本身的半徑，而是它與太陽之間的距離。月球與太陽的距離和地球一樣，只不過它沒有大氣，所以它的表面溫度就如公式所推導的結果，呈現攝氏負十八度。

但顯然，地球比攝氏負十八度溫暖。因為地球的表面被一層含有氣體的大氣包覆住，這些氣體可以吸收一些來自地球表面的長波（微波）輻射，同時允許所有或大部分來自太陽的短波（可見）輻射穿透大氣，進入地球。大氣層把地球打造的和一座大型溫室一樣，這些氣體就像是溫室的玻璃，它們允許太陽輻射進入大氣層、為地球升溫，同時又防止大量的長波輻射由地球表面逸散至太空中。因此，這些氣體對地球所造成的影響被稱為「溫室效應」（greenhouse effect）。

儘管如此，但大氣中並非所有的氣體都能對地球造成「溫室效應」，只有特定幾種氣體能執行這項為地球保溫的重要功能。圖5-1所呈現的，是衛星在行經地中海地區時，從太空中所測得的地球輻射量。

平滑的虛線曲線是根據維恩定律繪製的理論曲線，它代表的是當時科學家預想在攝氏七度下，地球輻射穿透大氣層、發射到太空中的能量發布狀態。然而，實線曲線才是衛星觀測到的實際狀況；這條曲線顯示出在攝氏七度時，大氣確實能有效地發射能量，但是整體呈現出的曲線，卻不如預想中的平滑。從實線的曲線我們可以發現，在某些氣體組成的氣層中，地球的輻射量會大幅降低，遠小於維因定律的預期量；這些造成地球輻射量大幅降低的氣層被稱為「吸收帶」（absorption bands），亦即分子一旦進入這些氣層，其能量便會大幅提升，因為這些氣層會透過增加分子的電子能量，或是讓分子的構型因旋轉或振動產生變化，進而獲得更高的能量狀態。

根據量子理論，這些變化只發生在某些離散過程中，因為那時分子才可以吸收特定頻率的電磁能量。因此，當分子進入某些固定頻率，或特定頻率

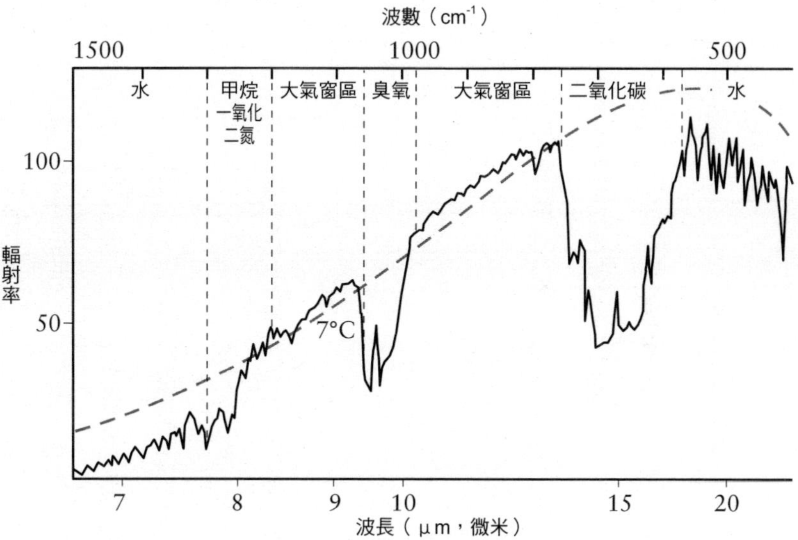

圖 5-1　地中海上空的衛星所觀測到的大氣頂部地球輻射通量。在 8-14 微米的部分，除了位在 9.5-10 微米的臭氧層，整個區域都是「大氣窗區」，這個區域（在沒有雲的情況下）主要是透明的。其他波段則有二氧化碳、水蒸氣、甲烷和一氧化二氮的吸收帶。虛線的平滑曲線是科學家預想的理想曲線，即黑體在 7°C 下的輻射曲線。輻射率單位是 W/sr・m_2，即每平方公尺立體角（steradian）所發射出的瓦數。

帶時，反而會額外吸收一些入射到這些區域（氣層）中的能量，致使地球最終逸散到太空中的能量減少一些，其影響的程度會隨著分子的複雜性而增加。如果我們仔細看圖5-1所呈現出的，地球向上發射到太空中能量的曲線，會發現部分能量被含有特定氣體的頻率帶吸收，因而減少了地球能量輻射到太空中的總量；而這一切，就是天然溫室效應的基礎。

那麼，這些為地球保溫的氣體有哪些？大氣中最常見的氣體——氧氣和氮氣，並不能發揮吸收帶的功能，因為它們不具有降低地球能量輻射到太空中的能力；這些氣體的成員如圖5-1所示，有水蒸氣（H_2O）、二氧化碳（CO_2）、甲烷（CH_4）、一氧化二氮（N_2O）和臭氧（O_3），合稱為溫室氣體。儘管溫室氣體在大氣中僅占微小的一部分，但卻相當重要，要是沒有它們，地球的溫度就不可能如此溫暖，也不可能有液態水的存在，孕育萬物生息。

此外，我們能從圖5-1發現，水蒸氣在低頻和高頻處個有一段相當寬的吸收帶；甲烷、一氧化二氮和臭氧則是在中頻處各有一段比較狹窄的吸收帶。最後我們來看二氧化碳，它不僅擁有最強的輻射吸收能力，而且該氣層所在的波段還恰好對應在理想曲線（虛線）的最高峰（原本科學家預測地球輻射到太空中的能量在該處達最大值）。為此從這張圖所呈現出的跡象，我們推斷二氧化碳很可能是所有的溫室氣體中，力量最強大者；之後，其他的事實也證明，確實如此。

這些溫室氣體對地球帶來的整體影響到底是什麼？從圖5-1我們可以看到，它們的作用就是減少地球發射到太空中的長波輻射量。當溫室氣體作用在各段波長上時，地球輻射能量的速度就會比完美發射體（即黑體）緩慢許多。因此，地球的有效發射率ε小於一，且存在於大氣中的溫室氣體越多，ε的數值就會越小。這時如果我們再去看一下剛剛列出的唯一一條方程式，就會明白等式左側（代表地球輻射到太空中的能量）的實際輻射量為什麼會比設想中的還低。因為儘管我們從太陽接收到的輻射總量保持不變（即等式右側），但是地球一開始發射出的輻射量，本來就小於由斯特凡－波茲曼定律預測出的數值（該定律將地球假設為黑體）；而為了讓這條等式雙方的數值保持平衡，唯一的方法就是讓T值上升。我們的公式一顯示，T^4和$1/\varepsilon$成正比，反過來說，就是當ε的數值下降時，T值則會往上升。**這表示地球必須透過讓自己升溫，才可以反射出等量的輻射量到太空，使等式的左右兩側達到平衡，於是「天然溫室效應」就如我們所知的發生了**；那包覆著地球的薄薄大氣層，讓原本應該只有攝氏負十八度的地表溫度，因此增加到了攝氏十五度，使地球變成一顆氣候宜人、適合生物居住的豐饒星球。[1]

惡名昭彰的二氧化碳

截至目前為止，我們看到這些大氣氣體對地球所產生的天然溫室效應都相當正面。它們不但讓地球免於被冰封在一片死寂的冰雪中，生命更因此誕生，讓地球變得生氣勃勃。但如果我們改變大氣的組成會發生什麼事呢？尤其是二氧化碳，圖5-1中，二氧化碳吸收帶在十五微米波長處，為地球吸收進了最多的輻射，那麼假如我們讓大氣中的二氧化碳含量變得更高，又會讓地球出現什麼變化？

首先，由於我們降低了地球的輻射發射率，所以等式左側的T值就必須上升更多，以維持兩方的平衡。因此，「大氣中的二氧化碳含量上升，將導致地球氣溫升高」，這一項結論無庸置疑。因為這個現象只不過是一個基本的物理學，如果我們否定這個結論，就跟否定重力的存在或是認為地球是平的一樣荒唐。然而，仍然有氣候變化懷疑論者（climate change sceptics）否認大氣二氧化碳含量和氣溫之間有任何的關聯性。因此，我們要以更強烈一點的語氣論述這項結論：**「大氣中的二氧化碳含量上升，必將導致地球氣溫升高。而且，我們排入大氣中的二氧化碳含量越多，溫度也會升高的越多。」**在前面我們所討論的那一條簡單方程式中，驗證了這個毋庸置疑的結論。

十九世紀，由於工業革命興起，人們的動力來源漸漸從水力轉向煤礦，再加上鐵路建設以及燃煤式蒸汽火車盛行，讓這一刻成為人類首次向大氣大量排放二氧化碳的時機點。一直到十九世紀末石油和電力出現前，燃煤式蒸汽都是推動工業革命的主要動力（一八五八年，人們才在加拿大鑽探到第一口現代油井）。即便如此，但十九世紀末的電力主要還是由燃燒煤炭的火力發電廠供應；後來內燃機（internal combustion engine）問世，和一八八六年第一輛賓士車出廠，無數的車子開始奔馳在馬路上後，石油的應用才陸續蓬勃發展。這一切都在斯特凡—波茲曼定律發表的兩年後發生，而這一項定律現在恰好就成了我們抓出排放二氧化碳是使地球變暖的元凶。

其實人類一直都在見證地球的歷程，只是當時的我們太過無知，所以才沒有馬上注意到地球已經開時發生變化。回顧過去，在十九世紀的中葉，大氣中的二氧化碳濃度就開始向上升高，從它在冰河期後期的二百八十 ppm 上升到三百 ppm 以上（現在已經超過四百 ppm，比工業化前的濃度高了將近五十%；詳見圖 5-2）。現在，我們之所以會知道這件事，純粹是因為近日我們才有能力分析冰芯中的氣泡，並從中得知歷年來二氧化碳含量的變化。十九世紀時，我們沒有任何監測大氣裡二氧化碳含量的儀器，一直要到了一九五八年，斯克里普斯海洋研究所才在夏威夷的冒納羅亞（Mauna Loa）火山上建立了一座二氧化碳監測站，開始有系統的記錄二氧化碳的變化。

為什麼過去我們都沒有察覺到人類對地球造成的溫室效應，要等到它在二十世紀後期，對地球造成如此明顯的影響才開始正視呢？嗯，老實說剛開始並沒有什麼理論讓人們將「全球溫度」與「溫室氣體的含量」連結起來。直到重要的斯特凡－波茲曼定律和維因定律分別在一八八四年和一八九三年被發現後，才讓瑞典科學家思凡特・阿瑞尼斯（Svante Arrhenius，一八五九到一九二七）在一八九六年提出第一項有關溫室效應和全球暖化的理論。[2]因此，當我們在十九世紀燃燒煤炭產生動力時，根本從沒想到，這樣的舉動可能將導致嚴重的氣候變遷。

其次，過去我們沒有辦法獲取全球溫度的精良數據。一八五四年，海軍中將羅伯特・菲茨羅伊（Robert FitzRoy）才創立了英國氣象局（與達爾文搭乘小獵犬號〔HMS Beagle〕）航行期間，他即為該船之艦長），爾後類似的國家機構也陸續成立，不過當時成立這些機構的主要目的是為了預報天氣。在以前那個資訊不發達的年代，任何資訊的彙整都需要相當長的時間，就算只是要將當地的氣候數據匯集起來、進行統計，都不是件容易的事（那時在英國，這些氣象統計數據都是彙整自當地村落氣象紀錄員的手寫紀錄）。牛津的雷德克里夫氣象站是最久遠的氣象紀錄站之一，它從一七六七年開始便持續記錄當地氣候，並在二〇一四年證實，該年的一月是此氣象站創立以來，牛津降下最多雨水的時候。當然，不論是降雨量或氣溫，我們皆需要仰賴全球的數據才能做出最客觀的結論。在得到結論後，各國之間也必須充分合作，才可以共同減緩人為溫室效應對地球氣候的衝擊。

在瑞典科學家阿瑞尼斯之前，就曾有人大略提出大氣氣體對氣候影響的模糊想法。法國的約瑟夫・傅立葉（Joseph Fourier，一七六八到一八三〇）就是其中一位，現在我們聽到這個名字，腦中第一個聯想到的大概是「傅立葉級數」（Fourier series），因為他就是這個級數的發現者。此外，

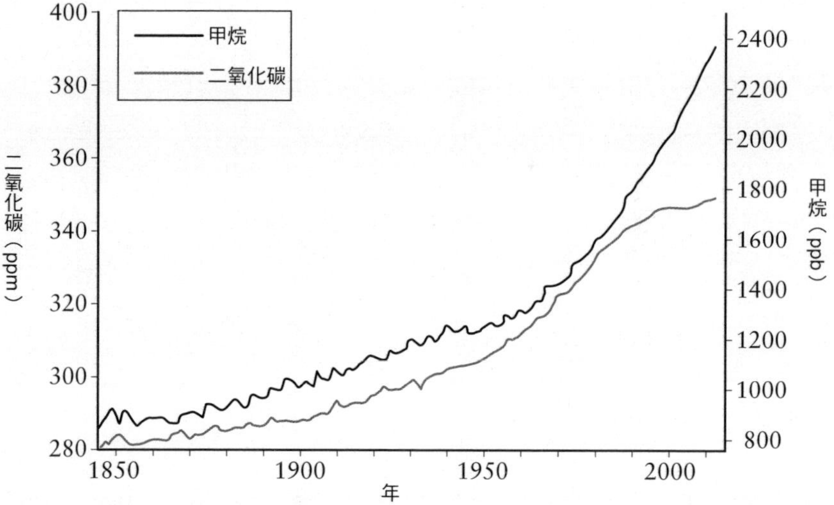

圖 5-2　全球大氣中二氧化碳和甲烷的平均濃度（參照《IPCC 第五次氣候評估報告—決策者摘要》繪製）。

英國的約翰・廷德爾（John Tyndall，一八二〇到一八九三年）也有相關的想法，英國為了表彰他當時提出的想法，更把他們最近在東安格利亞大學（University of East Anglia）創立的氣候變遷研究所命名為廷德爾中心（Tyndall Centre）。

阿瑞尼斯跟他的前輩們不一樣，由於到了他的那個時代，已經有了輻射定律的出現，因此他所做的預測，出人意料的準確。然而，他忽略了雲對輻射的影響，因為他不知道在公式一中該如何處置這些雲，不過他卻從我們的公式一中，進一步的推導出了更正確的分析，讓我們明白大氣中二氧化碳含量的高低將對暖化造成怎樣的變化：

如果碳酸（二氧化碳）的量以等比數列增加，則氣溫的度數僅會以等差數列增加。

換句話說，如果我們使大氣中的二氧化碳濃度提升一倍，地球的溫度將因此提高幾度，我們把這一個固定的度數定為N度。之後，如果我們再次將大氣中的二氧化碳濃度提升一倍（濃度增加的幅度比前一次大上許多），但這次我們還是只會讓地球的溫度提高「相同的度數」，讓氣溫再往上加個N度。這個事實，對仍處在二氧化碳快速排放的時代的我們來說，或許能帶來些許的安慰。這種因為二氧化碳倍增所引起的氣候暖化現象，被稱為「氣候敏感度」（climate sensitivity）。阿瑞尼斯預估二氧化碳會讓全球氣溫上升攝氏四度，而目前我們的估計則是攝氏二到四・五度之間；只不過就如我們將看到，有些估計值甚至比前者還高出許多——假如我們不有所改變，仍不斷將大量二氧化碳排放到大氣中，整個地球的溫度可能將升高攝氏七・八度。[3] 阿瑞尼斯認為人類排放的二氧化碳，有六分之五將被海洋中吸收（實際上只有約四十%），所以大氣中的二氧化碳濃度增會緩慢增加，大概每三千年才會增加一倍。然而，現在我們知道，以我們目前的排放二氧化碳的速度速度，讓大氣中二氧化碳濃度增加一倍的時間其實只要七十五到一百年。儘管阿瑞尼斯低估了二氧化碳整體濃度的增長速度，但當時他認為二氧化碳造成的地球增溫，將對人類產生正面的影響，因為它可以改善高緯度的氣候（他並沒有考慮到冰層融化這件事），使人類能夠種植更多作物、餵飽更多因工業革命增長的人口。阿瑞尼斯還認為，全球暖化將阻礙下一個冰河期的發生，但是就如現在我們所知道的，至今這項推測仍尚未有所定論。

因此，二氧化碳終於被大家認定為造成氣候變遷的主要因素，成為地球暖化中第一個被揪出的惡人。然而，一直到最近，科學家才發現二氧化碳還有一項不討人喜歡的特性，就是其在大氣中會持久存在的特性。這裡所說的二氧化碳，當然不是本來就存在於大氣中，以純淨惰性氣體存在的二氧化碳；這裡所說的是燃燒石化燃料後排放出的二氧化碳，這類由人類工業排放出的二氧化碳具有高度的活性，並且會參與一系列名為「碳循環」（carbon cycle）的複雜反應。

綠色植物和海洋中的浮游性植物會將二氧化碳納為己用，並在光合作用的幫助下利用葉綠素把它轉化為生物質，同時釋放使生命得以生存的氧氣。由於這一系列的碳循環反應攸關地球萬物的生存與否，因此也被譽為是地球上最重要的化學反應。二氧化碳一旦成為植物和樹木的一部分後，就會一直被封存在樹木或植物中，直到這些植物死亡和腐爛，或是被砍伐、燃燒時，封存其中的碳才會再次被釋放到大氣中。雖然海洋可以吸收釋放到大氣中的二氧化碳，但一旦海洋溫度或是洋流改變，二氧化碳就很容易又會重新被釋放到大氣之中。因此，想要徹底將環境中的二氧化碳清除，只有一個方法，就是讓它永遠嵌入地球的內部；在海床上我們就可以找到符合這個原則的經典例子。有孔蟲是海洋中常見的一種動物性浮游生物，以攝取浮游植物維生，吃進含有碳化合物的浮游植物後，牠們便會將這些碳元素轉化為身上堅硬的甲殼，而當牠們死後，這些由碳酸鈣（和方解石的成分一樣）組成的微小甲殼便會大量沉降在海床上，形成一層沉積物，從而將大氣中的碳永久封存在地殼之中。

目前，我們仍然不知道二氧化碳在氣候系統中，究竟可以發揮多久的影響力。如果我們因為燃燒煤礦或是石油釋放了一噸的二氧化碳到大氣中，那麼最終這一噸二氧化碳對地球氣候的影響要到什麼時候才會完全消退？目前科學家推估可能是一百年，但這卻是一個可議的模糊數字，因為我們對碳循環的瞭解根本不完備。更何況，當一顆二氧化碳分子從你的汽車排氣管排向大氣，到它最終被深埋在深海或岩石中所經歷過的各種歷程，就可能耗時數千年。不過，即使我們用最低標準的一百年來預估，仍可以明顯從結果看出，**今日我們漫不經心燃燒掉的化石燃料，正在為我們後代的子子孫孫衍生出龐大的危機和麻煩**；未來他們將會因為我們現在持續釋放的二氧化碳面臨地球暖化的重大危機，就如同現在的我們也正受氣溫暖化所苦，而這個苦果正是由第一次世界大戰後林立的工廠和一九五〇年代盛行的汽車所種下的惡果。

甲烷和一氧化二氮

直到最近，二氧化碳才被公認是造成全球暖化的主要原因，而且大家也都可以很清楚地看出燃燒化石燃料，與大氣二氧化碳濃度增加和氣溫升高之間的關聯性。儘管如此，其實其他的溫室氣體亦對全球暖化造成了很大的影響；將這些溫室氣體與二氧化碳一起納入考量時，全球溫度上升的速度甚至會比現在的預估值增加四十五%。甲烷即是其中一項，它在大氣中的濃度與二氧化碳同步增加（圖5-1）。事實上，以比例來說，甲烷上升的速度甚至比二氧化碳還快，因為工業化之前大氣中的甲烷濃度才只有七百到八百ppb，但是現在卻到了一千八百ppb，整整增加了一倍以上；相反的，二氧化碳的濃度則只有增加約五十%左右。

甲烷是一種複雜又奇特的化合物，因為它源自許多自然之處。沼澤濕地中的有機物質分解時，會產生甲烷（因此它有個俗名，叫做沼氣），白蟻和草食性動物在生長、消化的過程中也會產生甲烷；後者相信每一位參訪過豬舍的人都可以做證。海洋深處也有甲烷的存在，在海底的甲烷主要是以甲烷水合物的形式出現（甲烷和水經過高壓形成的化合物），此即為天然氣的主要成分。除上述之外，大氣中的其他甲烷都是源自人類的文明行動，舉凡：天然氣管道的洩漏；開採煤礦、石油和天然氣等其他石化燃料的副產物；栽種稻米（稻田中腐爛的植被）；以及農場畜養動物數量的增長（因為全世界食肉量大增，特別是像中國這些新崛起的富裕國家）都會衍生甲烷；其次，垃圾掩埋場和廢物處理廠也會產生甲烷。

然而，儘管過去大氣中的甲烷濃度不斷隨著人口的成長不斷上升，但是到了大約二〇〇〇年時，甲烷的濃度就趨於穩定，直到二〇〇八年，它的濃度才再次開始上升。我們懷疑，甲烷濃度在二〇〇八年之所以再度上升，是因為北極近海的甲烷排放量變多的關係（稍後會再跟大家討論這個部分），只是我們不清楚是什麼原因造成。其一可能是俄羅斯在此處的天然氣管道發生溢漏，因為這些管道在過去就曾因為發生過大規模的洩漏事件而惡名昭彰；另一種可能性則是天然的沼澤濕地正在排放沼氣，將先前封存在其中的甲烷大量釋出。

儘管甲烷在大氣中的濃度比二氧化碳低許多，但是甲烷對氣候變遷造成的整體影響卻不比二氧化碳小，因為它是一種比二氧化碳威力更強大的溫室氣體。科學家以一百年為單位，將其他溫室氣體與二氧化碳進行比較，探究它們對地球暖化的相對影響（此比較值即為全球暖化潛勢〔global warming potential，GWP〕），結果發現**每顆甲烷分子對地球造成的暖化強度竟是二氧化碳的二十三倍。**由於甲烷溢散到大氣後，很容易受到氧化轉變為二氧化碳，或是透過其他化學反應轉變成別的物質，因此它在大氣中僅能存在約七到十年的時間。也就是說，其實甲烷的 GWP 值很可能遠大於二十三，因為科學家測量到的甲烷可能已經被排放到大氣中好幾年，活性已不像剛排放時那麼強烈；曾有研究就認為甲烷剛被排放進大氣的 GWP 值有可能介於一百到二百之間。顯然，假如短期之內突然有大量甲烷釋放到大氣中，將會對氣候產生巨大的影響；而我們認為，這正是日後北極近海的永凍土解凍後，可能發生的情形。

反觀一氧化二氮，是一種比較無關緊要的溫室氣體，它在大氣中的濃度非常低，只有三百 ppb 左右，活性則長達一百二十年。另外，人為產生的一氧化二氮，大部分都來自於人造肥料。

臭氧和氟氯碳化物

在思考氣體對氣候的影響時，我們不能忽略臭氧和氟氯碳化物（chlorofluorocarbons，CFCs）。

臭氧是非常活潑的氧分子，組成它的氧原子共有三個，而不像氧氣是兩個，化學式為 O_3。雖然臭氧也是一種能夠形成吸收帶的溫室氣體（見圖 5-1），但它之所以會如此為人所熟知，是因為另一項原因：一九八五年，英國南極調查所（British Antarctic Survey）的喬・發曼（Joe Farman），透過架設在南極的儀器發現了該處有一個「臭氧洞」。[4] 臭氧除了能吸收一些來自地球的長波輻射外，同時也能非常有效地吸收掉太陽射入地球的短波輻射。這些短波輻射就是是紫外線（UV），它會引起曬傷和皮膚癌。事實證明，僅僅增加十%的短波輻射，就可能提升十九%的黑色素瘤（它是一種極其嚴重且致命的皮膚癌）發生率。[5] 儘管馬里奧・莫利納（Mario Molina）和舍伍德・羅蘭（Sherwood Rowland）早就預言了臭氧層將因為氟氯碳化物而產生耗損[6]（後來他們與保羅・克魯岑〔Paul Crutzen〕更因為這項發現，共同獲得了諾貝爾獎），但直到發曼在南極測量到該處的臭氧已經流失高達七十%後，眾人才開始明白臭氧層受到的具體破壞。同時，這個「臭氧洞」也讓居住在「破洞」之下的居民，受到紫外線危害的機會大增（臭氧洞的範圍涵蓋澳洲、紐西蘭、巴塔哥尼亞和南非），而造成臭氧層破洞的罪魁就是氟氯碳化物，它們是一種常用於冷氣和噴霧劑的化學物質，一旦進入大氣，它們便會和大氣中的臭氧分子反應，並破壞臭氧分子的結構。

一發現臭氧洞後，人類馬上迅速採取了行動，在一九八七年制定了「蒙特婁議定書」（Montreal Protocol），開始禁用氟氯碳化物，改用對臭氧傷害比較小（但不是無害）的替代品—氫氟氯碳化物（hydrochlorofluorocarbons，HCFC）。有些雞蛋裡挑骨頭的人可能會說，那時人類之所以會如此迅速的採取行動，是因為當時氫氟氯碳化物早已隨手可得，所以我們才會如此乾脆的放棄氟氯碳化物。但無論如何，至少這樣的行動已經讓過去曾經蔓延到北半球的臭氧層破洞開始漸漸消褪。只不過就算氫氟氯碳化物在對抗臭氧層耗損這方面發揮了正面的影響，但是對地球暖化而言，它們其實也是一種有害氣體，因為事實證明氫氟氯碳化物也是一種溫室氣體（請見圖5-3，該圖呈現了對全球暖化產生重大影響的溫室氣體）。

輻射強迫作用

為了比較所有溫室氣體和其他因素對氣候變遷的影響，科學家發展出了「輻射強迫作用」（radiative forcing）的概念。在前面提到的唯一一條方程式中，我們考慮到的是地球輻射平衡的狀況，即：太陽輸入地球的輻射量，會等於地球因為地表溫度和日照反射率發射向太空中的輻射量。由於溫室氣體會減少地球長波輻射的輸出量，因此，我們可以藉由評估每種氣體對輻射輸出量的減少幅度來比較它們的功率。又或者，我們也可以用這樣的角度來思考：溫室氣體的增加就相當於輸出地球的輻射量保持不變，但太陽輸入地球的輻射強度卻增強了。換言之，如果我們將輻射強迫作用和太陽常數進行比較，它們就會告訴我們，究竟地球的自然熱平衡狀態被人類破壞了多少：如果輻射強迫作用的數值為正，就表示這個因素會使地球氣候暖化；相對的，某些人類的活動也會導致輻射強迫作用的數值為負，例如逸散到大氣中的噴霧劑就會減少太陽輻射進入地球的強度。

圖5-3呈現了二〇一三年，聯合國氣候變遷政府間專家委員會（Intergovernmental Panel on Climate Change，IPCC）在第五次氣候評估報告中的最佳估計值。它顯示人為造成的輻射強迫作用總共讓地球每平方公尺的輻射量增加了二・三瓦，而整個地球接收到的太陽輻射量則是平均增加〇・七%。其中，約有五十五%的輻射強迫作

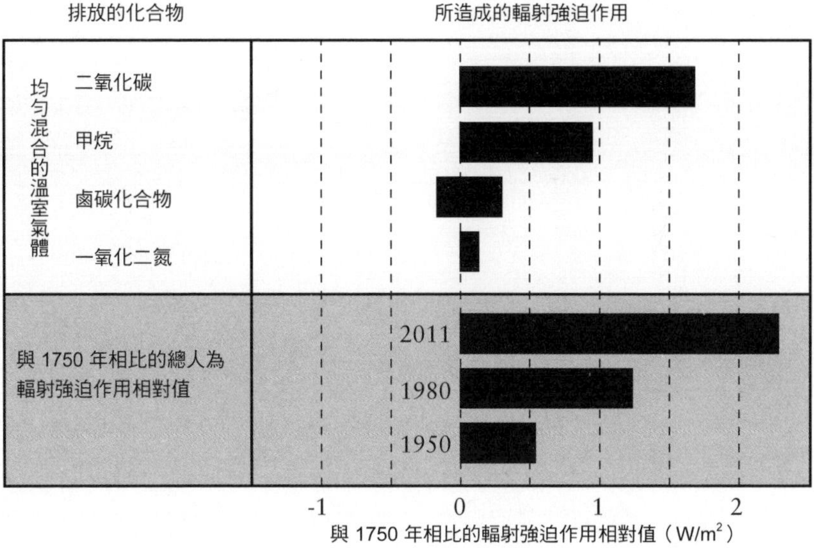

圖 5-3 大氣中不同化合物所產生的輻射強迫作用（參照《IPCC 第 5 次氣候評估報告—決策者摘要》繪製）。

用是來自二氧化碳，另外四十五%則是來自剩餘的其他來源，其中又以甲烷占了最大的比例。此外，自一九八〇年以來，現在的輻射強迫作用總值幾乎翻了一倍（一九八〇年的輻射強迫作用總值，也比一九六〇年增加了一倍）；這樣的結果顯示出，儘管政治家、氣候變遷倡導者和著名科學家皆大聲疾呼，請大家重視地球暖化的問題，可是人類排放溫室氣體的猖狂行為，卻仍相當不受控制。

氣候敏感度

在第四章我們曾提到，從冰芯過去四十萬年的紀錄中，我們發現地球氣溫和二氧化碳的曲線，在連續幾個冰河期和間冰期中的起伏都有十分高的相似性。這個現象可能代表至少在過去這四十萬年裡，地球在自然的狀態下會出現兩種二氧化碳含量，分別是一百八十 ppm 和二百八十 ppm 左右，出現前者時為冰河期，後者時則為間冰期。氣溫方面也是如此，在完全冰河期和完全間冰期之間，兩者的溫差皆會差攝氏六度左右。因此，利用氣溫和二氧化碳濃度在冰河期和間冰期之間升降的情況，我們就可以計算出二氧化碳含量倍增時的溫度上升的幅度，而此數值即為地球的天然「氣候敏感度」。

根據上述的比例推斷，未來大氣中的二氧化碳含量可能會讓我們的氣溫上升攝氏七・八度，這個數值非常高。[7]我們應該把這個數字公諸於世，告訴世人現在地球所處的危機，並且問問 IPCC 為什麼會認為目前的氣候敏感度落在攝氏二到四・五度之間，因為若以過去冰芯記下的氣候紀錄來看，現在我們計算出的氣候敏感度數值應該要高出許多。我必須說，儘管「冰河期的氣候敏感度」呈現出的事實是如此明確，但至今卻沒有多少人利用這項數據去推算當代的氣候敏感度，這很可能是因為以它為基準推算出的氣候敏感度數值會非常高的緣故。更何況，**假如冰河期的氣候敏感度，也適用於現代的條件，那麼這無非是暗示著一個可怕的推測：目前為止地球所出現的暖化現象只不過是冰山一角，未來人類所排放出的二氧化碳還將持續為地球帶來更大的衝擊。**

然而，無論我們現在採用的是低估或高估的氣候敏感度數值，都可以清楚地看到，地球至今的升溫程度仍未達到任何一個估計值。自一八五〇年以來，全球溫度大約上升了攝氏〇・九，而二氧化碳濃度則上升了近五十%。根據 IPCC 的數據，增加這麼多濃度的二氧化碳將使氣溫升高攝氏一到二・二五度左右；根據冰河期／間冰期的比值，它則會使地球溫度上升攝氏三・九度。為什麼會出現這樣的差異呢？當我們理解了「氣溫上升」的實際概念後，就會明白為什麼會有這樣的結果。

輻射強迫作用是這樣的：它們能讓地球變得比原本還要溫暖，因此如果我們現在能將所有的溫室氣體保持在恆定的濃度，溫度就會不斷持續向上攀升，直到達到了氣候敏感度的數值才會停止。但此時此刻地球升溫的數值卻仍不及氣候敏感度，或者應該這麼說：實際上它的升溫幅度根本從未追趕上輻射強迫作用上升的腳步。究竟是什麼減緩了地球升溫的幅度呢？減緩全球空氣暖化速度的主要原因就是海洋，因為海洋會吸收掉多餘的熱量；透過溫鹽循環（詳見第十一章），這些額外留存在大氣中的巨大輻射熱能，會緩慢地被導向深海，讓地球透過海水的溫度漸漸變暖。

海洋佔了地球表面的七十二%，這個事實對我們來說有好有壞。好消息是，地球可能不必像以前我們所以為的那樣快速暖化；壞消息是，最終我們仍必須自食地球暖化的苦果，因為海洋就像是一座巨大的慣性輪，一旦它開始轉動，即便我們馬上停止排放溫室氣體，它仍會讓地球持續升溫長達數十年的時間。海洋確實有緩衝地球升溫的能力，而它也會讓我們對氣候敏感度做出不一樣的解釋。如果地球的氣候敏感度真如 IPCC 所指出的是落在攝氏二到四・五度之間，那麼，地球升溫的程度倒還不至於落後輻射強迫作用太多，若我們馬上停止溫室氣體的排放，或許還能亡羊補牢一番，減緩地球的升溫。然而，若地球的氣候敏感度其實是攝氏七・八度，那麼顯然現在大多數的熱能都被海水所吸收，因此溫度才幾乎還沒有對增強的輻射作用做出反應；如此一來，即便是我們即刻停止排放溫室氣體，未來地球升溫的趨勢恐怕也絲毫不會停歇，只會不斷的向上攀升，讓人類嚐到可怕的惡果。

地球溫度的歷史

地球從一八五〇年開始，因為人類文明而開始暖化後，我們更應該好好檢視之後這段期間全球氣溫發生了什麼樣的變化。

圖5-4以著名的曼恩—布萊德利曲線，呈現出了最近一百六十年的氣溫狀態，這張曲線圖的誤差值比過去一千年低（圖4-3），因為在那個時間點，我們已經進入了使用溫度計的時代，並且開啟了全球氣象的網絡。我們看到一個有趣的畫面：這條溫度曲線從十九世紀中期便一直迅速上升，但到了一九二〇到一九六〇年間，這條曲線的走勢就開始減緩，甚至是有

略為降溫的趨勢，然後過了這段期間後，氣溫才又再度大舉上升。進行模型研究（model study）的學者認為，這和當時噴霧劑裡的氟氯碳化物有關，由於它破壞了臭氧結構，才讓當時理當因為用煤量大增而快速升溫的地球，暫時減緩了全球暖化的步調。

北極放大效應

如果我們再回過頭去看一下過去一百六十年的曼恩—布萊德利曲線（圖5-4），並將它與北極氣象站的溫度曲線進行比較，我們會發現它們倆的曲線呈現相同的形狀。圖5-5展現的是十九座氣象站在北緯六十度到九十度之間，透過衛星觀測到的海平面和氣溫的年平均溫度，我們可以看到，它的溫度曲線和圖5-4極為相似，都是曾出現過停滯和略為降溫，之後才又大幅的升溫。不過，當我們仔細觀看兩者間溫度起伏的大小時，就會注意到在同一段時間內，雖然全球的氣溫才上升了攝氏〇・八度，但是北極地區的溫度卻上升了攝氏二・四度。也就是說，儘管北極暖化的趨勢和世界各地類似，但是它變化的幅度卻會更大，此即為

「北極放大效應」（Arctic amplification）。以我們剛剛比較的例子為例，北極的放大係數大約是三。至於在其他情況下，北極放大效應的係數則可能落在二到四之間。

北極放大效應具有非常重要的意義，因為這說明了為什麼全球暖化會最先發生在北極，而北極又為什麼會成為我們預見地球未來變化的先鋒部隊。說到這裡，想必許多人腦中立刻會冒出兩個問題：是什麼原因讓北極產生這樣的放大效應？近年來它的放大係數有增長嗎？

目前科學家認為造成北極放大效應的因素有：當地雲層覆蓋的狀況、大氣中水蒸氣的增加、來自較低緯度的大氣熱量變多和海冰減少等。然而，這些解釋卻帶出的一個問題是，如圖5-5所示，顯然自一九〇〇年開始北極就已經出現了放大效應，因此造成這股放大效應的主因不能歸因於最近人類行為所衍生出的後果。

儘管如此，詹姆士・斯克林（James Screen）和伊恩・西蒙斯（Ian Simmonds），二〇一〇年時，仍在《自然》雜誌（Nature）上發表了一篇論文，主張海冰數量的減少是造成北極放大效應的主要肇因。[8] 他們的論點是，如果來自低緯度的大氣熱量是讓北極變暖的主要原因，那麼位處北極海拔較高的地區，其受到暖化的影響應該會更大；相反的，假設積雪和海冰覆蓋的減少是造成北極地區升溫的主要原因，則北極地區升溫最多的地方應該會發生在地表或是海面。爾後，他們的研究證實，北極氣溫的改變確實主要是發生在大氣的下層，而且與海冰的消融有強烈的相關性。問題是，這兩位科學家只考慮到了一九八九年後的數據，當時已經有人測得夏季海冰出現消融的狀況了。因此，從他們的分析中，我們頂多可以得出這樣的結論：近年來海冰數量的減少，**可能增強了北極放大效應的係數，但是在此之前，北極放大效應早已存在。**

正因為北極有所謂的放大效應，因此在下一章中，我們將進一步討論，當前海冰正如何迅速的從北極消融、不見，而且再過不了多久，我們的北極圈恐怕必定會呈現一片汪洋，冰層寥寥無幾。

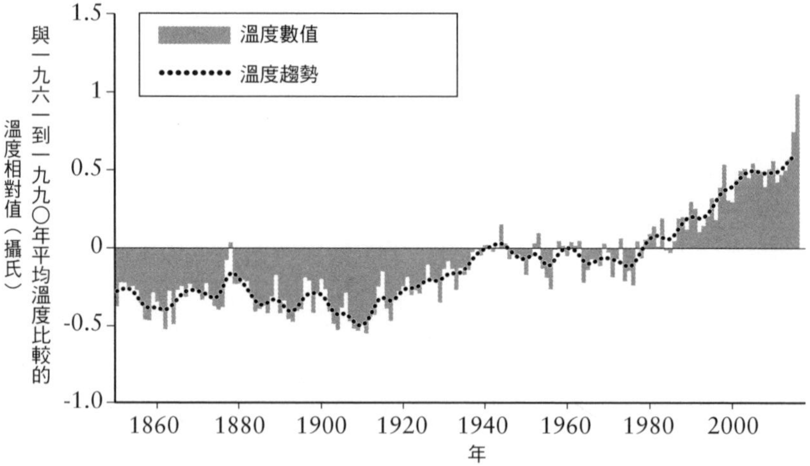

圖 5-4　曼恩—布萊德利曲棍球桿曲線中，1860 年後的全球溫度變化。

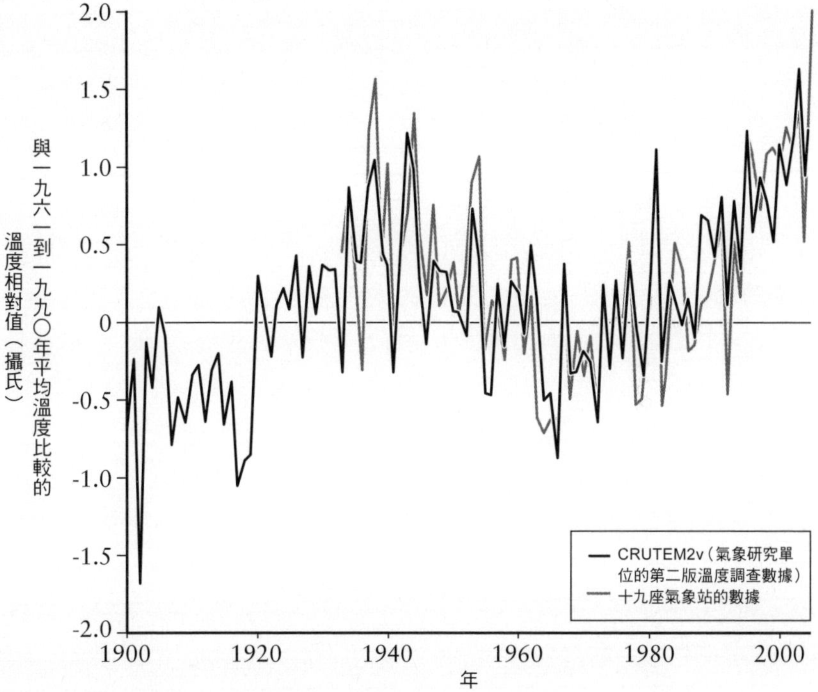

圖 5-5 1990 年後的北極溫度數據，僅採用北緯 60 度測量到的數值。圖中的平均值來自 19 個北極氣象站，並與區域平均值兩相比較（CRUTEM2v）。

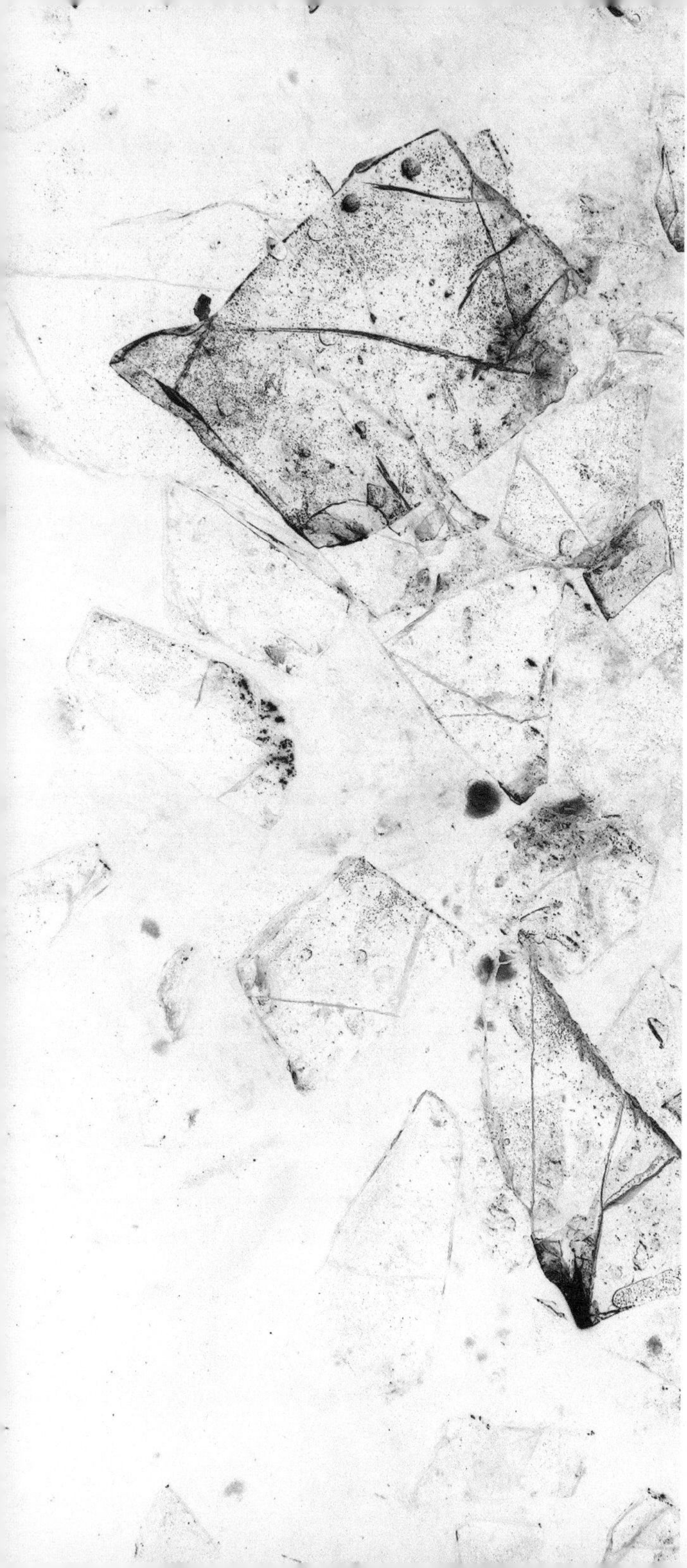

第六章

海冰消融之時

除了原本居住在北方的原住民外，第一批旅居北極地區，並且年年見證北極冰層變化的人，大概就是在格陵蘭海從事捕鯨和狩獵海豹活動的漁民。在這些人當中，有一位非常特別的人，他叫做威廉・思科斯比（William Scoresby，一七八九到一八五七年），是一位土生土長的英格蘭約克郡（Yorkshire）惠特比（Whitby）人。在當地所有擁有捕鯨技巧的漁民中，就只有他對科學具有濃厚興趣。一八二〇年，思科斯比寫了第一本有關北冰洋的書，書中他特別著墨在海冰的變化，而這本書至今仍是極地科學的經典之作。[1]

十九世紀的海冰

一般來說，就算當時的思科斯比已經身為英國皇家學會（Royal Society）的會員，但礙於他本身的職業，英國政府應該不太會重視他的意見。然而，當思科斯比在一八一八年宣布，弗拉姆海峽（Fram Strait）北部（斯匹茲卑爾根〔Spitsbergen〕和格陵蘭之間的海峽）海域的冰層正逐漸消融時，英國政府立刻就對他的言論表示關切。思科斯比當時說道：

「在一八一七年和一八一八年的這兩個捕鯨季，這裡的海域變得比以前更容易航行，就算是最資深的漁民都沒見過這樣的景象；在北緯七十四度到八十度之間的海域，大約有兩千平方里格（league，編按：一里格相當於三海里，約等於五・五五六公里）的海面，完全無冰，但過往這個海域通常都被冰層覆蓋。」

這個現象可能因此促成了探險船前往北極的機會，因為高緯度的開闊水域變多，讓科學家開始在格陵蘭以東這些相對高緯度（北緯八十度到八十一度）的海域航行。不過在此之前，思科斯比已經在一八〇六年捕鯨時，造訪過那裡的海域，並記錄以下文字：

「當時我是船上的大副，在我父親的領導下（他非凡的毅力在格陵蘭捕鯨界名聞遐邇），我們駕駛著惠特比號（Resolution of Whitby）航行在海象險惡的北冰洋上，最後終於有驚無險的穿越無數浮冰，來到了北緯 81° 30′的海域。」

當時，曾經在拿破崙戰役中輕易擊敗法軍的英國皇家海軍，無疑是世界上最大的海軍，他們輝煌的航行足跡很可能遍及極地，甚至發現了通往東方的航道。為此，在聽聞思科斯比一八一八年發表的內容後，政府立刻調動了一組海軍，到該海域進行考察。他們並未將擁有豐富北極航行經驗的思科斯比指派為船長，反倒是將這趟遠航的重責大任交付給一個沒有什麼經驗的皇家海軍隊長大衛・布坎（David Buchan），讓他擔任桃樂絲與特倫特號（Dorothea and Trent）的指揮官；副船長則由另一位名做約翰・富蘭克林（John Franklin）的年輕中尉擔任，而這樣的任命讓他們注定要經歷一場漫長、且充滿災難的北極旅程。果不其然，他們這趟航向弗拉姆海峽的探險最終並未成功，因為他們發現流冰會不斷快速地將船隻往南邊推送，因此他們根本無法順利地航向北方。不過，這一點也是思科斯比在航行前沒有預料到的事情。

該次航行後，海軍便將極地探查的目標轉向加拿大極地和西北航道。至於極地的漁民則一如往昔的進行漁獵活動：英國丹地（Dundee）的捕鯨人在每年的捕鯨季，仍會固定航向格陵蘭北邊的海域；挪威捕獵海豹的漁民，則依舊會在每年春季到北緯七十五度的格陵蘭東側捕獵海豹，因為此時會有大批攜帶著幼子的豎琴海豹（harp seal）棲息在這塊突出的岬角，這塊區域即是著名的「奧登冰舌」。這個區域的面積雖小，卻相當重要，因為它大大的影響了海洋對流的狀況，在第十一章中我們將詳加討論。

一八七二年，丹麥氣象研究所（Danish Meteorological Institute）成立，成為了第一個能讓探險家、捕鯨和狩獵海豹的漁民發表他們在極地所見所聞的地方，該研究所編制了一本「年鑑」，內容涵蓋每一個月歐洲北極冰層的分布圖，其所有登載在上面的資訊都已經過分析並數字化。[2]長期來看，這些資訊並未透露出什麼趨勢，只有某幾年的數據比較特別，例如一八八一年時，曾有大量的冰層從北冰洋流向北大西洋的北方，當時冰層外流的狀況，甚至快蔓延到挪威的北海岸。

當然，過去這些極地的數據都只是非常粗略的估計值，因為當初整個北半球冰層面積的變化，都是靠幾位獵捕鯨魚和海豹的資深漁民，依據個人的經驗判斷和紀錄。實際上，一直在人類進入衛星時代前，人們都是以這樣的方法記錄氣候。我還記得丹麥氣象研究所自一九八〇年代開始，才每天為航海業發布一份冰層分布的衛星圖，作為他們航行的參考。當時，能記錄到北極圈區域的衛星只有一架，而且它的能見範圍還得取決於雲層的分布狀況，必須要是清朗無雲的好天氣，才可以擷取到完整的冰層影像（今天我們使用的微波衛星〔microwave satellite〕就沒有這方面的問題，雲層和黑暗對它們的影像都不會構成阻礙）。只不過格陵蘭海上空的雲層往往發展旺盛，很難有機會露出萬里無雲的天空，因此，若遇到雲層密布的日子，研究所就只能再次發布前一天拍攝到的影像。研究所記錄冰層分布的原則，就是不更動衛星的位置定點攝影，所以過去因為雲層的關係，研究所還曾經一個多禮拜的時間都只能發布同一張衛星影像。這也難怪我們很難從這些數據中，輕鬆看出海冰分布的變化，然而，它們還是讓海洋學家認為，這些海冰每年的分布狀況有一個固定的週期，並非毫無章法的消長。他們認為，海洋中的一切都是恆定的。為了讓海洋學家這份偉大卻未經證實的假設更為完滿，現在我們需要做的就是，更充分地去探索蘊藏在大海中的未知祕密，好讓整個大海的藍圖更清晰、完整的呈現在我們的眼前。

一九六九年我搭乘哈德森號，進行我人生首次的極地探勘時，就是在做這件事。當時我們在南極的偏遠地區探勘，帶回了許多南冰洋的海洋資訊，同時也豐富了研究海洋學的地圖集。不過在此之後沒多久的時間，科學家就開始懷疑海洋因為氣候的變遷出現巨變，使得整個世界的海洋藍圖逐漸走樣。

進入現代的人類

第二次世界大戰後，許多軍事單位紛紛進駐北極，前往北極的路途變得容易許多，科學團隊在北極進行探勘的歷程，也不再像過去那樣帶有英雄般的戲劇色彩。

冷戰期間，英國軍方在北極設立了空軍基地和遠程雷達站；軍事人員的作戰視野因而開始放眼全球，不再只是依麥卡托地圖（Mercator map）來規劃作戰策略。由於他們發現俄羅斯和美國之間最短的航道竟在北極，因此，陸續以軍用和民航機對此地區展開監控，以免敵方在此發動空襲或導彈攻擊。一九五〇年代初期，雖然還沒有衛星，但自從美國海軍定期指派飛機在歐亞冰緣（Eurasian ice edge）進行「鷹眼計畫」的（Project Birdseye）勘察後，我們對冰層分布的實際狀況，就比過去單靠資深極地漁獵者的觀察、判斷精準許多。一九七〇年代早期，我曾經與大氣環境局（Atmospheric Environment Service）的研究人員，一同搭乘由舊戰機改裝而成的 DC-4 客機，前往加拿大北極研究冰層。他們的總部位在紐芬蘭的甘德（Gander，Newfoundland），那段飛行日子中，冰層觀測員會坐在位於機身頂部，猶如駕駛艙的透明座艙裡，記錄飛機行經區域的冰層分布狀況。

甘德的唯一娛樂場所是一間名為「飛行俱樂部」（Flyers'Club）的小酒館，那裡主打上空演奏的樂團表演，DC-4 的飛行員和機組人員每一晚都會上那兒坐上一會兒，再會回總部休息，為隔天一大清早的飛行任務養精蓄銳。儘管拍攝空中紀錄的過程相當艱辛，然而，完成之後，這整份資料卻為海洋學家帶來極高的參考價值。

經由這份空中調查顯示的數據，首次證實了北極冰層可能開始變小的事實（圖 6-1）。一開始冰層縮減的現象只有在夏季清晰可見，至於其他季節，海冰仍舊維持在填滿整個北極海盆的數量，甚至豐富到會延伸至附近海岸與陸地相連；一直要到好幾年後，我們才會在秋、冬和春季之時，看到冰層與海岸線之間出現一道鴻溝。

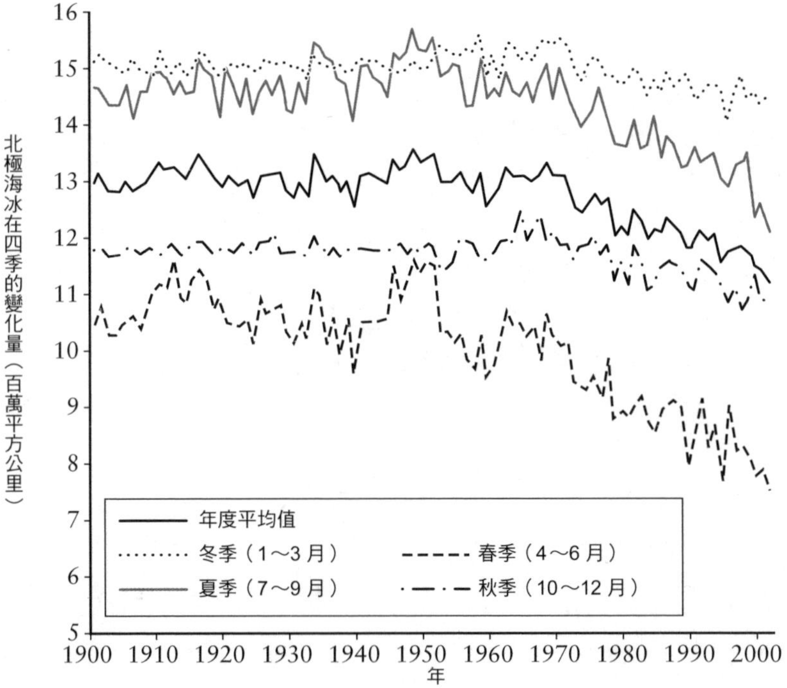

圖 6-1　1900 年以後，海洋冰層在四季變化的情況。

一九八〇年代後期，經由微波衛星傳回的影像顯示，夏季海冰的面積確實出現縮減，[3]並推估冰層縮減的現象，將以每十年縮減三%的速率進行，因此，當時很多人都以為一時半刻之間不必擔心冰層消失。那個時候的我，早已經開始在極地進行了一陣子的研究，並產出足以引領大家去注意到冰層的第三個維度——厚度——變化的研究數據；**因為冰層不只面積變小了，就連厚度也變薄了。**

過去幾年來，我曾經多次在英國的核潛艦中，利用聲納（回聲探測儀）測量北冰洋的海冰厚度，並且發現七〇到八〇年代之間，冰層浸在海水中的厚度竟然變薄了二十%。我分別於一九七六年和一九八七年受到皇家海軍的邀請，一同乘坐了海軍潛艦皇權號（HMS Sovereign）和菁英號（HMS Superb）潛航了整個北極。每一次我在潛艇中進行海冰的深度測量時，都會同時向加拿大和美國索取當時北極冰層面積的衛星影像，好讓之後兩者的數據可以相互比較甚至整合，以取得更精準的冰層數據。[4]當我完成一九八七年的探勘後，將整份數據與一九七六年的相比，發現即便從高空看來，它們兩者在弗拉姆海峽到北極這塊區域的海冰分布狀況十分相似，但兩者之間的厚薄卻有顯著的差異。潛艦聲納的數據顯示（圖6-2），一九八七年這個區域的冰層厚度，平均比一九七六年薄了約十五%。一九九〇年，我將這個現象寫成了一篇論文，投稿《自然》雜誌，[5]後來**這篇論文也成了第一篇，從海冰變**

薄的角度去呼應海冰面積縮減的關鍵性論文。這樣突破性的研究，全拜科學進步所賜，因為衛星雖然可以讓我們知道冰層面積的變化，卻無法穿透冰層偵測其厚度，若想要知道冰的厚度完全只能仰賴潛艦的協助與幫忙。

這項成果促使身在英國的我和美國的同儕在往後十年間，針對這方面展開了更深入的研究；當時美國的海洋學家頻繁的搭乘美國潛艇進行探勘任務，探勘的足跡遍及北極以及波弗特海等海域。最後，我們獲得了驚人的結果，那就是：一九九〇年代的北極整體冰層平均

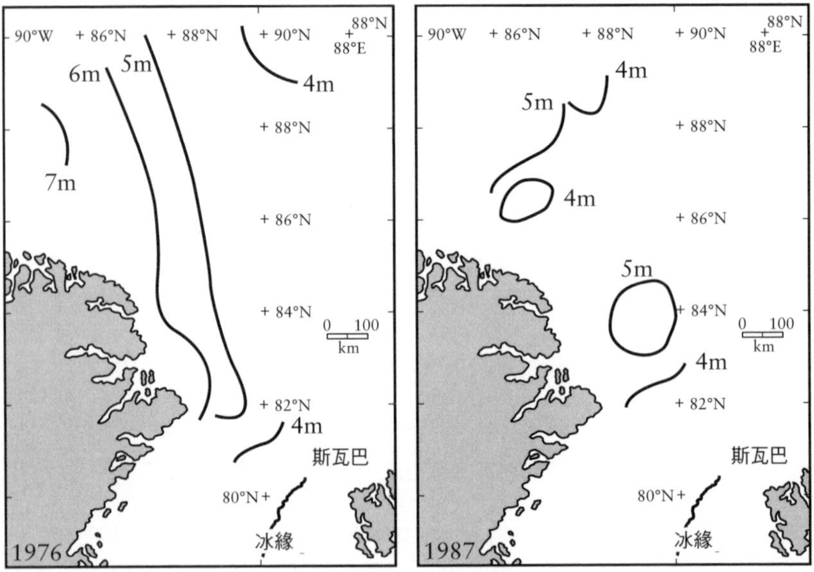

圖 6-2　1976 年和 1987 年時，格陵蘭到北極之間冰層厚度的變化。

厚度，比一九七〇年代的冰層薄了四十三%。美國的研究數據係由華盛頓大學的德魯•羅斯羅克（Drew Rothrock）研究團隊於二〇〇〇年發表，[6]儘管我倆調查的北極海域不同（羅斯羅克調查的是美國所屬的北極海域，我的則是歐洲），但他的數據卻和我在英國做出的新研究數據，不謀而合；[7]這發現意味著，我們發現了當時氣候學家還不曉得的重要線索。

首先，雖然夏季海冰的面積過去就一直有在縮減，但就面積來看，速度並沒有非常快；但若將我們發現的這項事實納入考量，那麼結果就大大不同：在考慮到海冰厚度削減的情況下，從一九七〇年代到一九九〇年代，夏季海冰消失的幅度將大幅提升到六十%。也就是說，夏季海冰若持續以這個速度消融，差不多在二十一世紀初，海冰就將從夏天的海面上消失無蹤。這是全世界都必須知道的警訊，而當時的我們也竭盡所能的將它傳達給每一個人。只是不光是政治家和工業家不想面對這個事實真相，就連氣候學家也不願接受。因此，英國氣象局仍繼續用不切實際的氣候模式預測冰層的變化，堅稱就算到了二十一世紀末，海上仍會有大量的海冰存在。不過，大自然很快就會向他們證明，他們的想法是錯的。

近十年冰層崩塌的狀況

北極海冰的分布狀況是以年為週期的變化（卷頭彩圖17），其中冰層面積最大的時候是二月，最小的時候則落在九月中旬左右。每月冰層體積的狀態，反映出的都是前兩、三個月的太陽輻射量，因為當太陽輻射進入大氣後，也需要一定的時間才能融化冰層，以及提升海、陸的溫度，這個時間大約就需要兩到三個月。

在過去十年中，九月一直都是科學家最為關注的時刻，因為自二〇〇五年來，每年冰層體積的最小值都發生在這個月份，而且夏季海冰也是在該年開始大幅縮減；雖然它仍然與格陵蘭和加拿大群島的海岸相連，但卻首次完全沒有覆蓋到西伯利亞和阿拉斯加的土地（卷頭彩圖13）。即便加拿大西北航道的水路仍呈現冰封的狀態，但北海航線（Northern Sea Route，俄羅斯對東北航道〔Northeast Passage〕的稱呼）的海面卻完全沒有冰層出現。二〇〇五年九月的總冰層面積只剩下五百三十萬平方公里，相較於一九七〇和一九八〇年代的九月冰層面積八百萬平方公里（請見卷頭彩圖13中，以粉紅色線條框起）銳減許多。二〇〇四年我展開新的潛艇探勘研究時，發現北極冰層依舊有持續變薄的狀況，這時我才明白，冰層面積縮減的速度加快，只不過是反映出冰層因暖化變薄的冰山一角，此時的冰層才正準備開始邁向崩毀。

儘管在二〇〇六年時，該處冰層的數量有稍稍增加一些，但二〇〇七年的九月，這塊區域的冰層卻出現了更大幅度的縮減（卷頭彩圖13）。這一次，在阿拉斯加北部和西伯利亞東部之間的冰層彷彿是被咬了一口般，缺了一大塊，過去一直被冰層覆蓋的海域，頓時成了一大片湛藍的海洋，冰層的面積也因而縮減到四百一十萬平方公里。奇怪的是，這次冰層分布的狀況和之前不太一樣，因為這次換成是西北航道的水路完全無冰，反倒是北海航線於西伯利亞北部的維利基茨基海峽（Vilkitsky Strait）被大量浮冰阻塞。

最簡單的解釋是，這是「冰層厚度變薄」和「嚴重崩塌」所造成的結果。不過，在這個過程中，風力也是一個重要的因素。阿拉斯加初夏是吹西南風，這股風勢會將海面上崩毀的冰層從波弗特海吹向弗拉姆海峽。國際北極浮標計劃（International Arctic Buoy Programme，IABP）的研究人員，以漂流浮標的軌跡證明了這項推論。國際北極浮標計劃是一項國際性的合作計畫，每年研究人員都會在北極投下一組漂流浮標，並用追蹤衛星去記錄它們在海上漂流的路徑。

二〇〇七年北極冰層快速向東方移動，某些放置在冰層上的浮標更因為海冰消融而墜入海中。浮標的紀錄顯示，冰層崩毀後產生的浮冰最終都擠進了弗拉姆海峽，而且它們流出北冰洋的狀況，就像是有人在電影院門口大喊「失火了！」般的爭先恐後。

自二〇〇〇年代開始，冰層就不再像我們在第二章說的那樣，多要倚靠大型的海洋環流才能推動整塊冰層位移。由於二〇〇〇年後冰層陸續崩毀，海上多以體積小的浮冰居多，這些浮冰主要都是隨著當地的盛行風被吹向弗拉姆海峽，不需借助洋流的幫忙。此外，冰齡大、多年生的冰層也不再像過去那般循著波弗特環流移動，而是隨著盛行風從北冰洋漂移至弗拉姆海峽。因此，從那時開始每年北極的多年生冰層就不斷減少，而且這個現象還會持續下去，直到北冰洋上再也沒有一塊冰存在。儘管新的冰層仍會不斷形成，但是它們大多會被風吹至弗拉姆海峽，不太有機會待在北冰洋裡進一步形成多年生冰層。更何況，科學家在二〇〇〇開始以微波衛星追蹤冰層狀況後，發現現在北極海域的冰層多以一年生冰層為主。[8]然而，近年北極冰層的平均厚度大幅縮減，卻不能全歸咎在一年生冰層身上，因為「氣候變遷」才是造成冰層生長緩慢的真正主因。

二〇〇七年，在北極探勘的一段插曲

二〇〇七年，是我在極地研究非常關鍵的一年，當年，我經歷了一段有驚無險的海底探勘冒險行動。

時值三月，我搭上海軍潛艦不倦號（HMS Tireless）準備重新潛環北極海底，測量冰層的厚度。不過，這次我們運用的聲納工具是多音束聲納；多音束聲納可以為我們呈現出非常美妙的冰層立體圖（卷頭彩圖10），這同時也是研究團隊首次應用它測量大規模冰層厚度。我們從蘇格蘭的法斯萊恩（Faslane）穿越了整個北極，駛進弗拉姆海峽，並在格陵蘭北部航行了一陣子後才抵達波弗特海。進入波弗特海後，我們發現這裡的冰層幾乎都是一年生的冰層。接著，我們花了幾天的時間，探勘一塊由華盛頓大學駐點觀測的冰層海底狀況（華盛頓大學在這裡設立了一個研究冰體的應用物理實驗站〔Applied Physics Laboratory Ice Station，APLIS〕）。這些位在冰層上方的科學家忙著在冰層上鑽鑿孔洞，好利用電磁法去測量冰層的厚度，同時他們還從空中以配有雷射光束的飛行器，測量冰層表面的形狀。此次，我們與他們共同合作獲得了非常多重要的數據。

直到三月二十日這一天，我們在潛艇裡探勘海底時突然發生了一場災難。當天傍晚我正在觀看螢幕上聲納繪出的影像，然後我聽到「砰」的一聲驚天巨響，大量棕色的煙霧就伴隨著劇烈的晃動在船艙中擴散，通往控制室的樓梯嘎滋作響，船長快速地奔往控制室，並大聲下達指令：「緊急狀況！大家請儘快戴上氧氣罩！」

聽到指令的瞬間，每一個人的心都被凍結在恐懼之中，然後大家才各自衝向靠自己最近的氧氣罩。當時我人已在船尾附近，因此我走進了附近的無線電室，無線電操作員見到我進來，便遞給我一個氧氣罩，並將面罩另一端的管線插入輸出氧氣的插孔。他面色相當凝重，說道：「這次的情況真的是相當危急，過去我從來沒遇過這種事情！」

當時沒有人知道究竟是發生了什麼事。是我們撞上了什麼東西？還是發生了核爆意外？我想我大概會在幾秒鐘之內死亡，因為潛艇一旦發生內部爆炸，通常就只有死路一條；因此我們臉上戴著氧氣面罩，靜靜的等待死亡的降臨。然而，我的內心卻出乎意料的平靜，那時的我突然超脫了恐懼，甚至絲毫不感到驚慌。我就只是戴著氧氣面罩，坐在無線電室的隔間裡，心如止水的靜候致命一擊的來襲。那一刻是我在北極中距離死亡最近的一刻，奇怪的是，它並沒有讓我感到不安。此時船上仍燈火通明，船身也持續在海中潛行。

船員一一回報船上每一間艙室的狀況，最後終於發現起火點是在船身前側的逃生室，房間內的獨立式氧氣生成機（self- contained oxygen generator，SCOG）已被炸毀。一般來說，潛水艇中的氧氣是由船身中的電解器透過電解水分子產生，它所產生的氧氣便足以讓船艙裡的船員自在呼吸，但如果電解器故障，例如過冷凍結，潛水艇就必須用其他的方式產生氧氣，而這個替代方案就是獨立式氧氣生成機。這套儀器需要用到「氧燭」，這個「氧燭」就是裝有氯酸鉀的罐子，儘管氯酸鉀有毒，但當將它裝入氧氣生成機後，便可透過催化反應釋放大量氧氣。而一開始我們聽到的那聲巨響，正是其中一個裝在氧氣生成機中的氯酸鉀爆炸，因此，此刻船上充斥著大量了有毒氣體、高濃度的一氧化碳、二氧化碳以及煙霧。

更糟的是，回報的船員竟開始大喊「著火了！著火了！」，這是潛水艇船員最害怕的事：在潛行海中時發生火警，且恰好處於冰層下方，根本無法立即浮出水面。所幸火勢在船員的同心協力下順利被撲滅，但船艙裡還是滿布毒氣，我們勢必得盡快讓潛艇浮出水面。

所幸老天保佑，我們剛好在一座冰間湖附近。先前在海底潛行時，我們早把每一座行經的冰間湖都記錄下來，當時我們發現最後一座記錄到的冰間湖離我們不遠。於是船長馬上將船身掉頭，筆直的朝它駛去，到達地圖上標示為湖面的位置時，我們先仔細地用船身各處（船頭、船側和船尾）的聲納探測器確認上方的水域確實沒有冰層，才讓潛艇往上升，浮出水面。這座冰間湖並不大，整艘潛艦幾乎就要塞滿它，要不是船長的駕駛技術十分高超，恐怕我們也無法順利浮出水面。船長小心翼翼操控船體讓它浮上水面的那段時間，我們各個繃緊神經，一直到廣播器傳來有如天籟的話語：「**我們成功浮出冰間湖了，正準備打開艙門。**」我們才鬆了一口氣。然後，艙門變打開了，船上的有毒氣體從原本密閉的座艙中散出，船上的通風系統也開始送出新鮮的空氣。

在此同時，我聽到有人說趕快把受傷的船員被送往「初階軍官食堂」（Junior Rates Mess，是被當成機動性的醫務室），讓他們接受軍醫的治療。聽起來狀況似乎不算太糟。但是，沒過多久，我們就聽到有人大喊：「**有兩個人死了！**」

一個年輕的船員衝進無線電室，一邊流淚，一邊嗚咽地告訴無線電操作員他剛剛見到的景象。直到他說他看到屍體的那一刻，我才深刻感到恐懼向我襲來。真的有兩位船員死了，一位年僅十八歲，另一位則三十二歲。年紀比較大的船員就要訂婚了，前一天我們才一起為他慶祝。爆炸發生前，這兩個船員被叫去啟動氧氣生成機，但當他們把「氧燭」放進機器時，機器突然爆炸，獨立式氧氣生成機的金屬外殼被炸成一片片的碎片，有如霰彈槍的子彈般當場擊斃了他們。強大的爆炸衝擊力讓整組裝置的殘骸嵌入艙室裡，而附近的金屬甲板也因爆炸扭曲變形，這兩位船員在那一瞬間根本連逃的機會都沒有。他們的屍體恰好卡在潛水艇的艙口，所以一開始消防隊員很難進入潛水艇展開救援行動。第三名受傷的船員則是受到嗆傷，因為他在一開始爆炸時吸入過多的煙霧，所幸救護人員將他救出時，他的身體狀況還算相當良好。

發生爆炸的當下，我們就已經向應用物理實驗站發送緊急求救訊號，因此當我們一從冰間湖浮出，馬上就有一批來自營地的美國人，在黑暗中跳下雪上摩托車，為我們帶來了許多醫療用品。那位還能行走的受傷船員在脫離潛水艇後，就被送上直升機，直飛普魯德霍灣（Prudhoe Bay），C-130 運輸機已在該處等著將他送往位在阿拉斯加南部的埃爾門多夫空軍基地（Elmendorf Air Force Base），進行進一步的治療，而另外兩位罹難者的遺體則先被帶回應用物理實驗站的營地。

這次的事件徹底顛覆了我過去六次在海底航行的看法：先前我認為潛航是一個十分安全，且萬無一失的探勘行動，但現在危險和恐怖的事情卻活生生發生在我眼前。它讓我親眼見證了以往航行時，我胡亂假想的驚險場面，而且還是最糟糕的情況。儘管如此，我卻發現自己當下竟然毫不害怕，且心如止水；與我同行的同事尼克・休斯（Nick Hughes）也跟我有相同的感受。我們在船上度過了一夜，翌日一早才搭乘飛機離開。以前潛艦的軍官常開玩笑地跟我說，在潛艇裡的我們是多麼的安全，而且我們身處的環境甚至比水面上還要有益人體健康。不只因為我們在潛艦相當堅固，還有在水面下也意味著我們暴露在宇宙射線下的機會，將比居住在地表上的倒楣鬼低許多。

其實，在潛艇裡過的一切生活，好像都會讓你誤以為自己身處在一個安全的環境中：你穿著襯衫工作、吃著美味的食物，還可以在放了好幾張印花座椅的舒適軍官休息室裡小憩一番。只不過在往後我的五十次北極考察之旅中，即便我搭過帳篷、住過小屋、坐過船隻、乘過飛機、搭過直升機、駕過狗雪橇和騎過雪上摩托車，卻再也沒有經歷過比這次潛艇事件更接近死亡的經驗。

故事的結局並不是很光彩。在當時潛艇都必須定期檢查獨立式氧氣生成機的「氧燭」是否有裂縫，因為過去俄羅斯的和平號太空站（Russian space station Mir）就曾經因機油流入氧燭罐子的裂縫，造成獨立式氧氣生成機爆炸，在太空站引發了一場火警。在我們的船即將啟航之前，盡責的船員已經將幾罐有裂損的氧燭退回軍方，但海軍基地的人卻又將這幾罐氧燭原封不動地送回潛艇裡，並命令船員繼續使用它們以節省軍方的經費。這個真相在事後調查委員會（Board of Inquiry）中被揭露，並於二〇〇八年六月十二日公諸於世。自此之後，英國就不曾再有潛艦前往北極探勘。

令人驚訝的是，在這種情況下，我竟然在飛回英國一個星期後，又再度飛回了研究冰體的應用物理實驗站，打算在這場災難發生的現場做一項研究。我利用水下自動巡航器仔細地描繪出當地少量的壓力脊樣貌，然後發現其中有一個在七天前才剛剛新生的壓力脊（卷頭彩圖8），由於它還太過年輕，為此我還可以看到壓力脊上的碎冰，還只是鬆鬆地堆疊成一條礦渣堆的形狀，整體的結構還不是很穩固。在當時這種結構鬆散的壓力脊可能不太常見，但今天北極上幾乎都是這種形式的壓力脊，過去那些經常阻礙破冰船前行的巨大多年生冰脊幾乎已經完全消失了。這項水下自動巡航器研究是我戰勝潛艇事件的最好良方：儘管在事件發生後，有好幾個月我都咳個不停，但精神上，我似乎完全沒因為這個意外事件，而對北極探勘感到退卻或恐懼。

二〇一二年，冰層的數量每況愈下

雖然北極海冰的整體數量早已無情地減少，並持續加速中，但並非每一個區域都是如此。夏季海冰消融速度的快慢，也會受到「天氣」這個隨機因素影響。由於天氣這類的隨機因素有機會讓部分冰層在某幾年恢復原本的規模，因此某些氣候學家一直緊咬著這一點，認為北極的海冰根本不可能消失，並且繼續無視海冰不斷消融的事實。

冰層在九月的分布狀況（卷頭彩圖13）不僅出現了大型的波動，也顯示了強勁的趨勢（卷頭彩圖17）。二〇〇七年後，冰層的面積皆略高於二〇〇七年的最小值，直到二〇一二年夏天，研究人員發現冰層的面積再度創下新的低點，只有三百四十萬平方公里。這一次，北極圈的冰層損失的範圍遍及所有經度，不再像過去那樣可以解釋成是由風向引起的冰層分布變化。研究人員記錄到這個冰層新低點沒多久，當年八月六日，一場名為北極大氣旋（Great Arctic Cyclone）的風暴就襲向北極。[9]這是科學家自一九七九年，開始利用衛星監測氣候變化以來，記錄到最強烈的一次夏季風暴。

根據美國航太總署戈達德太空飛行中心（NASA Goddard Space Flight Center）的克萊爾・帕金森（Claire Parkinson）和喬伊・科米索（Joey Comiso）所做的衛星研究指出，[10]當時面積已經達到最小值的冰層，在經過風暴的摧殘後，大約有四十萬平方公里的冰層從大型漂流冰上崩落，之後這些浮冰的體積又在風力和海浪的作用下越變越小，最終完全消失在海面上。另一項由華盛頓大學的金崙・張（Jinlun Zhang）與他的同事做出的研究結果則認為，這場風暴至少直接削減了十五萬平方公里的冰層面積；[11]儘管兩項研究預估的冰層削減面積有所落差，但是他們卻一致認為這場風暴對北極冰層的分布造成了關鍵性的影響。

即將消失的夏季冰層

二〇一三年的夏季，暴風雨發生的機率不若以往多，而且就算是在暴風雨期間，其風向也會將冷空氣帶進北極，讓極地降下新鮮的白雪。這些覆蓋在冰層上的積雪，不但減緩了冰層融化的速度，更提高了極地的日照反射率。因此，二〇一四年的冰層面積不僅保持在過往的水準，甚至還有微幅上升的現象。然而，即便冰層的面積在當時有增長的情形，但它們的處境仍是岌岌可危。八月我搭著美國海岸警衛隊的破冰船希利號（US Coastguard icebreaker Healy），前往波弗特海南部的冰緣地區探查時，結果發現該海域的冰層就跟綿綿冰一樣極度鬆散，很輕易就會在海水裡融化殆盡（卷頭彩圖12）。事實上，冰層的面積還呈現不斷縮減的趨勢，而**這些偶爾小小回升的數值只不過是冰層面積要再進一步削減的前兆。**那時我們預測二〇一五年的時候，冰層的面積將再度下滑，尤其在這一年，太平洋的風向和洋流皆會受到「聖嬰現象」（El Niño）影響，發生變化，使原本儲存在海洋中的熱能將釋放到大氣中，加速氣候暖化的速度。

二〇一五的九月，我們確實測量到史上第四低的冰層面積（卷頭彩圖13和17）。另外，隨著聖嬰現象強度的持續增長，二〇一六年的九月我們的確很可能看到一片無冰的北冰洋。某些氣候學家仍不願正視這個問題，依然固守他們過往的理念：要到二〇五〇至二〇八〇年之間，北極才可能出現夏季完全無冰的景象。但依據現在觀測到的數據顯示，如此理性化的預估，是完全不可能的事。蒙特里（Monterey）海軍研究院（Naval Postgraduate School）的威爾斯羅・馬斯羅斯基（Wieslaw Maslowski）預測，二〇一六年過後，夏季的冰層就會快速消失。[12]他的理論有兩項優勢：第一，他採用規模最佳的氣候模型作為他推演氣候理論的根基，這個規模的氣候模型可以推演出非常細微的氣候變化過程；第二，他推演的過程均使用世界上最強大的超級電腦進行運算（該電腦係由美國蒙特里海軍持有）。在他的理論中特別強調蘊含熱能、具有融化海冰能力的上層海水，將與冰層產生「混層現象」，也就是說，淺水區的海面上會出現冰—水交界的情形；這部分的論點其他氣候理論學家大多沒有提到，或僅是粗略帶過。

觀察冰層面積的縮減狀態，可以看出每一年隨機因素對冰層影響的重要性。卷頭彩圖14所呈現的衛星地圖是二〇一二年九月二十日北極冰層的分布狀況，當天是該年冰層縮減最嚴重的一天。這個衛星地圖是由不來梅大學（University of Bremen）後製，它利用特殊的軟體以不同顏色表現出冰層的密度差異，所以呈現出的畫面跟美國冰雪數據中心（National Snow and Ice Data Center，NSIDC）的衛星地圖不太一樣（後者拍攝出的冰層只有白茫茫的一片，無從判斷冰層密度）。在卷頭彩圖14中，我們可以看到，波弗特海和俄羅斯北極海域的冰緣有一大片低密度的冰層。這樣的冰層一旦遇到天氣這類的隨機因素，很容易在兩、三天之內就融化不見，讓冰層面積大幅銳減，甚至創造出比紀錄上三百四十萬平方公里還要低的冰層分布量。

開闊水域的海浪

海浪是影響冰層面積的隨機因素之二，只要看看二〇一二年的大風暴對北極冰層造成的影響，肯定就會明白我所言不假。不過隨著夏季海冰的面積越來越小，海浪對冰層的影響也就越來越大。粗略看一下卷頭彩圖13所呈現的冰層分布圖，我們就會發現，二〇〇七年、二〇一二年和二〇一五年的夏季海冰皆被大量的開闊水域包圍。海冰的大幅縮減使風可以在廣大的開闊水域上興起大浪，讓過去不會受到海浪侵融的冰層（如波弗特海的冰層）因此開始崩解，進而加速冰層融化的速度和面積的縮減。簡而言之，**氣候暖化使海冰面積變小、**

開闊水域變大，而這片開闊水域更助長了海浪的威力，讓冰層更容易被海浪打得支離破碎，同時創造出更多的開闊水域。這是北極海冰衍生的第一個反回饋作用，在第八章中我會更詳細的討論這個部分。

科學家一直到近期，才開始研究海浪與冰層之間的相對關係，我亦是早期就投入這方面研究的海洋學家之一。實際上，一九七三年我就是以這個主題撰寫我的博士論文。一九七〇年我以研究生的身分，加入了劍橋大學史考特極地研究中心的研究團隊。當時計畫的主持人高登・羅賓（Gordon Robin）博士正同時在研究冰川和海冰的發展，因此他同意帶著我去執行海冰方面的研究計畫。我打算進行的研究目標就是了解海浪對海冰的影響；當時，很少有人探討這一點。在過去那些日子裡，沒有多少海洋學家對極地展開研究，因此這塊領域對每一位海洋學家來說，就像是一塊未開發的處女地，有許多事情等著我們去探究。羅賓博士乘著一艘裝有測波儀的船航行至南極，測量了當地冰緣周圍的海浪大小，還派了另一名研究助理做了同樣的事。只不過最終我們卻無法從這兩套數據中，歸結出什麼具體的理論。

我很慶幸當時電腦模擬的技術並不盛行，所以海洋學家大多非常看重實地探勘（有時候我會希望現在的科學家也是如此）。一九七一年二月，在我加入研究中心四個月後，高登・羅賓終於又為我尋得了第二次極地探勘的機會。他動用在海軍裡的人脈（大戰期間他曾在潛艦裡服役過），把我送上以柴油和電力作為動力的海軍潛艦甲骨文號（HMS Oracle），讓當時準備護送第一艘英國核潛艦無畏號（HMS Dreadnought）到北冰洋的它，載著我到格陵蘭海的冰緣，研究海浪對冰層的影響。

我在甲骨文號裡有一段美好的時光，儘管它的空間特別狹窄、髒亂和五味雜陳，但它卻帶給我相當精彩的回憶。它的內部只有一條通道，沒有其他的甲板。艙內的控制室、柴油發動機、電池艙和魚雷管都在有限的空間內整齊的排列在一起，就跟在電影中常見的，第二次世界大戰使用的U型潛艇一樣。不僅如此，船上船員的穿著也跟戰爭中的士兵一樣，他們身上穿著從沒洗過且沾有油汙的白色羊毛毛衣，並在船艙各角落的簡陋上下鋪上休息。我的鋪位剛好是在軍官休息室外，躺下後，上鋪就離我的鼻子只有幾英吋的距離。我的上鋪睡的是一位伙食兵，每到清晨，他的床位就會變成一張桌子，他會把從廚房拿出的食材放在床板上。如果這時船艇恰好浮出水面或是晃動，放在他床板上的早餐就會滾落到我的床位。充滿正面能量的船長雨果・懷特（Hugo White，後來他就成了帶領美國艦隊的總司令），帶著我們潛行在冰緣之下，並在綿延數十公里的流冰陣中浮出水面，這對需要充電的柴油潛艇來說，是一個相當大膽的行動。然後，船長便在這片漂滿浮冰的海上，舉行頒獎儀式，將表揚的獎章一一頒發給長期在軍艦上服務的船員。

因此，在我遇到我學術上的偶像—沃爾特・芒克前，我早就已經研究了好幾年海浪與冰層之間的關係。沃爾特是斯克里普斯海洋研究所的教授，過去他就曾利用潛艇的回聲探測儀，在海面下測量冰層的範圍以及海面波動的狀況，由於潛艦本身潛行的深度夠深，不會受到海浪的影響，所以能成為測量海浪波動的穩定平台。[13] 仿效了這樣的方法後，我首次得到了一些準確數據，並發現冰層縮減的現象與海浪的強度呈指數關係。[14] 這證明了海冰會降低海浪的衝擊力道，因為當海浪打到浮冰時，它的衝擊力道會向四面八方散開，使得海浪比較不容易對冰層造成進一步的傷害。我將這個海浪「散射」（scattering）的過程寫成了一篇理論，並利用裝有雷射光束的飛行器做了更多相關的研究，最後才在一九七三年將它們寫成論文發表。

完成這份論文後，又過了幾年，我再次回到劍橋大學（這段期間我在加拿大待了一陣子，還在蒙特里美國海軍研究院擔任了一年的兼任教授），並獲得了參與美國海軍研究部（US Office of Naval Research，ONR）一項極地研究的資格。這項計畫的名字叫做「冰緣區研究計劃」（Marginal Ice Zone Experiment，MIZEX），專門研究海浪和冰層縮減之間的關係。[15] 事實上，二〇一二年的時候，海軍研究部又重啟對這方面的研究興趣，因為就像許多冰層學家一樣，他們也懷疑夏季開闊水域產生的海浪，有可能的確會破壞夏季冰層數量的平衡。現在，我正與一大群志同道合的研究夥伴，共同利用現代的方法研究海浪與冰層之間衍生的現象。我們使用裝有追蹤衛星的測波浮標，記錄海冰所承受的波動能量。有部分測波浮標已經隨著流冰在北冰洋上漂移了一大段距離，但也有一些浮標是我們為了短期研究才放置在冰緣區，例如二〇一五年十月到十一月間，我們就搭著阿拉斯加大學的破冰船西庫利亞克號（Sikuliaq），在冰緣區投下了一些測波浮標。

我們從西庫利亞號投下的測波浮標上，了解了海浪與冰層之間所帶來的另一種氣候現象。我們發現，冰層要於早秋再次冰封海面時，其凍結的步驟並非如教科書所說的那樣：冰緣會快速由波弗特海南部一路凍結至白令海峽和白令海。相反地，這些冰緣會不斷隨著浪潮前進，新生冰層的外觀因為受到海浪的拍打，將呈現荷葉狀（第十一章將介紹更多關於這一類冰的特性），然後當暴風雨來襲時，這些新生的冰層就會因為強勁的海浪把海中帶有熱度的水柱帶往水面而融化、消失。一直以來，冰層和海洋之間的戰鬥，最終都是冰層取得了勝利，因為它們始終沒有被消融殆盡。但其實這只是海水的一個緩兵之計，因為那些海水在夏季吸收到的熱能始終存在。終有一天，北極冰層的狀態就會如我在二〇一六年五月所寫的，二〇一六年九月的冰層面積將來到前所未見的低點。目前事實已經證明，今年（二〇一六年）二月的全球氣溫已經達到歷史新高，整整比一九五〇到一九八〇的二月均溫高了攝氏一・三五度。

因此，我們在過去幾個月中發現，海浪和冰層之間會以兩種形式進行反回饋作用。夏天時，北冰洋周圍的大面積開闊水域會衍生海浪，而且開闊水域越大，海浪強度就越強；這些海浪會把大塊的浮冰打成數塊小碎冰，加速海冰融化的速度。秋天時，比較大型的暴風雨則會導致原本沉潛在水層下方的溫暖海水（在夏季吸收的熱能）被海浪翻攪上來，導致表面水溫上升，不僅不利海冰形成，甚至會進一步融化新生成的冰層。

下一章中，我們將繼續討論冰層面積下降的狀況，並說明為何學者會做出夏季終將無冰的結論。接著在第八章中，我們再回過頭來檢視北極冰層的變化衍生的反回饋作用，並闡述冰層縮減對全球產生的其他嚴重衝擊。

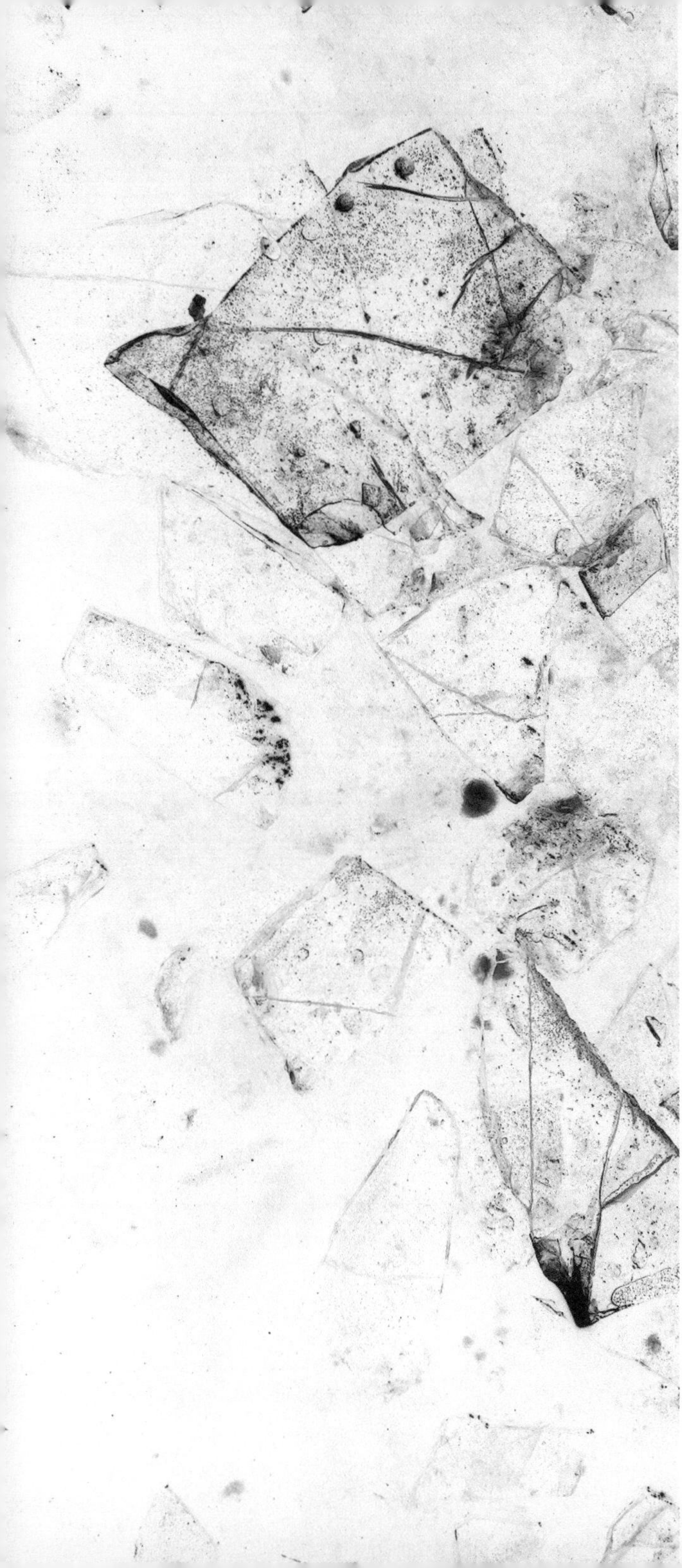

第七章

墜入死亡漩渦的北極冰層

一位聰明且謹慎的地球物理數據分析師安迪‧李‧羅賓森（Andy Lee Robinson），提出了一種呈現北極冰層體積的方法，此方法可以讓我們一目了然夏季冰層消失的速度究竟有多快？為什麼學者會預言它終將消失無蹤，以及一年中有哪幾個月份的冰層也會出現這樣的下降趨勢。從圖 7-1 看起，它顯示出這段時間的冰層體積，開始出現異常的狀況（表示的數值是與一九七六到二〇一五年冰層平均體積相比較的相對值）。它與圖 6-1 都呈現下降的趨勢，只不過圖 7-1 將冰層縮減的「厚度」也計算進去了。

當我們將冰層流失的面積和厚度同時納入考量時，就會發現冰層整體體積的下降速率，比單看面積快得多，因為冰層不只面積縮減，就連厚度也變薄許多。從圖 7-1 我們可以看到，冰層體積的下降量在二〇〇二年以前大多落在趨勢線之上，但從二〇〇二年之後開始，冰層的體積就在微幅上升後又快速地下降，數值接連跌破趨勢線以下。由於冰層面積和厚度的消融會同步進行，因此如果我們將兩者一併考慮，冰層消失的速度將比我們過去只考量到面積的速度快許多。

接下來，海冰會如何？

不過，圖7-1所使用的面積和厚度數據並非都一樣準確。在面積方面，其數據肯定非常準確，因為在衛星影像中，我們可以清楚看見冰層的邊界和海冰實際覆蓋海面的區域，從而推算出精準的冰層面積數值。然而，圖7-1使用的冰層厚度數值或許就無法那麼精準，因為截至目前為止還沒有人能徹底記錄每一塊北極冰層的厚度，所以這些冰層的厚度，都是由局部的極地探勘實驗中推算出來。

然而，現在科學家已經設計出一款衛星，能用來執行監測冰層厚度的重大任務；這款衛星叫做CryoSat-2（CryoSat-1在發射後不久失敗），二〇一〇年由歐洲太空局發射到太空中，並利用它的雷達測高儀來測量冰層表面與水面之間的距離，這個距離叫做「乾舷」（freeboard）。CryoSat-2可以藉由雷達波束從冰面反彈回來的時間，精準推算出乾舷的數值；我們可以再依據該冰層的密度，將乾舷數值轉換為冰層的厚度。冰層密度是將乾舷數值轉換成冰層厚度的關鍵要素，但它會隨著時節、所處的北極區域和冰層的類型而有所變動；為此，也難怪一直有學者在爭論計算時，我們究竟該以哪一項因素為重。二〇一二年，透過CryoSat-2取得的冰層厚度數據終於發表，[1]但由於上述所提到的爭議，使得這份數據飽受批評。一九七九年，我開始有意研究整個冰層的發展趨勢，因此採用了部分利用潛艇在北極冰層下方測量冰層厚度的數據進行分析；這些數據主要摘自美國華盛頓大學的德魯・羅斯羅克和他的同事馬克・溫斯納漢（Mark Wensnahan）[2]的論文，以及我在英國的研究報告。

華盛頓大學一直都有在進行一項名為「北極冰洋模擬和同化系統」（Pan-Arctic Ice Ocean Modeling and Assimilation System，PIOMAS）的研究計畫，這個計畫會將採集到的冰層厚度數據，帶入一套簡單的模組中（這套模組會將潛艇在航行中記錄到

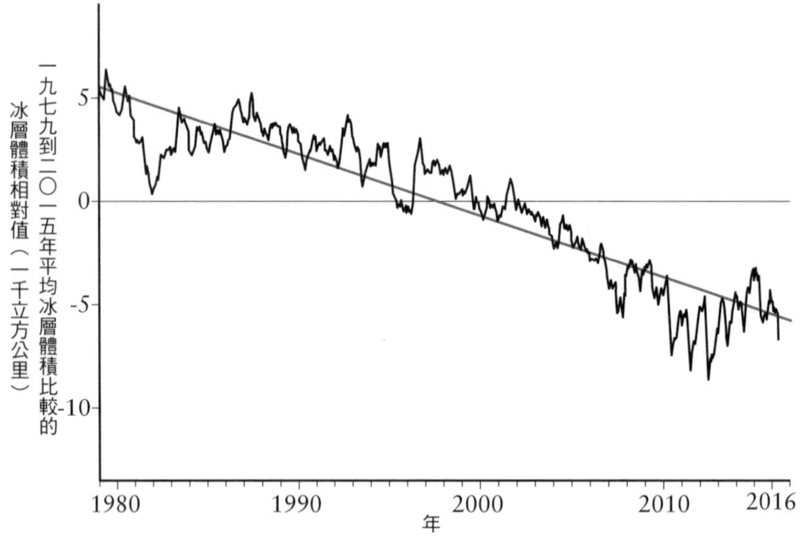

圖 7-1　過去 30 年來，北極冰層體積的縮減狀況。

的冰層種類、冰齡和氣溫等因素納入考量），進一步推算出整個北冰洋冰層的平均厚度。因此「北極冰洋模擬和同化系統」所產出的數值，不是單純的實測紀錄值，而是學者利用現有的數據，以最接近實際狀況的條件所分析出的數值。在這方面，它與聯合國氣候變遷政府間專家委員會（IPCC）採用的「冰－海氣候模式」（ice- ocean climate models）的原則完全相反。

當時，安迪・李・羅賓森用一種巧妙地方式，讓這些數據可以更簡潔的呈現在我們眼前（卷頭彩圖16）。他將圖7-1的數據以順時針的方式，逐月逐年的呈現，也就是說，他在十二點鐘的位置上，列出一九七九年每個月的冰層體積數據，距離中心的距離即代表該年特定月份的平均冰量；接下來各年的數據也以此方式，沿著順時針的方向記錄下來。最後他再把代表各年同月份冰量的點連起來，就會看見十二條清楚呈現各月份冰量在歷年變化的曲線。

假如北極冰層的體積沒有發生什麼變化，照理說這十二條曲線應該都是呈現同心圓。然而，當我們看到卷頭彩圖16所呈現的畫面時，就會發現，這十二條曲線竟都朝著中心旋轉，而且九月的曲線還幾乎快觸及了代表「冰層體積為零」中心位置。當美國圓石市的冰雪數據中心的首席冰河學家馬克・塞芮茲（Mark Serreze）看到這張圖時，他馬上將這組曲線稱之為「北極的死亡漩渦」（Arctic Death Spiral）。

仔細看這張「北極的死亡漩渦」就會清楚地明白，海冰從北極的夏季完全消失是早晚的事。學者預估這股冰層縮減的趨勢，將使得北極夏季無冰的時間將越來越長。他們認為二〇一六年北極大約會有兩個月的時間沒有夏冰（九月和十月），二〇一七年無冰的時間則有三個月（八月到十月），到了二〇一八年將更長達五個月之久（七月到十一月）。儘管十二月到翌年六月的另外七條曲線離中心位置比較遠，但是它們的曲線走向也都正加速下降，漸漸朝死亡漩渦的中心匯聚。

當然，我們不能單用這張圖就推斷往後所有北極冬季冰層的變化，因為在未來數十年中，有太多變數可能改變北極的冬季狀態，但是它所顯現的趨勢，卻絕對足以讓我們推斷出夏季海冰消失的時間，因為「我們離這一天已經不遠了」。有人或許會說，說不定我們可以做出一些新的作為，減緩北極冰層下降的速度，但目前並沒有這樣的作為出現，因此，照現在冰層縮減的速度來看，不消幾年，北極的九月就將變成一片無冰的世界，甚至這一天，還有可能在本書出版之前到來。

雖然在第六章我們看到氣候這類的「隨機因素」，可能讓特定年份的冰層量出現「擺動」的狀況，但這些氣候事件卻不可能長久地改變海冰的整體趨勢，它們最多也只能暫時地影響到當下海冰消長的速度而已。換句話說，那些偶發的氣候事件根本不可能改變冰層縮減的趨勢。因此，當我們看到圖 7-1 所呈現出的明顯趨勢時，就不難想像為什麼我會說二〇一六年的九月，北極的海冰將徹底消失；即便在此之前北極的海冰量會因為氣候產生些許擺動，但這頂多也只能稍稍延遲一下北極海冰完全消失的時間罷了。

科學家對「冰層消失」一詞的定義是「覆蓋在北冰洋上的大塊冰層將不復見，讓美洲通往歐亞的水域完全開放」。的確，此時的海上仍會有比較細碎的小冰體存在，尤其是在沿海一帶和西北航道之類的航路上，總面積或許還會達到一百萬平方公里左右，但卻不會有任何巨大冰層出現。正如我們將在下一章看到的，每一個我們偵測到的北極反回饋作用都會造成冰層的縮減，同時目前人類更沒有做出什麼足以減緩或是阻止夏季海冰消融的行動。

請仔細思考，促使冰層體積在近日快速下降的原因是什麼。今天，北極的多年生冰層幾乎已經不見蹤影，縱使北極大氣的環流突然發生變化，北冰洋上的新生冰層也不可能在一、兩年內增厚到過往的厚度。此外，加上夏季海洋的溫度會因為大塊海冰的減少而持續升溫，使海面在秋季凍結的時間不斷往後推遲，這些更會讓僅存在北冰洋上的冰層，在海水暖化和海浪作用的雙重夾攻下，迅速地融化殆盡。

北極越過「臨界點」了嗎？

近年來即便不是在氣候這個領域，我們也常常聽到「臨界點」這個詞，所以現在它算是一種語意非常模糊的名詞。不過，在這裡我必須嚴格定義這個名詞的意義。

當我們說一套系統達到臨界點時，代表有一股龐大的壓力加諸其上，而且就算我們把這股壓力移除，整套系統的運作也不可能再度回到原本的狀態，只能轉而展開另一個新的局面。這個道理就跟我們在學校學到的虎克定律（Hooke's Law）一樣。在一條線或是一段彈簧的下方綁上重物，一開始彈簧延伸的長度會和榜上的重量成正比，且拆掉下方的重物後，彈簧便會恢復原本的長度。然而，一旦不小心在彈簧下方懸掛了過重的物品，超出彈簧原本的彈性範圍（即延伸長度和懸掛重量成正比時）那麼即使移除這個物品，彈簧也不可能回到一開始的長度，因為金屬的晶體結構已經發生了變化。也就是說，該過重的物品已經讓這條彈簧越過了它的「臨界點」。反觀北極，現在的北極海冰是否也已經處於臨界點了呢？依我個人之見，答案絕對是肯定的。

我們都知道北極冬季的多年生冰層數量，正逐年遞減。[3]有部分原因跟北極氣壓有關，因為現在它正迫使北極海盆中的冰層，不斷從它本來的生成區外流，使它們無法一直待在北極海盆上的波弗特環流。假設這股氣壓在北極的威力持續不減，海冰完全融化的面積將只會一年比一年大，再加上一年生冰層的增長速度比過去慢許多、也更容易被融化，所以每年海水因為無冰面積增加而越來越暖化的現象只會更加嚴重。一旦覆蓋在海面上的冰層於某一年夏天完全融盡，當年冬天的冰層就只會有一年生的冰層存在，而且這些一年生的脆弱冰層也會在翌年夏天來臨時，再度化為海水。因此，北極根本沒有機會再被大量的多年生冰層覆蓋。對海冰來說，它的臨界點就在夏季融冰速率大於冬季成冰速率的時刻，說得更簡單些，就是北極上所有的一年生冰層都會在夏季被融化殆盡。接下來，由於沒有任何一塊一年生冰層有機會在十月（此時北極又開始有冰層形成）發展成多年生冰層，北極多年生冰層的數量就不可能增加，只會不斷地減少，直到完全消失不見。到了這個階段，我們就只有在冬季才能看到被冰封的北極了，除非之後地球氣候有辦法變得更加寒冷。

二〇一一年，史岱芬・堤區（Steffen Tietsche）與同事發表的論文，引起了許多人的關注，因為他們做出了不同於上述的結論，[4]但這篇論文的論點根本是混淆視聽。該文作者利用氣候模型模擬出北極海面完全沒有冰層覆蓋的狀況，並認為在這個氣候模式下，北極冰層的覆蓋率在兩年內就可以恢復到先前的水準。

他們在這個氣候模式中，反覆模擬近二十年來冰層量已經因暖化縮減的區域，發現不論在哪一種情況下，冰層都會恢復到原本的狀態。故該作者做出這樣的結論：冰層縮減的現象是可逆的，而我們若想要讓北極冰層再次恢復往日榮景，就必須減少碳排放，如此一來，輻射強迫作用才不會繼續進行。然而，有兩個原因可以證明這一套理論絕對說不通。首先，他們以電腦模擬北極冰層完全消失時，並沒有改變任何自然條件，因此就算他們把冰層移除了，但是這些冰層在相同的自然條件下，當然還是會恢復到原本的樣貌。其次，他們的結論並沒有考慮到二氧化碳對地球暖化的影響具有遲滯性，因為當二氧化碳釋放到大氣後，對氣候造成的影響至少會長達一百年。因此，即使我們現在猛然降低二氧化碳的排放量，在往後數年、甚至是數十年之間，氣溫也不會因而下降，更別說海水的溫度了。

電腦模擬所掩蓋的事實？

身為一個重視實地考察的科學家，面對大家對實際數據的態度有所轉變，是我在研究生涯中碰到最難以理解和沮喪的事情之一。我年輕時，任何在北極觀察和測量到的現象都會無條件被大家接受，並且學者們會從這些觀察的趨勢中，推估未來極地將發生什麼樣的變化；這樣的作法在當時被認為是預測未來氣候變化的最佳辦法（至少對短期的氣候預報是如此），但現在實際數據的地位似乎不再那麼崇高。現在，若你依據實地觀察到的數據做出一份驚人的氣候預測，對某些主要以電腦模式預測氣候現象的科學家而言，他們很可能會無視它的重要性，甚至是用不可能成真的電腦模擬預言推翻它。我在二〇一二年首次遇到這種現象，當時我向英國下議院的環境審計委員會（Environmental Audit Committee）表示，北極的冰層正迅速減少。然而兩周後，我的這項理論就被英國氣象局的首席科學家茱莉亞•斯林果（Julia Slingo）駁回，她特地向委員會保證，她的電腦模式顯示，海冰還將持續存在在北極很長的一段時間，未來幾年它們也不可能在夏季消失。二〇一四，我再次向上議院的特別委員會（Select Committee）提出北極冰層正在迅速減少的議題，卻馬上被坐在我旁邊的氣候學者駁斥，他說許多氣候模型都預測夏季冰層要到二〇五〇年到二〇八〇年間才會不見。令人匪夷所思的是，即使是一個外行人，看著卷頭彩圖16依照嚴密數據繪出的曲線，都可以看出，夏季冰層不可能繼續存在那麼久。儘管如此，**政策制定者卻聽信這些氣候學家，由電腦「模擬」所提出的建議，不願正視氣候災難有如一輛高速列車，正朝我們衝撞而來的「事實」。**

「北極冰洋模擬和同化系統」的數據所呈現的趨勢，明確地為我們指出大約在二〇二〇年之際，夏季冰層就會徹底消失。然而，沒有人願意承認這一天這麼快就要到來，大家都希望這一天離我們遠一點，但是任何一位要否定這項結論的人，都必須說明有什麼原因可以讓冰層偏離現在的趨勢。因為唯有如此，我們才有可能不讓九月無冰的景象在一、兩年後發生，可是目前卻還沒有人提這類的建議。如果你接受了這個日期，並認為「北極冰洋模擬和同化系統」的數據是預測氣候變遷的最佳指標，那麼很可能北極不僅會在二〇一六年和二〇一七年的九月看不見冰層，還會在二〇二〇年以前，就出現七月到十一月完全沒有海冰的可怕窘境。

面對整個氣候發展更不利的是，否認這股趨勢的人不只涵蓋誤導政府視聽的科學家或石油貿易商，就連我們在一九九二年，特別為了減少二氧化碳排放量成立的氣候機構，都持有相同的看法；這個機構就是聯合國氣候變遷政府間專家委員會（IPCC），在二〇一三年的第五次氣候評估報告中，他們顯然沒有警告世人北極冰層即將消融殆盡的事實，反而是「有志一同」的採納了另一派氣候學家的觀點，聲稱北極冰層要到二十一世紀末才會消失。這些委員之所以會產生這種共識，都是**因為他們過度倚賴那些虛假的電腦模擬氣候系統，卻忽略了實地探勘數據的重要性。**

雖然我這麼說，對此機構是一項嚴厲的指控，因為大部分的委員都是德高望重的科學家。可是如果我們看二〇一三年的《第五次氣候評估報告─決策者摘要》[5]的第二十一頁，圖 SPM.7（b）就會發現，這項指控絕非無中生有。圖 7-2 即為圖 SPM.7（b）的部分內容，在這當中，就有四項誤導眾人想法的數據。首先，在二〇〇五年的位置有一道粗黑的縱線。原圖的註解說，縱線左側帶有灰色誤差值的黑色曲線代表九月海冰的歷史數據；這一點一般人都會接受，畢竟它涵蓋了一九五〇年到二〇〇五年的數據，且每一筆數據都經過分析和整合。然而事實上，這部分的數值卻非實際測量到的數據，而是科學家「帶入歷史上的強迫作用條件，以電腦重新建構出來的演算數值」。換句話說，即使有實際的數據可供參考，IPCC 仍會傾向相信電腦演算出來的歷史數據。他們會做出這樣的決策，無疑是因為電腦計算出的冰層下降速率比真實的狀況還要溫和。

再者，他們不應該把歷史曲線中止在二〇〇五年，這會嚴重誤導觀看者的判斷，因為二〇〇七年時，海冰才出現了最顯著的下降現象，這筆數據不該被省略。《第五次氣候評估報告》的歷史數據應該涵蓋到二〇一一年發布的實測數值，如此才可以有效代表歷年冰層的變化。只不過不知道為什麼，《第五次氣候評估報告》竟把冰層的歷史數據停在二〇〇五年，這個歷史點也和二〇〇七年《第四次氣候評估報告》的界定不一樣。接著，我們繼續看到這張圖對未來冰層變化的預測。這張圖對未來冰層的預測要從二○○五年的右側看起，圖中有兩條實線，它們分別代表科學家利用「RCP8.5」和「RCP2.6」這兩種碳排放條件，所預測出的冰層變化狀況。

以這種複雜的方式看待溫室氣體所造成的強迫作用，其實非常不必要，但為了讓大家了解圖7-2右側曲線代表的意義，請容我先簡短地為大家說明一下。

「RCP」代表的是二氧化碳在「特定濃度的發展路徑」（Representative Concentration

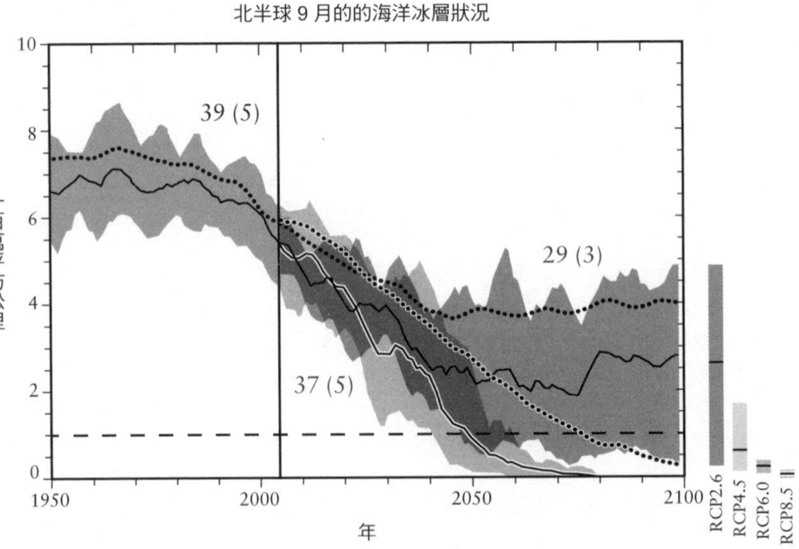

圖 7-2 《IPCC 第五次氣候評估報告——決策者摘要》的圖 SPM.7（b）。

Pathways）。RCP 後面的數字則表示，二一〇〇年與一七五〇年（工業革命前）相比的可能人為輻射作用相對值。因此，8.5 代表的是 8.5 W/m^2，我們普遍被認為這個數值是人類在「維持現狀」，沒有產生更多的碳排放量下所產生的輻射作用（但其實到那個時候人為所造成的輻射作用量，可能早已超過這個數值）。RCP2.6 則是一個更不像話的冰層預測前提，因為不用等到二一〇〇年，到二〇三〇年左右，人為的輻射強迫作用就會到達 2.6 W/m^2。

那麼，為什麼這張圖竟然會列出這麼荒謬的假設值呢？不管我們如何節能減碳，都絕對不可能達到這樣的成果。只要看看過去的數據（圖 5-3），各位會明白為什麼我會這麼說：一九五〇年，人為輻射強迫作用為 0.57 W/m^2，一九八〇年上升到 1.25 W/m^2，到了二〇一一年，它的數值則已經達到 2.29 W/m^2；照這樣來看，人為輻射強迫作用的倍增時間（doubling time）似乎大概是三十年，所以二一〇〇年的時候，我們根本沒有辦法把人為輻射強迫作用控制在 2.6 W/m^2。**因此，RCP2.6 完全是一個掩人耳目的假設狀態，它讓看的人有一種錯覺，誤以為只要我們努力減碳，就有辦法控制住地球暖化的狀態，使那些不討喜的預言無法成真。**IPCC 已經承認，如果我們想要在二一〇〇年達到 RCP2.6 的目標，單靠減少碳排放量是絕對不可能的事（況且我們似乎連這一點都做不到），還必須要發明出將大氣中的二氧化碳排除的方法，雙管齊下，這項假設才有機會實現。

了解了 RCP 代表的意義，就讓我們重新將目光放回 IPPC 繪製的圖 SPM.7（圖 7-2）和它的兩項預測。這兩項預測都有非常高的爭議性。圖中 RCP8.5 曲線顯示，夏季海冰的面積將以穩定的步調不斷下降，一直到二〇五〇年的時候，海冰的面積才會趨近於零（此時海冰的面積已低於一百萬平方公里）。然而，先前我們已經說過，這條以二〇〇五年作為起始點並且以電腦氣候模式運算出的數據，始終不願和實際測量到的數據進行比對。事實上，二〇一二年九月的冰層面積早已下降到三百四十萬平方公里，但在圖 7-2 的 RCP8.5 曲線中卻會發現，它竟然預估冰層面積應該要到二〇三〇年才會縮減到這麼小；我們早就達到這個數值了！因此我才說，為什麼 IPCC 要發布這麼一個不以實地考察數據為基礎，純粹仰賴虛擬氣候模型，推導出的預言呢？以人類「維持現行高溫室氣體排放量」的前提，做出的 RCP8.5 預言都如此荒誕，更遑論 RCP2.6，那簡直是不可能的任務。

RCP2.6 的曲線顯示，海冰的面積永遠都不會為零，正確來說，是在 RCP2.6 的這個前提下，冰層的面積在這個世紀裡就會陸續恢復；到二一〇〇年之時，九月的冰層面積還可以重回到三百萬平方公里的水準，並不會比今天的面積小太多。到底是誰想出這套弔詭的理論來蒙蔽真相？當 IPCC 首次發布這套理論時，我打電話給兩位看過這張圖的記者，說道：「哇，我看到 IPCC 預測海冰的面積要在這個世紀復原了。這是不是表示我們不必再對全球暖化採取任何行動呀？」我想畫出這張圖的人，肯定利用這套科學戲法達到了他們的目的，因為真相已被他們狡詐的科學假象掩蓋。

事實上，那些由 IPCC 發布的電腦模擬氣候預言，根本無法回答我在本章一開始提出的那幾道問題，因為他們所建構出的氣候模型，就連我們現在所處的氣候狀況都解釋不清，更別說未來的氣候了——他們完全沒辦法合理地證明未來會發生什麼事。由於實際的數據早已擺在眼前，所以是否要正視這些事實的決定權都掌握在反對者自己的手上。除此之外，我在前幾段的內容中，甚至還沒有談到一項必須小心提防的狀況，那就是甲烷，現在它在大氣中的含量需要我們立即採取行動，否則後果不堪設想。事實擺在眼前，不容置喙，也不該被掩蓋，它應該是所有行動的基礎。倘若我們繼續受 IPCC 委員們的荒謬「共識」主宰，忽視了現在正迅速發生的變化和其對地球的影響，最後人類必將付出可怕的代價。

冰層縮減對北極航線的影響

顯然，未來覆蓋在北極的冰量將大幅減少，特別是夏季。下一章中，我們將闡述這對氣候系統會造成多麼重大的影響，以及冰層縮減所引發的反回饋作用又可能為我們帶來哪些災難性的後果。除此之外，還有兩項人類的日常商業活動也與冰層的面積息息相關，那就是「船舶」和「石油勘探」。

冰層越來越少的北冰洋，可能為船舶業帶來三條新航線。前兩項和商務船的航線有關，分別是它們能直接經由西北航道通過美洲頂部，以及由北海航線直達俄羅斯北部。最後則是極地探勘隊有機會發展出一條名副其實的環北極航線，一路從白令海峽航至弗拉姆海峽。

正如我在第一章所說，想要穿越西北航道總是需要先和冰層搏鬥一番。對早期的極地探險家而言，想要穿越西北航道必須同時克服兩項不可能的任務：第一，他們必須對巴芬灣和白令海峽之間錯綜複雜的狹小水路瞭若指掌；第二，他們要抓緊短暫的夏季時間，因為此時的冰層較脆弱、易碎裂，船隻比較有可能破冰前行。但是以過去的條件，這兩個任務不可能一起完成，這也是為什麼當時皇家海軍花了很久的時間，卻都無法穿越西北航道的原因之一。然而，一八一九年，他們差一點就成功徹底穿越了西北航道。當年，中尉（後來的海軍上將）威廉・愛德華・帕里（William Edward Parry）乘著探勘船赫克拉和格里珀號（Hecla and Griper），航行至梅爾維爾子爵海峽（Viscount Melville Sound）的梅爾維爾島（Melville Island）。不過他的成功無關乎航海技術，純粹是運氣好，碰上了容易航行的季節。

他在梅爾維爾島過了一個冬季後，便又循著原航路返回。這趟航行代表他幾乎快要穿越了整條西北航道。但至此之後，不論是他或是任何人，都再也沒有辦法重現這次的壯舉；不是因為他們的航海技術欠佳，而是因為這片海域的冰層實在太多。西北航道的水路變化多端，每一年都不太一樣。假如冰層在夏天碎裂，這些碎片將隨著風和海流到處飄移，很可能因而改變了冰間錯縱複雜的水路分布狀況。因此在西北航道出現無冰現象之前，十九世紀時除了帕里曾經差一點穿越西北航道外，從來沒有任何一艘無動力帆船航行在西北航道上。

隨著蒸汽動力的船隻出現，在西北航道上航行的難度應該會變低一些，但是第一顆安裝在北極勘探船上的蒸汽機性能非常差，它的燃煤量不僅很大，還只能短時間航行。一八四五年，英國海軍派約翰・富蘭克林爵士進行一場極地遠征，打算一次解決西北航道的問題。他的船隊由幽冥號（HMS Erebus）和恐懼號（HMS Terror）組成，這兩艘船是以蒸汽作為動力，其只有二十五馬力，幾乎沒有辦法推動船身破水前行（最大速度為四節），這也難怪這兩艘船最後會受困在威廉王島（King William Island）附近。不幸的是，富蘭克林死亡之後

（可能是本身因素），他的副船長決定棄守受困冰堆的船隻，絕望地帶領船員在陸地上朝南方跋涉逃生，卻終究沒能逃過一劫，最後這一百二十八人仍死於冰天雪地之中。一直到一九〇三年到一九〇六年間，亞孟森才終於成功征服了西北航道。亞孟森擁有北歐民族斯堪的納維亞人（Scandinavian）的技能和智識，載著他航行西北航道的船是一艘捕鯡魚的單桅小型漁船 Gjoa 號，配有早期的汽油發動機。這艘船最大的優勢是，它的尺寸小巧且吃水淺，因此能在靠近陸地的淺水區，挨著夏季岸邊破碎冰層產生的狹小水道航行。由於他的船吃水淺，航行時富蘭克林必須盡量靠著岸邊前行，後來更因此擱淺了。亞孟森在威廉王島上度過了兩個冬季，當時他住在一個現在稱之為吉究雅避風港（Gjoa Haven）的小聚落裡，並和當地的伊努特人學習了不少旅行、製衣和狩獵的技能。

亞孟森完成這項創舉後，西北航道幾乎就無人聞問了。雖然已經有人成功穿越它，但很明顯地，這條航路並非一條理想的航道。下一艘通過這條航道的船隻，是皇家加拿大騎警所屬的雙桅帆船聖羅克號。航行的時間在一九四〇年到一九四二年，由充滿傳奇色彩的中士長亨利・拉森（Henry Larsen）領軍。接下來二次大戰後，大船終於開始陸續通過西北航道。第一艘大船是一九五四年英國皇家海關所屬的拉不拉多號（HMCS Labrador），它是一艘軍事破冰船；一九七八年我曾有幸坐上這艘船，讓它載著我航行至紐芬蘭，進行海冰研究。只不過不久之前，海軍已將它報廢處理了。然後，更大型的油輪曼哈頓號（Manhattan），這艘重達十萬五千公噸的大船是漢保石油公司（Humble Oil Inc.）所有，專門將普魯德霍灣（位在阿拉斯加北海岸）的北極石油斯運往東側和歐洲市場。它的前側船身有特別強化過，但仍不足以讓它龐大的船體破冰而行，所以它曾數次受困冰陣中，最後都得商請加拿大政府的破冰船麥克唐納號前來支援。曼哈頓號分在一九六九年和一九七〇年出勤過兩次，但航行間的冰層撞擊讓它的船身出現一道細小的裂縫，這道裂縫也導致了它儲水槽裡的淡水因海水滲入，而逐漸轉鹹。有鑑於這些不理想的運輸經驗，石油公司決定斥資打造阿拉斯加輸油管（Trans-Alaska Pipeline），做為運送北坡（North Slope）石油到市場上的的替代方法。

到了一九七〇年這一年，終於輪到我們的哈德森七〇遠征隊航行在西北航道上，一起同行的船隻還有巴芬號。我們的船長選擇了一條筆直向北方的航道，經由威爾斯親王海峽（Prince of Wales Strait）直達帕里海峽（Parry Channel）。這條航道也是一九四〇年的聖羅克號，一九五四年拉布拉多號和一九六九年曼哈頓號行經的航路。亞孟森貫穿西北航道的路線就比較不一樣，他沿途航經皮爾海峽（Peel Sound）、富蘭克林海峽（Franklin Strait）和加冕海灣（Coronation Gulf）。我們的船隻輕易地通過了威爾斯親王海峽，但在到達該海峽的北端時，卻被麥克魯爾海峽（M'Clure Strait）南端和帕里海峽西端的厚重冰層阻擋。

自古以來，西北航道的這片海域本來就經常發生這種情況。來自北冰洋的真正極地冰層會沿著麥克魯爾海峽向下移動，在那裡形成一片由多年生冰層組成的屏障；這正是為什麼一八五五年海軍艦隊的調查員麥克魯爾，會在研究富蘭克林海峽時沉船的原因；這艘船的殘骸最近才在二〇一三年，才被加拿大的潛水員發現。就跟過去許多極地探勘的前輩一樣，為了逃離這個冰封的牢籠我們不得不向加拿大政府求救，讓他們的麥克唐納號協助我們安全抵達哈利法克斯（Halifax），並及時趕上官方為我們舉辦的歡迎會，慶祝我們成為第一艘成功環航美洲的船隊。[6]

現在，船隻在西北航道上往返的畫面越來越常見，但這裡卻始終沒有發展出一條固定的運輸航線。政府的破冰船會定期來此視察，偶爾熱愛冒險的人也會搭乘遊艇造訪，大家都試圖建立起行經西北航道的環航路線，而在這當中，我亦扮演一個猶如導遊的小角色。我的開拓者號（Frontier Spirit）是一艘驅冰船，它的船身不大，只有六千公噸重。一九九一年，我試著乘著它由東西向穿越西北航道，但它卻只航行到了阿拉斯加的北海岸。翌年，我又嘗試了一次，這次他終於成功通過了西北航道，但過程中還是需要有加拿大政府的破冰船特里福克斯號（Terry Fox）和富蘭克林號（Franklin）協助。當時我的船卡在威廉王島的西岸動彈不得，而且位置幾乎就跟一八四五年幽冥號和恐懼號受困的地點一模一樣；這個現象同樣是因為沿著麥克魯爾海峽下移的北冰洋冰層所造成。由於這些冰層進一步向東南方移動，所以就讓某些非常巨大、高齡的多年生冰層盤踞在這塊海域。

即使西北航道的冰層在過去幾年曾歷經變薄的狀況，但當時的冰層狀態也不允許船隻航行。就如卷頭彩圖13呈現的，西北航道的海域一直到二〇〇七年才完全開放，而非二〇〇五年。儘管這裡的夏季海冰量比以往少許多，但沒有人能保證，這些分崩離析的破碎海冰會不會隨著風和洋流到處飄移阻擋航道，讓船隻無法自由航行。基於這項原因，我認為運輸航線還需要好幾年才會開通。儘管如此，卻已經有不少礦船頻繁往返此航道的東端，因為他們要將巴芬島的鐵礦運出。也有人計畫讓大型的郵輪在西北航道上航行，繼二〇一二年郵輪「世界號」（The World）成功在此航行後，二〇一六年，更大型的郵輪「尚寧號」（Crystal Serenity）也開始在此航行。

反觀俄羅斯北方的北海航線的海域就成功開發出富有經濟價值的航道。北海航線的地理狀況比西北航道單純許多，只要冰層在夏季時朝北方縮減，就能在大陸沿岸附近展開一條俐落的航道。今天這條航到上的主要障礙是西伯利亞北部的維利基茨基海峽。因為這裡的海岸線突然向北轉，新西伯利亞群島（New Siberian Islands）又恰好散佈在這塊海域，有時夏季的冰層會蓄積在這塊海域。請看卷頭彩圖13，北海航線的冰層是在二〇〇五年不見，而非二〇〇七年。到了最近幾年，北海航線的海面一到夏天甚至都呈現沒有冰層的狀態，因此有冒險犯難精神的航運公司，現在已經在此全面發展供貨船和油輪通過的固定航道。二〇一三年，共有四十九個船隊通過這個航道，他們在一百五十四天中從這條海路載運了一百三十五萬五千八百九十七公噸的貨物。[7]二〇一四年，由於有一、兩艘定期走這條航道的航運公司退出，整體的運輸量又一下銳減至二十七萬四千公噸。然而，這條航線對許多人來說還是商機無限。運輸液化天然氣和石油的船運業者，不斷為開採商將北極的天然氣或是石油運往市場，貨船持續將物資運往西伯利亞社區販售，甚至就連其他特殊的船隻都會航經此地。舉例來說，有人建議，跟阿留申群島（Aleutians）的美國漁民購買鮭魚和其他漁獲的日本冷凍船，可以直接經由北海航線運往歐洲；還有人提出，將它作為運輸廢核燃料的路線，這樣就可避免船隻在航行途中受到海盜襲擊的機會。但是，奇怪的是，貨櫃船在此的前景卻似乎不是非常好，我想這是因為貨櫃船在裝卸貨時需要相當大的場地，這在北海航線上根本是不可能的事。但當局想發展這條航線的熱情卻沒被澆熄，冰島和擁有斯卡帕灣（Scapa Flow）的奧克尼（Orkney）都積極爭取以他們的城鎮作為北極的大型貨櫃轉運站。

其實，人們在北海航線上航行的歷史已經行之有年。大戰期間，不少政治犯就是從北海航線被送往令人聞風喪膽的古拉格群島（Gulag Archipelago）；從前這裡的貿易活動也很活躍，商船會沿著部分北海航線的港口進行商業活動。很多年前，我在劍橋做完演講後，有一位之前當過商船船員的英國人上前跟我交流，他說他曾在英國的運木船上工作，並於一九三〇年代間將木材運往伊加爾卡（Igarka）。和以往不同的是，我們航行在夏季北海航道上的可靠度將越來越高，因為往後這整條航線在夏天時，很可能都不再會有任何冰體存在。

如此看來，現在我們想要在夏天獲得一條橫貫北極的航線已指日可待。依照海冰未來縮減的程度，最終我們將可以航行在一條真正跨越極地的航線——從北太平洋穿越白令海峽，接著再直接經過北極和弗拉姆海峽到達大西洋。船隻假如可以在北海航線上航行，將可以省下大量的航程；原本從橫濱到漢堡，走蘇伊士運河要一萬一千四百海里，但若是走北海航線則航程就會縮短至六千六百海里。為此，如果我剛剛說的橫跨北極航線真能開通，未來船直省下的里程數還會更多。跨極地航線的其他優點是，大部分的水域都是深水區，而且不受當地管理機構管束，也不用付給他們過路費。當然，航行在這個區域時，還是有必須遵守的安全條例，這個部分會由北極理事會（Arctic Council）進行規範。當發生意外事故時，北極理事會也會派遣搜救隊，安排相關的救援行動。北極理事會是由八個擁有北極地區領土的國家組成，這八個國家分別是俄羅斯、美國、加拿大、瑞典、芬蘭、挪威、丹麥和冰島。由於一般的驅冰船在沒有破冰船的護送下，也能通過一年生的冰層航行，因此南韓這類的造船國家，正積極地打造這種形式的貨船。這種專門為航行北極海路設計的驅冰船，船尾經過特別的強化處理，當遇到冰體時，它船尾所裝備的全方位機槳一體推進器（Azipod）可以讓船尾以船頭為中心，三百六十度旋轉前行，驅逐船身附近的冰體。

冰層縮減對石油和海床的影響

海冰數量縮減另一個直接性影響是：**人類比以前更容易進行北極地區的石油探開作業。**直到前一陣子，大多數的石油探勘作業仍皆在淺水區進行。以波弗特海為例，當初最早在此開鑿的幾座海上油井都位在非常淺的水域，就在普魯德霍灣沿岸，麥肯齊河三角洲（Mackenzie River delta）下的幾公尺深而已，只要沙子簡單地堆起護堤，再把鑽鑿的機具放在上面，就能形成一塊人工島。雖然後來開發石油的觸角伸向了更深的水域（幾十公尺深），但石油開發商仍然可以透過底座式結構（bottom-mounted structure）來解決開採石油的技術問題。

俄羅斯所屬的北極地區即以這種方式開採石油，他們在亞馬爾半島（Yamal Peninsula）和庫頁島（Sakhalin）沿岸幾十公尺深的水域，以底座式平台的方式鑽鑿了幾口油井。這些淺水區過去都屬於季節性冰區，一年之中，海面有部分的時間會呈現無冰的景象。

然而，日後人類開採石油的野心，卻蔓延到了深上加深的水域。開始有人在非北極的地區探勘石油，不只巴西在非常深的海域鑽探油井，甚至還有人在墨西哥灣（Gulf of Mexico）水下一千八百公尺深的地方開採石油，這簡直是海底生態的一場浩劫。石油工業現在也把腦筋動到北極地區更深的海域，不再把開採條件設定在沿岸淺水區或是大陸架上的海域。不過這時石油工業的想法卻可能與國際的規範有所出入，因為目前各國在海洋法（The Law of the Sea）的管束下，皆尚未同意在北極的極深海區開採石油。原則上，離各國海岸線兩百公里以外的地區，都屬於聯合國海底管理局（UN Seabed Authority）管轄的國際水域。然而，如果沿海國的大陸架延伸到超過兩百公里遠的地方（同理亦適用在北極的大陸架上），那麼該國就可以將其海域的管轄範圍展延到大陸架中斷的位置，但不得再向外延伸，且要宣稱展延海域的國家都必須接受嚴格的審查。

麻煩的是，北極羅蒙洛索夫海脊（Lomonosov Ridge）的特性（圖7-2），卻可能引發無限的法律爭議。這條海脊從格陵蘭——埃爾斯米爾島邊界的北邊，一路延伸到北冰洋，經過北極附近，最後觸及西伯利亞大陸架。由於它延伸到西伯利亞大陸架，為此俄羅斯宣稱其擁有主權；同時這條海脊是從加拿大—格陵蘭的邊界延伸出來，所以加拿大和丹麥也宣稱它的主權是屬於他們的。但大多數的國家都認為，羅蒙洛索夫海脊的主權應該是國際共享的。其實，這座海脊本身只是西伯利亞大陸岩石裡的一部分，當北極的中洋脊（Mid-Ocean Ridge）在大約八千萬年前開始分裂，創造了新的海洋地殼，才將羅蒙洛索夫海脊從西伯利亞岩層中脫穎而出、自成一體；現在它延伸的範圍已經到達了北冰洋的中部。

基於實際上羅蒙洛索夫海脊既沒與西伯利亞大陸架相連，也非從加拿大或格陵蘭的大陸架延伸出來，所以他們三國的主權宣示都宣告無效。羅蒙洛索夫海脊也不算是一個完整的大陸架；雖然過去它曾經是完整大陸架的一部分，但位置卻和今天完全不同。它確實應該經由聯合國管轄，但俄羅斯、加拿大和丹麥皆有意將它納為國家主權的範圍。為了表示他們對這片海域的主權，俄羅斯甚至在二〇〇七年利用潛水器，在水面下四千兩百公尺的海床上，插上自己國家的金屬旗幟，企圖以這樣幼稚的行為佔地為王。

之所以會這麼做，是因為一旦海床的所有權確定，該國的石油公司便可以在更深的水域中開採石油，而海冰的縮減更會使得這件事變得更為簡單。因為如果要在數十公尺深的水中鑽鑿油井，必須使用鑽油船、動態定位系統，還要有破冰船不斷在它們周圍環繞、打碎夏季冰層，好讓冰體不至於撼動鑽油船的位置。但是假使北極的冰層不斷變薄、或完全消失，夏季鑽井景象就將不再這麼艱辛，石油公司建造油井的季節也會大大延長。當油井開採成功，進入到生產階段，運輸對石油公司來說也不是問題，因為俄羅斯人現在即以裝配有驅冰裝置的油輪，運輸由普魯德霍灣強化油井平台產出的石油。研究氣候變遷

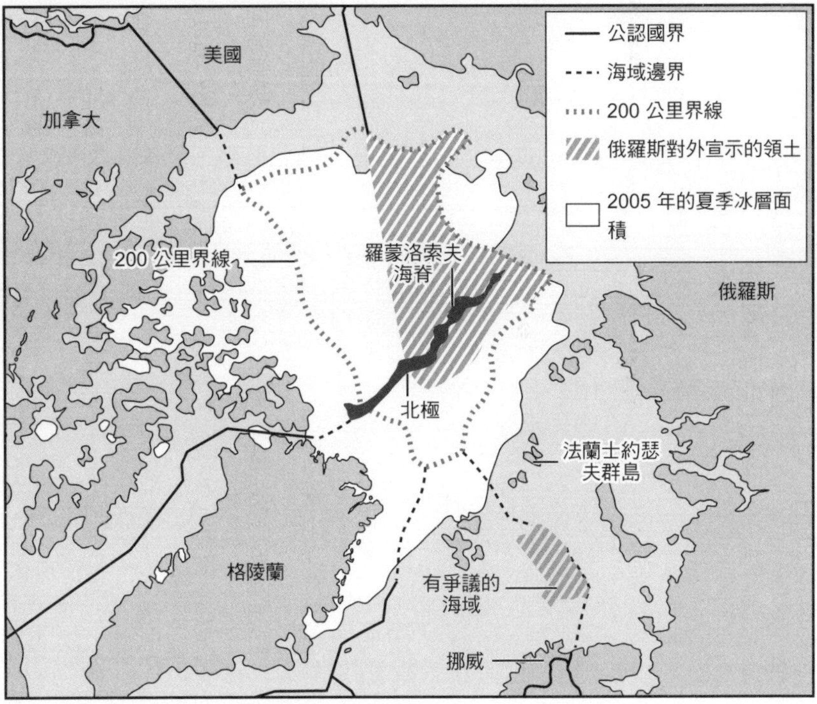

圖 7-3　俄國對羅蒙洛索夫海脊的海床主權示意圖。

的科學家主張，我們應該讓石油和煤炭長存地底，不要再繼續開採，因為我們所排放的碳量已經超出地球大氣的負荷量。然而，唯利是圖的石油公司和覬覦稅賦的政客卻強烈抵制這種想法。其實撇開意識形態的因素，就實際面來看，石油產業也明白，若全球禁止所有開發新石油產地的行動，它們公司的資產值一定會馬上一落千丈，這將導致石油經濟崩潰，更可能進一步拖垮全球的金融體系。

石油溢漏問題與對策

眾人皆知，海底油井噴發將對北極環境造成威脅。我任職過的美國國家科學研究委員會（National Research Council），就曾經成立一個專案小組探討這個主題。[8]我們的結論是，若海床的油井真的發生井噴現象（blowout），目前根本沒有方法能把它從海上清除。

呈氣泡狀從海底溢散的石油滴將如縷縷輕煙從海底往上升，並在海冰的下方匯聚成一道油層。由於冰層會不斷移動，所以一旦油井出現噴發溢漏的現象，冰層底部受污染的面積就會不斷擴大，因為不斷會有未受汙染的冰層行經油井上方的海域，使油汙附著在它們的下方。冬天時，新生的冰層會快速的在油層下方生成，讓溢漏飄散至海面的石油如三明治夾心般的被冰封在上下兩個冰層中。這段期間，冰層可能會持續在海上漂移數千公里之遠，到達北極的另一個海域。然後，在春天來臨時，冰層的表面就會開始融化，夾在冰層中間的油汙也會順著冰層中的「排鹽渠道」（見第二章）往表面移動。轉眼間，冰層中所有排鹽渠道的上部就會充滿溢漏的石油，但這些浮在表面的石油往往很難清除或是燒除，因為它們都密布在冰層細小的孔道之中。一直到了夏季，整塊冰層徹底融化時，這些油汙才會直接釋放到海水之中，成為廣布北極夏季開放水域裡的可怕污染物，對海洋生態系統和數以百萬的遷徙海鳥造成重大的威脅。

一九七四年到一九七六年間，加拿大政府辦了一項「波弗特海研究計畫」（Beaufort Sea Project），該計畫我也參與其中，大部分關於這方面的知識就是在當時被科學家發現的。[9]加拿大政府辦這項計畫的目的，是想要搶在開放於冰層下方水域開鑿油井前，先了解溢漏石油沾附在冰層底部可能對環境造成什麼樣的威脅。政府允許我們在北極海域進行大量的石油溢漏實驗，以明確了解這會引發什麼結果，這當中也包括在繫冰區（整個冬季這個區域冰層的都會和沿岸海床緊密相依）發生石油溢漏現象的情況。我還記得當時我們在北冰洋沿海區上做的一個實驗：我們委請潛水員潛至壓力脊下方，協助我們在該處灌注石油，模擬油井溢漏的現象。在這個實驗中，我是負責在船上以手動方式操縱石油幫浦開關的人，讓潛水員能將原油噴灑在冰層下方，但在完成這項實驗後，我不得不馬上把我當時穿的愛斯基摩式連帽大衣扔掉，因為原油的氣味把整件衣服薰得臭氣薰天，我完全無法將那股氣味從衣服上驅逐。但在這個計畫之後，有關這方面的科學研究就變得非常少，因為各國政策就開始訂定石油不得在北極溢漏的相關規定，就算是為了實驗也無法通融。但，這個決定是正確的，同時也因為政府對環境保育的重視，學術界便很少再對石油溢漏進行相關的實境實驗。因此，當二〇一四年我與美國國家科學研究委員會的科學家討論這個主題的時候，驚訝地發現，那份一九七四年到一九七六年間由加拿大政府主導的研究案，竟然仍是最佳的參考數據。

根據這份參考資料以及其他資料的支持，二〇一四年我們做出了這樣的結論：冰層下方油井的大噴發，實際上將比深水油井的噴發更具破壞性，因為前者一定會使油汙以薄膜的方式，更廣泛地分佈在北冰洋海面，使清除油汙的難度大大提升。除此之外，我們還歸結出另一項結論：開鑿減壓井（relief well）太過費時（但當油井噴發時，這是中止噴發最常採取的因應手段），根本緩不濟急，所以每座油井在建造時，就必須先設置一套防止石油溢漏的裝置，如此一來當噴發發生時，相關人員才可以更迅速地控制住場面，降低汙染的範圍。

二〇一二年第一個採取這項措施的殼牌石油公司（Shell）卻出師不利，在首次測試裝置防堵油井噴發能力時，整套裝置就不幸報銷。不過殼牌開採石油的計劃並未因此停擺，二〇一五年他們仍在楚克奇海（Chukchi Sea）鑽鑿油井，卻在第一季工程後中止工程的進行。美國國家科學研究委員會希望由我們這個專案小組歸結出的結論能被監管機構採納，以確立進行北極鑽探的相關法規。成立該專案小組的初衷是出自於對貿然開採北極石油的恐懼，委員會擔心石油公司在海冰縮減時，匆促開發的新油井將忽略了對環境的保護。好險這樣的假設始終沒有發生，石油公司一直非常小心翼翼地看待這件事。可能的原因是，一旦開採深水區的油井，並發生這樣的噴發災難，石油公司將必須為此付出龐大的代價，估計光是罰款、清理和設備費用就會讓他們付出五百四十六億美元的財務損失，甚至因此破產。另外，依據油井噴發汙染發生的位置不同，石油公司承擔的損失也會不太一樣。假如油井噴發的位置在美國所屬的北極海域，那麼石油公司因汙染要付出的罰金就會比墨西哥灣還高。在這些情況下，石油公司為了避免這類嚴重的虧損，都會更加謹慎地考量油井噴發溢漏的狀況。

石油工業和監管機構對這類重大事故的恐懼，致使他們做出了一些令人驚訝的決定。最近由斯蒂芬・哈珀（Stephen Harper）帶領的加拿大政府，之所以引發各界關注，並非是因為關心環境議題，而是因為該政府不但解僱了大量聯邦政府的環境科學家，還幫助艾伯塔省的瀝青砂場擴張，這種形式的化石燃料在提煉的過程中可能需要耗費最多的能量，因為它必須靠「高溫萃取」才可分餾出有用的石油。然而在二〇一四年四月二日，加拿大聯邦政府的交通部長麗莎・雷蒂（Lisa Raitt），果斷地反對石油從加拿大的北部出口。加拿大在馬尼托巴省（Manitoba）的哈德森灣（Hudson Bay）有一座接應北極船隻的港口—邱吉爾（Churchill），這座港口與鐵路相連，可以一路通往加拿大南方。一間名為奧米塔斯克（Omnitrax）的美國運輸公司打算用鐵路將石油載運到丘吉爾港，然後再行經西北航道的東半部，運輸到歐洲市場。麗莎說：

「我可以告訴你，你絕對不會想看到任何石油溢漏的事件發生在北極海域上。身為保守黨的一份子，我不能僅僅將心思放在經濟的面向，還必須顧全大局。因為在我們發展經濟的同時，也必須考量到安全和環境方面的事情，兩者之間必須取得平衡。」

馬尼托巴省政府一直在想要讓哈德森灣的沿岸便成一個保護區，部分原因這個區域現在成了北極熊的避難所，牠們因為氣候暖化的關係遷徙、聚集到丘吉爾港周邊，以垃圾桶中的東西果腹。另一方面，他們也希望透過成立保護區，保育附近沿海的稀有白鯨。意想不到的是，一向對環保議題不是非常支持的聯邦政府，居然對這個提案表示贊同。

夏季北極海冰的縮減更讓科學家確信極地油井的噴發將造成令人悲痛的結果。在一九七〇年代設想的油井噴發假設中，溢漏的石油將像夾心般冰封在冰層裡，隨著冰層漂流到其他北極海域，直到夏季來臨時才會從融化的冰層裡釋放出來，浮在夏季冰緣周圍的水面。不過在未來，夏天再也看不到所謂的冰緣，因為冰層都會消失不見。這意味著，**所有溢漏並被冰層冰封的油汙都將隨著冰層徹底融化而全面釋出，散佈在整個呈現開闊水域的北冰洋海面，衍生極度龐大的環境損害和清理成本。**

最後，我還必須提到一點與冰層面積縮減關係密切的議題，那就是北極海洋生態的變化。由於冰層變少，春天北冰洋接收到的光照量將比以往還多，浮游植物不只更早生長，數量也變多，這樣的現象很可能為北極漁場帶來新氣象。我們很難預測北極的海洋生態究竟會變成什麼模樣，但就地理和時節方面來說，海冰面積的減少肯定會使漁船更能自在的在這片海域上從事漁業活動。

冰層在本世紀結束前的命運

我們很難從氣候學家的氣候模型中，正確推斷出北冰洋在這個世紀出現開闊水域的時間將如何變化。主要原因是大多數的氣候模型都大大錯估了北極夏季冰層的縮減速度，過去他們所預估的情勢根本都不符合現在的情況。比起知道何時北極的九月冰層會完全消失，掌握北極全年冰層的整體數量將以多快的速度以及什麼樣的方式縮減，是更令人關心的議題。北極的死亡漩渦告訴我們：北極九月的海冰將在幾年內消失殆盡，且完全無冰的日子大概將展延到五個月之久，時間基本上會落在七月到十一月之間；但無冰的時間會就此固定，不再變動嗎？南冰洋只有在特定季節才會被冰層覆蓋，其大多數的海域都會有四至五個月的無冰期，然後在其他的月分這些海域則由一年生冰層所佔據。請問各位覺得這個規律也會一直保持不變嗎？在太陽輻射和越來越高的氣溫雙方夾攻下，肯定會導致無冰的季節越變越長。儘管如此，即使是在這種海水不斷變暖的情況下，一年之中還是會有一段時間讓北極因為黑暗和寒冷的氣溫再度降溫，進而生成新的冰層；這個時間點很可能發生在十二月，並持續到下一個春天或初夏。

雖然死亡漩渦所呈現的趨勢顯示，不只夏季冰層，就連冬季冰層的體積也正緩慢地朝著代表無冰的中心前進，可是還是讓人很難以想像北冰洋全年無冰的景象。冰層的縮減除了和北極無冰季的長短有關外，在仲冬無冰的北極也會對全球的洋流和熱循環系統產生極大的影響。這些改變可能會在一個世紀之內成真，但到了那個時候，地球將發生更為劇烈的變化，說不定還會使它變得不適合人類居住。

下一章中，我將把重點放在這些因為北極海冰縮減所衍生的相關變化。我們必須深刻體悟，人類已經對地球造成了許多的傷害，就如同我將在第九章將跟大家分享的：冰層融解後，現在已有大量甲烷被釋放到大氣中，如今，西伯利亞陸架在夏季已經不再被冰層覆蓋。

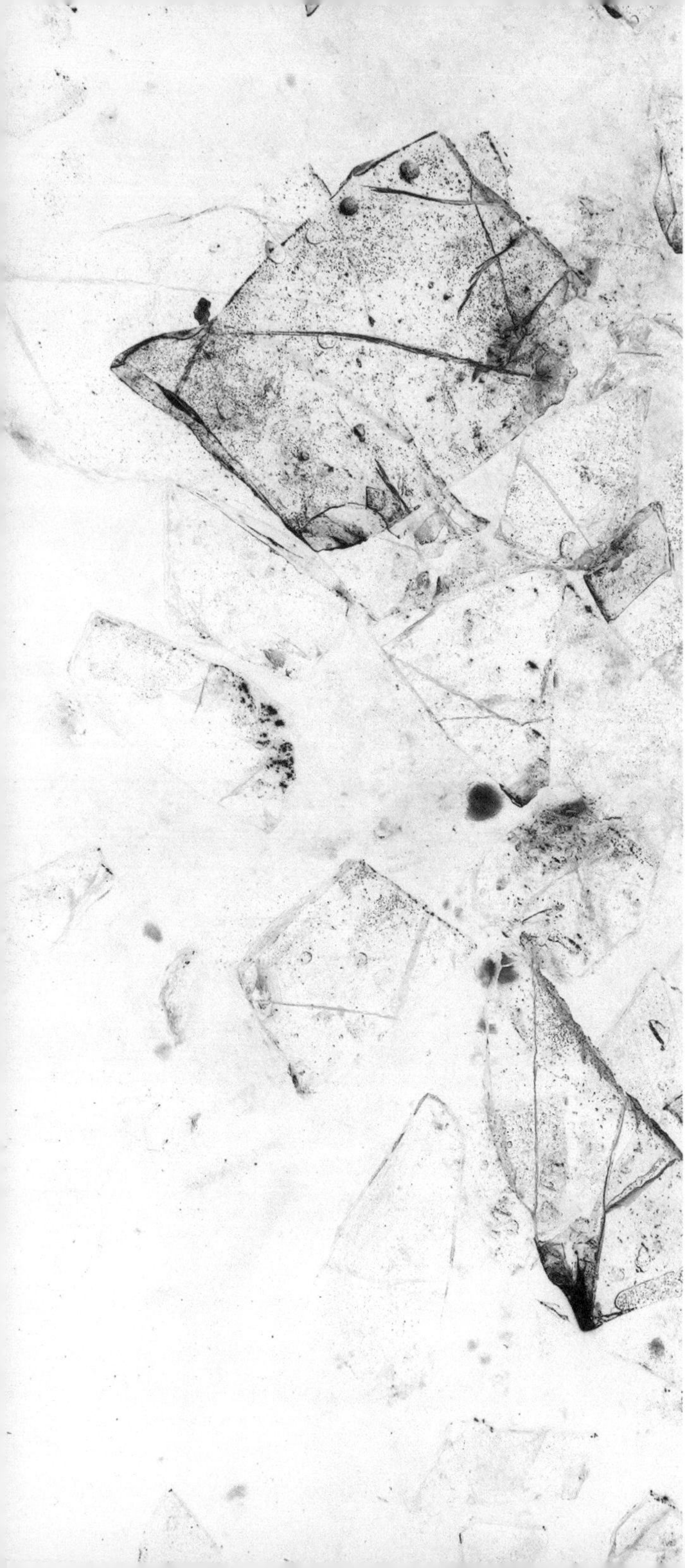

第八章

北極回饋的加速效應

何謂氣候回饋？

上一章討論了北極海冰縮減，如何直接影響北冰洋以及我們如何看待這種現象。乍看之下，北極海冰面積減少能替北極地區帶來商機，至少，可以在夏季時將北冰洋視為可通航的貿易路線（trade route），而非航運的障礙。而我們也可將北極當作更容易開採石油與天然氣的地區，甚至是探索海洋生物的寶庫。從表象來看，這些變化都很正面且能帶來益處；然而，這種看法只是從人類的角度出發，誤認為海冰縮減後，其直接效益，就是可讓人類在北冰洋上，帶來更多的商業利益，而並沒有考慮北極海冰減少後，將如何影響全球氣候系統等其他層面。為此，本章將探討冰層面積減少的「間接」效應，說明這些效應會如何衝擊整個地球環境系統，而其負面效應又是如何巨大無比，致使我們必須將北極海冰的消融現象視為毀滅性的災難。

對於海冰的消融有正反觀點的差異，此乃「正回饋」（positive feedback）的關係。所謂「正回饋」，就是溫室氣體（greenhouse gas）造成地球暖化，直接促使北極海冰面積減少，而海冰縮減後，又會加速全球暖化再衝擊自己；也就是，起初微小的變化最終將造成無法收拾的毀滅性災難。地球的氣候系統處處可見這類回饋與連結機制。英國詩人兼潛修者弗朗西斯・湯普森（Francis Thompson）如此寫道：

吹拂一朵香花，
焉能不驚擾繁星。

在第六章，我們提過一種非常重要的回饋——**「波冰回饋」（wave-ice feedback）**，亦即海冰縮減之後，北極的波福海（Beaufort Sea）在夏季會出現更多海浪，這些海浪會與冰塊相互作用，讓更多海冰破裂與融化，進而減少秋季時海冰的生成量。而本章會探討其他重要的回饋機制，包括：

- 冰反照率回饋（Ice-albedo feedback）
- 雪線撤退回饋（Snowline retreat feedback）
- 水蒸氣回饋（Water vapour feedback）
- 冰層融化回饋（Ice sheet melt feedback）
- 北極河流回饋（Arctic river feedback）

- 黑碳回饋（Black carbon feedback）
- 海洋酸化回饋（Ocean acidification feedback）

其中，最危險的回饋機制是融化的近海永凍土（permafrost），其會釋放甲烷，進而加速暖化現象（詳見第九章）。此外，最近還有一項引人注目的暖化衝擊，就是北極海冰消融，將影響甚至改變高速氣流（jet stream）的位置，使得北半球農業地區一年之中的作物生產關鍵期成為極端氣候，進而威脅全球的糧食供應，關於這部分，將在第十章討論。

冰反照率回饋

在第二章，我們曾提過開闊水域的反照率大約為〇・一，而海冰的反照率卻有〇・五，最高可達〇・九；落於平滑海冰的初雪有〇・九的反照率。而在三月或四月太陽高懸、日照極長的日子，若行走於前述的雪地，刺眼的反射光線將會讓你產生雪盲（snow blindness），也就是視網膜受到強光刺激而引發的暫時失明現象。早期許多的極地探險家都曾吃過這種苦頭，例如英國的史考特船長（Captain Scott）與隨行隊員。

一旦冰面出現任何隆起或有稜角的表面，亦或雪逐漸變色或被風吹拂成稱為「雪脊／雪面波紋」（sastrugi）的起伏小丘時，雪的反照率便會降到〇・八。春天來臨時，反照率下降得更多。原則上，只要氣溫升到的攝氏零度以上，且表面積雪稍微融化時，反照率就會降低。為此，當雪迅速融化，反照率會降得更多，進而產生可能帶有黑碳（black carbon）的潮濕雪泥。

這些黑碳於冬季沉積，再被連續飄落的白雪覆蓋。當地表只剩裸露的冰塊和雪融後四處形成的水潭時，反照率便會降到最低點。這些水潭有深色的表面，會吸收太陽輻射，進一步融化底部堅冰，經常會將冰塊融穿，讓地表看起來就像有凹洞的瑞士起司，而且幾乎沒有任何機械強度（mechanical strength，卷頭彩圖18），一碰就會斷裂。在這個階段，平均反照率可能為〇・五，甚至更低，但是只要冰塊全部融化，反照率就會降至〇・一，而這是開闊水面的最低反照率數值。

夏季時，測量或模擬反照率時，都會面臨一個問題。我們非常清楚剛飄落的雪，有高達〇・九的反照率，但如此高的反照率並無法大幅影響北極的熱平衡（heat balance），因為北極進入冬天後，幾乎不會接受到太陽輻射。然而，一到了夏天，太陽輻射卻會非常強烈，且地面情況千奇百怪：有正在融化的雪泥、冰塊或融雪後產生的水潭，我們必須辛苦地估計在這些繁雜地面的平均反照率；但，隨著地表溫度升高或降低，地表情況在幾個小時之內又會丕變，使我們在推估反照率時十分費力。

蓋瑞・梅卡（Gary Maykut）與諾伯特・翁特施泰納（Norbert Untersteiner）[1]在一九七一年率先成功模擬北極熱力學，但同樣也面臨北極地貌瞬息萬變的問題，為此只好隨意挑選數值來表示極地的夏季反照率。然而近年來，美國陸軍工兵團寒冷地區研究與工程實驗室（US Army Cold Regions Research and Engineering Laboratory）的唐・帕里維奇（Don Perovich）等專家們，十分重視詳細的實地觀察，並發現北極的夏季反照率會劇烈變化。[2]

因此，從氣候變化的角度而言，反照率的變化分為兩個層面。天氣回暖時，北極地表的結冰在夏季初就會開始融化，反照率會更早從積雪覆蓋值（〇・八或〇・九）降至骯髒的融雪水潭值（〇・五左右），使極地表面在關鍵的仲夏期間吸收更多太陽輻射。此外，北極海冰在夏天的消融速度更快，會讓原本被冰塊覆蓋的骯髒地表化為自由流動的海水，使得反照率又會從〇・五降到〇・一。換言之，探討極地的反照率在夏季如何下降並非最重要的課題，重要的是應該查出全部的海冰面積，以便計算出有多少海冰會變成開闊水域。我們從二〇〇七年極小的開闊海域（卷頭彩圖13）可以看出反照率的下降幅度。**當反照率下降，地表會多吸收輻射，而多吸收輻射，地球就會暖化。**

那麼，當反照率下降後，其又如何加劇地球暖化呢？聖地牙哥加州大學斯克里普斯海洋研究所（Scripps Institution of Oceanography）的克里斯蒂娜・皮斯托（Kristina Pistone）及其同仁曾發表一份研究，[3]文中估計從一九七〇年代到二〇一二年間，由於夏季海冰縮減，全球的平均反照率有所下降，其衍生的暖化效應，等同於又添加了人類在同期排放二氧化碳的四分之一，這無疑是雪上加霜；這種現象稱為「快速回饋」（fast feedback），因為它會引發即時效果。短波反射能量（short-wave reflected energy）一旦減少，地球便會額外吸收太陽輻射，導致全球溫度上升。這項研究採用「雲與地球輻射能量系統」（Clouds and the Earth's Radiant Energy System，簡稱 CERES，是一種直接測量輻射值的科學衛星），因此不必費力去測量地表的實際反照率。

研究人員發現，從一九七九年到二〇一一年，北極的年平均反照率從〇・五二降到〇・四八。雖然降低的數值不多，但這卻等同於每平方公尺的北極地表要多吸收六・四瓦特（$W\ m^{-2}$）的太陽輻射，或者全球平均每平方公尺的地表要多吸收〇・二一瓦特的太陽輻射。

雪線撤退回饋

北極無浮冰海面上方的暖空氣，也會導致雪線撤退。海冰縮減後，北極沿岸地區的積雪，會融得更快速，進而加劇海冰反照率回饋，原因或許是暖空氣團會從沿岸吹向無浮冰的海洋。如果我們檢視太陽輻射最強的六月，將二〇一二年與一九八〇年相比，會發現二〇一二年的積雪覆蓋異常是「負」六百萬平方公里（圖8-1）。換句話說，與二十世紀末相比，二十一世紀初的仲夏積雪面積減少了六百萬平方公

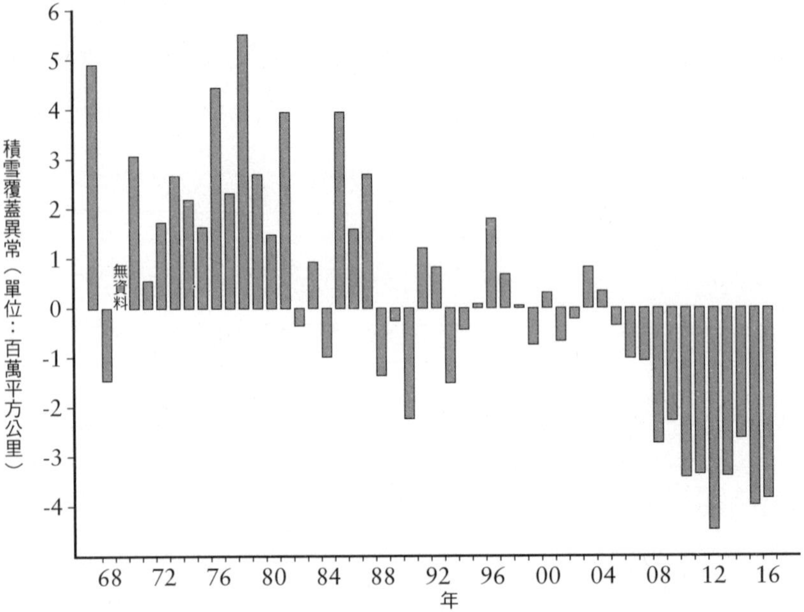

圖 8-1　1967 到 2016 年，北半球 6 月積雪覆蓋面積的改變情況。

里。此外，在同一時間，海冰消融面積也發生同等的異常規模，且覆雪地表與無雪苔原之間反照率的改變，大約等同於海冰與開闊水域間反照率的落差。

皮斯托與其研究同事估算了北極海冰縮減後全球平均下降的反照率，但目前還沒有專家推估無雪苔原對反照率的影響。然而，從前述同等的異常規模來看，雪線撤退與海冰縮減對全球暖化的影響幾乎一樣。因此，加總之後，整體的海冰／積雪反照率回饋，大約會讓排放二氧化碳直接引發的全球暖化效應增加五十%的威力（不是只有二十五%）。這一點，顯示北極並非只是「被動」回應全球的氣候變遷，而是「主動」引起天氣的異變。

這點至關重要，但大家通常不甚了解：**排放二氧化碳導致地球暖化，而北極積雪與海冰消融所引發的全球回饋，又會讓暖化現象加劇五十%。**因此，我們已經不能再說對大氣排放二氧化碳會讓地球變暖，必須改口說「人類排放的」二氧化碳「已經」造成地球暖化，且如今北極海冰／積雪的回饋過程正不斷加速暖化，讓情況更加嚴重五十%。

換句話說，各種回饋會「主動」改變氣候，而這種情況發生的日子已近在眼前；換言之，人類日後就算不再排放二氧化碳，地球仍然會持續暖化；這個階段稱為「失控暖化」（runaway warming），這種現象，也有可能是遠古時期顛覆金星的殺手，讓這顆星球變成又熱又乾的死寂之地。

美國知名樂手吉米・翰卓克斯（Jimi Hendrix）以前彈吉時，能單單只用回饋效果（feedback）來彈奏音符，他不必用手指撥弦，也能操控反饋音效讓吉他發聲。而現在的我們正快速迎向氣候變遷將主導一切的日子，屆時即便人類減少二氧化碳排放也無濟於事，只能雙手一攤，無助等待大難臨頭。

水蒸氣回饋

水蒸氣回饋完全取決於空氣溫度的變化。水蒸氣是一種溫室氣體；地球暖化後，氣溫每升高一度，逸散到大氣的水蒸氣含量，大約會增加七％，進而讓每平方公尺的地表多吸收大約一・五瓦的太陽輻射。過去十年來，由於「北極放大效應」（Arctic amplification），北極地區正迅速暖化，相較之下，全球的溫度上升較為緩慢，這可能是深海吸收愈來愈多熱能的緣故。由於北極會自動觸發本身的水蒸氣回饋，大幅阻擋地球向外發射長波輻射（long-wave radiation），讓熱能更為接近地表，亦即極冰與海洋。如果北極溫度升高攝氏三度（近幾年已經發生），大氣的水蒸氣濃度便會上升二十%以上，讓北極盆地（Arctic basin）每平方公尺的地表，大約多吸收四・五瓦的輻射。雖然這種回饋僅限於北極，但它影響深遠，必須被納入整體的暖化效應研究。

冰層融化回饋與海平面上升

若說反照率回饋是最能威脅人類生存的作用，那麼，冰層融化所引起的海平面上升，也會在未來數十年讓我們的日子愈來愈艱辛。

在一九八〇年代以前，海平面研究員一般認為，造成全球海平面上升的因素有兩個，且兩者的影響力相等。**第一，是海洋暖化。**大氣變暖後會將熱能傳至海洋，而溫室氣體也會阻擋地球向外發射輻射，讓更多的輻射在地表流動，以上這些因素都會讓海洋變得更溫暖，進而膨脹，致使海面升高。事實上，起初只有海平面會變溫暖，但現在暖化現象正逐漸往更深的海洋層擴散，這被稱為「比容」（steric）海平面上升，意指沒有新水量流進海洋，海面卻仍持續上升的情況。

第二，則是陸地水量流進海洋，使海平面上升。這類水量主要的來自於副極地冰河（subpolar glacier）——阿爾卑斯山（Alps）與喜馬拉雅山（Himalayas）的冰河，以及阿拉斯加（Alaska）、智利（Chile）與挪威（Norway）的冰川，甚至，於少數低緯度的高海拔冰河，例如非州吉力馬札羅山（Mount Kilimanjaro）頂部的冰河等。為了更了解這些冰河消融的速度，冰河學家（glaciologist）數十年來持續監測冰河變化早期是使用傳統的方式，在冰河上打樁，看看河面消融有多快，近來則利用衛星來測量冰河表面的高度。根據調查，早在一九八〇年代時，全球的冰河幾乎都在消融，阿爾卑斯山原本壯闊無比的冰河如今也已消失殆盡，只能透過照片追憶。我曾在一九七〇年參觀落磯山（Rocky Mountains）著名的哥倫比亞大冰原（Columbia Icefield），二〇〇八年又去了一次。一九七〇年時，橫亙的冰川口緊鄰加拿大橫貫公路（Trans-Canada Highway），到了二〇〇八年，我必須搭巴士行經一大段路之後才能抵達冰原；如今，全球「所有的」冰河都在消融，而圖8-1提供了最好的證據。雖然少數冰河曾在一九八〇年代向前推進，但那得歸因於全球暖化，使得更為溫暖濕潤的風吹拂，才讓挪威沿岸的冰河增加質量。然而如今，這些冰河也正在消融中。

此外，「冰川消融」加上「水壩與水力發電計畫」引發的額外微小效應，也影響了流進全球海洋的總水量，造成所謂的「水動型海面升降」（eustatic）。然而，如今世界的兩大極地冰層（格陵蘭與南極洲）也開始融化，讓更多的水流入汪洋，加速了水動型海平面升降的情形；對生態造成巨大的威脅。

格陵蘭冰層位於高緯度，海拔更高達二到三公里，以往都終年冰封，唯有少數的邊緣冰層會融化。然而，從一九八〇年代中期開始，格陵蘭冰層的頂部在夏季會出現短暫消融，且消融時間越來越長，融冰面積也愈來愈廣。截至目前為止，最大的消融情況發生於二〇一二年，從該年的七月一日到十一日，九十七%的冰層都

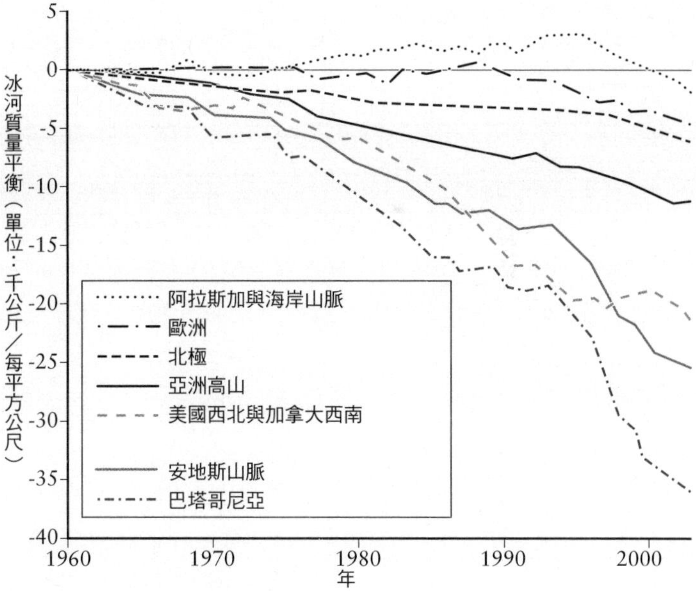

圖 8-2　全球各地冰河質量平衡的變化。

出現了表面融冰（卷頭彩圖19）。即便如此，融冰模擬專家當時也毫不擔憂，認為多數的冰河融水在夏季末便會重新凍結，冰層不會損失太多，必須要幾千年以上的時間才會全部融化，接著融水流入海洋，使海平面升高七・二公尺。

然而，後來發生一件令人始料未及的現象，就是「冰臼／冰川鍋穴」（moulin）的出現。所謂「冰臼」，係指冰層內的巨大融水孔洞，其會直接貫穿冰層，且在許多情況下可深達三公里以下的岩床；而冰層表面的融水會大量流入這些冰臼，流量極為驚人。當融水流貫冰層時，會在不同的平面累積熱量，讓整個冰層變暖而逐漸接近融化點。此外，融水會在底層透過冰層通道流入海洋，從中潤滑冰層底部，讓冰層（尤其是外部的冰河）移動得更快。美國太空總署（NASA）的冰河學家埃里克・里戈諾特（Eric Rignot）觀察衛星圖像後，發現許多格陵蘭冰河移動的速度是過去的兩倍。[4]這表示這些冰河掉進海洋成為冰山後，向大海傾倒了兩倍的淡水。

其次，從冰層的縮減也可看出它的質量有所損失。現在，我們可以用「重力回復及氣候實驗衛星」（Gravity Recovery and Climate Experiment，簡稱 GRACE）來精確測量冰層質量；這對太空總署衛星而言，是可以透過輕微的重力變化，來精準測量冰層下方的質量改變的方法。它們發現，格陵蘭冰層每年都會損失等同於三百立方公里水量的質量，而其流失的速率越來越快，損失的量已等於全球冰河流失的總量。

除此之外，其他會促成「水動型海面升降」的要素，還有化石水（fossil aquifer water）進入水循環（hydrology cycle）。這種水源原本深埋於地底數千年，當人們從蓄水層抽取地下水時，它便會流入河川與蒸發到大氣，最終增加海水量讓海平面上升。換言之，**人類的行為也會造成微小的效應，除了前面所說的抽取地下水外，建造水壩留住水源也是變因之一。**如今世界各地不斷興建水壩，如此，也會讓海平面下降。

另一個較小的回饋反應，是與冰帽（ice cap）的結冰高度變化有關。格陵蘭冰層的整體高度正緩緩下降，而當它愈降愈低，冰帽的表面溫度就愈高（因為海拔愈高，溫度愈低），因此夏季來臨時，會使得的更多冰層融化。當冰層表面高度越降越快，表面溫度便會越來越高，形成一種回饋循環。這種效應現在可能隱而不顯，但等到冰層消融的後期它會逐漸發揮威力，加快冰層滅亡的速度。

反觀南極冰層，一直維持中性的質量平衡，直到最近情況才有所改變，因為融冰損失的量都被降雪彌補，特別是南極海岸周圍山脈的降雪。然而，根據「重力回復及氣候實驗衛星」的觀察，發現南極洲的冰層也在消退，雖然情況沒有格陵蘭冰層那麼嚴重。[5] 最新的估計是，南極冰層每年減少八十四立方公里，而格陵蘭冰層至少消融三百立方公里。雖然消融面積較小，卻也是一種警訊，因為南極的冰層更大，若全部融化，海平面將上升六十公尺。此外，冰原學家推估，部分的南極冰層（亦即南極半島〔Antarctic Peninsula〕的西南極冰層）比原本預測的更不穩定，只要大量的冰層消融，其底層便會崩解，一旦發生這可怕慘況，海平面便會突然上升數公尺。

然而，聯合國的政府間氣候變化專門委員會面對前述威脅，卻一直不以為意。二〇〇七年他們發表的第四次評估報告（Fourth Assessment Report，AR4）顯露漫不經心的態度。委員會撰寫報告的人無法估算「水動型海平面升降」，因此只考慮比容海平面上升來推估本世紀末的情況，最後認為到了二一〇〇年時，海平面只會上升三十公分。雖然他們在報告中，有以小字標注這只是部分資料，並未納入冰原融化數據。然而，多數的非科學界人士與政策制定者，顯然沒有留意這些小字註解，因此某些應該負起防洪重責的國家機構（例如：上海市政府）使用了嚴重低估的數據。

該委員會於二〇一三年公佈的第五次評估報告（AR5）中矯正了這項錯誤，但仍然使用較低的數字，來推估本世紀末的情況（在溫室氣體高度排放情境下〔RCP8.5〕，海平面會上升五十二到九十八公分；我認為這個數值仍偏於保守），而大多數冰原學家認為，海平面上升的幅度會超過一公尺，甚至可能到高達兩公尺。委員會是基於線性預測來提出數據，假定海平面的上升速度在整個世紀將或多或少保持恆定。然而，我們知道回饋循環會導致非線性變化。例如，隨著海冰逐漸消失，夏季海冰的體積會循著指數曲線而非直線來加速遞減；這兩者之間有天壤之別。

基本上，影響「水動型海平面升降」的冰層回饋也會遵循一種指數過程（至少是加速過程）。如果我們不阻止海平面上升，到了二一〇〇年，海平面上升的幅度絕對遠大於線性推估的程度。美國太空總署戈達德太空科學研究所的前主任詹姆斯・漢森（James Hansen）曾經估計，海平面上升的速度，每十年（或更短的時間）就會翻倍，因此在極短時間內，政府間氣候變化專門委員會其漠不關心的低估數據，非常有可能被推翻。

我在二〇〇四年參與了一項辯論，聽到了一個至今尚未有解答的問題。這個問題由我的科學界偶像——斯克里普斯海洋研究所的沃爾特・芒克所提出。當時還無法使用「重力回復及氣候實驗衛星」來輕易估算冰層質量，但海洋學家席德・拉維特斯（Sid Levitus）卻早已提出一種巧妙的方法來計算「水動型海平面升降」的幅度。他普查全球的海洋，將全世界做過的數百萬次海洋測量數據，全部分類於網格化的世界地圖上，觀察所有的海洋與深淵的平均海洋鹹度（ocean salinity），其兩者在五十年間的變化。他認為融化的冰河會稀釋海水並降低海洋的平均鹹度，換言之，**鹹度變化肯定是冰河消融所造成**。他針對「水動型海平面升降」變化所計算的數值與其他方式推估的數據吻合，因此，一切看來完美無缺。然而，芒克以其獨到的科學洞察力輕易指出疑問，他提醒我：從一九七六年以來，我一直測量海冰的縮減與變薄程度，而海冰融化時也會稀釋海水，卻不會讓海平面上升（這是阿基米德定律〔Archimedes' Principle〕，海冰就像加入杜松子酒奎寧水〔gin and tonic〕的冰塊，已經漂浮於水面，不會再增加海水質量）。

根據我的測量，海冰的消融速度大約是每年三百立方公里，幾乎等於冰河縮減的速度。然而，在「不」考慮海冰消融的影響下，透過拉維特斯的方法所計算出的海洋的稀釋程度，卻能與實際觀測值吻合。為什麼會這樣？肯定有某個地方出錯。海洋的鹹度變化完全對應冰河消融的影響，根本無法額外納入海冰消融的衝擊。於是，沃爾特與我針對這種反常現象共同撰寫了一篇論文，刊登於某個著名期刊。[6]我們期待全球研究海面上升的同儕能回應我們並提供高見，畢竟，芒克是全球海洋學界的領導先驅，而我們指出的異常現象又顯而易見，亟待有人解答；可惜，仍沒有人回應我們的論文或發表評論。我甚至在巴黎的全球海平面會議提出個這個問題，但沒人肯發表意見或提出質疑。芒克輕描淡寫說道：「**研究海平面上升的學者，是活在象牙塔中的。**」然而，現在我們依舊等待有人回應我們十多年前（二〇〇四年）發表的論文，儘管拉維特斯的計算方法已經被「重力回復及氣候實驗衛星」所取代了。我從某位物理海洋學家得到的唯一解釋是，海冰的融水可能會先停留於北極多年，接著才進入博福特環流（Beaufort Gyre），而拉維特斯的平均計算方法運用於北極高緯度的海洋數據時，顯得相當拙劣，因此無法觀測出海冰融化的效應。

雖然，目前尚無法精確測出定量的消融海冰會使海平面上升多少。但我們已知隨著海冰退縮，更溫暖的空氣會在夏天吹過格陵蘭冰層。夏季海冰一直是大氣與海洋調節系統，它們會讓北極的海水溫度在夏季降至攝氏零度。為此在下一章我會說明，一旦缺乏這種調節系統，將會發生何種災難。原則上，海冰能讓北極的夏季氣溫接近攝氏零度；若沒有海冰在夏季提供緩衝，北冰洋及鄰近陸地的溫度，將會上升到攝氏零度以上而讓冰層表面快速消逝融化。

北極河流回饋

另一種回饋，是向北流入北冰洋的河水，致使該區溫度變得比較高。由於陸地的雪線撤退，初夏的地表反照率急劇下降，使得北方凍原（tundra）接收更多的熱能，其結果是融化的雪水會先流經比較溫暖的陸地，接著才流入如今無浮冰的北冰洋大陸棚（continental shelf），讓海水更加溫暖，進而加快冰層的融化速度。

如此一來，反照率會下降得更快，又讓北極沿海地帶吸收更多熱能，逼迫雪線退得更遠，使得凍原的溫度更高，徑流又會吸收更多的熱能，如此周而復始，形成一種惡性循環。雖然與本章討論的其他回饋相比，這種回饋的效應可能比較小，但它卻是透過一系列階段來自我發展的一種典型的正回饋。

黑碳回饋

近來，學術界又確認了另一種新的回饋，且發現其重要性越來越重要，就是「黑碳回饋」。黑碳源自於森林大火、農業火災、柴油廢氣與工業活動，它會改變雪冰的反射率（reflectivity）並加速冰雪消融。[7] 黑碳，就是煤煙／煙灰（soot）。冰原學家經常看到冰河有髒汙，而髒汙是從周圍山脈吹到冰河而來。他們發現那些髒汙會創造自成一體的生態系統，微小卻十分驚人。初夏聚集在冰河的小塊髒污會吸收太陽輻射，致使其比周圍冰塊更溫暖。當它讓底下冰塊融化出一個小坑洞之後便會向下沉陷。接著，融水會從髒污中溶解鹽分以提供養分，細菌便可在坑洞中滋生而長出一團植被，稱之為「冰塵」（cryoconite）；而這也足以說明地球生命有多麼強韌，即便身處嚴酷之地，依舊能欣欣向榮。冰塵出現後，冰河就會呈現黑色或綠色、甚至粉紅色的外觀。

除了冰塵，在融冰季節時海冰也會出現髒污，因為那時表層的冰會融化，冬季沉積的髒污便會一起出現。我們以往都會忽略這種現象，或者將其納入夏季反照率的計算中；一直到最近，這種觀念才逐漸改變。雖然在某種程度上，我們仍可以依照原先方法，只要向下修正反照率預估值。

但如果我們單獨檢視黑碳，會發現它對全球的影響似乎相當小。根據政府間氣候變化專門委員會估計，黑碳引起的輻射強迫（radiative forcing）為每平方公尺〇・〇四瓦特（W m^{-2}），而其他觀察研究也顯示，從一九九〇年起，北極大氣中的黑碳濃度似乎逐年下降，或許是中國之類的大氣污染國，正在慢慢修正他們的產能模式。

海洋酸化回饋

我們知道，過量的二氧化碳在海中溶解後，會形成碳酸（carbonic acid），逐漸使海洋酸化。其化學反應式如下：

$$CO_2+H_2O \rightleftharpoons H_2CO_3$$

$$H_2CO_3 \rightleftharpoons H^++HCO_3^-$$

$$HCO_3^- \rightleftharpoons H^++CO_3^{2-}$$

此外，各種離子間還有複雜的平衡關係。H^+是酸性氫離子（acidic hydrogen ion），隨著更多的二氧化碳被排放到大氣，某些就會溶解在海洋中，而這就會形成一種有效的緩衝機制，可以減緩全球暖化的速度。然而，溶解的二氧化碳會參與上述的化學反應，讓海洋更加酸化，最終使得海洋生物的殼（由碳酸鈣〔calcium carbonate〕構成）溶解而導致生態浩劫；特別是那些被稱為有孔蟲的微小單細胞生物，它們遍布海洋，軀殼會因為海洋酸化而溶解（圖8-3）。有孔蟲死亡後，其軀殼會在海中大片沉落，蓄積於海底，形成一種稱為「軟泥」

（ooze）的典型沉積物。

人類燃燒化石燃料後，會將碳匯入地球的能源系統，而前述現象就是從系統中永久移除碳的少數方法之一。因此，如果我開休旅車去商店購物，部分排放的二氧化碳（大約四十一%）會溶解於海洋，有孔蟲吸收其中的某些二氧化碳之後會長出碳酸鈣的外殼。一旦有孔蟲死亡，殼體殘骸便會沉到海底，將我生產的二氧化碳從地球系統中移除，不會造成危害。但問題在於，隨著海洋日漸酸化，沉積於海底且厚達四千多公尺的有孔蟲驅殼又會再度溶解（大家都學過化學，知道碳酸鈣構成的粉筆與酸混合後，會產生二氧化碳），如此，有孔蟲殼中的碳又被釋放回海洋，成為地球系統的一部分。更糟的是，某些會長殼的大型海洋生物，例如翼足蟲（pteropod）則會因為殼體被溶解而成為無定形的團點，更容易被獵物捕食，進而讓該物種快速滅亡。而這個情形，已經以酸化水進行的實驗中被證實了。如果發生這種情況，我們可以預測溶解於海洋中的二氧化碳比例會下

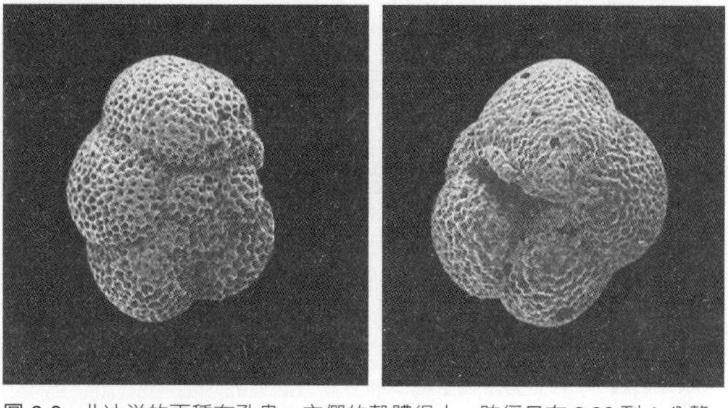

圖 8-3　北冰洋的兩種有孔蟲。它們的殼體很小，跨徑只有 0.06 到 1 公釐。

降，而根據最新的估計，過去三十年，這個比例已經從四十一%降至四十%；雖然降幅不大，卻令人憂心，因為其下降速度與日俱增。

至於海冰會如何影響海洋酸化？**漂浮的海冰消融後會讓大海更為酸化。**因為海洋會接觸吸收到更多二氧化碳的大氣，讓更多二氧化碳沉入海洋。對大氣來說，這是一種負回饋，雖可降低二氧化碳的濃度，但海洋卻會為酸化而付出代價；這是極為罕見的負回饋案例，但若考慮海洋酸化及其後續引發的沉積碳釋放現象，長久下來，它仍有可能轉變為正回饋。

哪些回饋的影響最嚴重？

本章所介紹的七種回饋機制中，最嚴重的可能是跟海冰與雪線撤退有關的反照率回饋（北極沿岸的雪線撤退，部分原因是海冰縮減以及吹拂的海風變暖）。

如果我們將這兩種反照率變化相加，並且計入黑碳導致的反照率下降，我們得到的結果會變成皮斯托及其同事指出效應的兩倍；換句話說，反照率回饋會讓人類排放的二氧化碳的輻射強迫效應增加五十%。這就相當於「提供兩個氣候變遷因子，再免費奉送另一個變遷因子。」

實際上，格陵蘭冰層加速融化，也跟海冰縮減有關，其會讓全球海平面快速上升，等到本世紀末，上升幅度會超過一公尺。許多人認為，上升一公尺沒什麼大不了，我們只要把防洪設施提高一公尺即可。英國可以這麼做，荷蘭與其他富裕國家也做得到（只要花點錢即可），但是孟加拉辦不到，

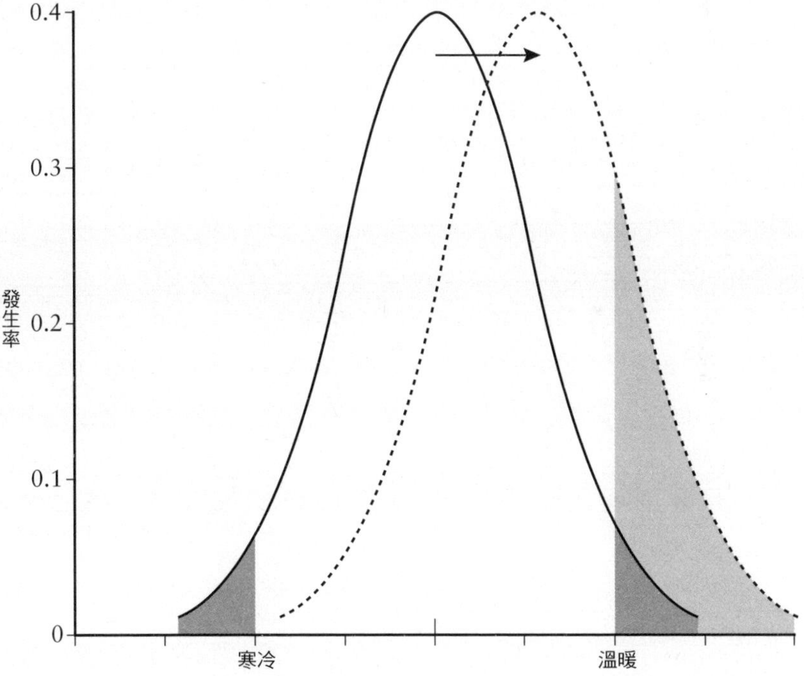

圖 8-4　高斯分布的特性。若平均值稍往前移動，發生災害的機率（淺灰色部份）便會暴增。

當地有二千萬人口，多數是貧窮的農民，居住的地點不高於海拔兩公尺。我們從高斯分布（又稱常態分布）的鐘形曲線特性，看出令人憂心害怕的統計結果（圖8-4）。

假設圖8-4的鐘形曲線，代表某地的海面高度分佈，且這是考慮了潮汐與風等變數之後的情況。鐘形曲線右側的一小部分表示引發災難所需的海面高度——暴風雨讓海水從海堤溢流，例如一九五三年一月，侵襲英國與荷蘭的洪水（這場洪水淹沒了我祖父母在提爾柏立〔Tilbury〕的房子，即是著名的北海大洪水）。該曲線下面的區域很小，代表極低的機率。然而，若是依照平均海平面上升一公尺會造成的效應，將機率分佈的峰值向前移動一公尺，只要不提高海堤高度，預示災難的曲線下方區域便會急遽擴大。換句話說，**海平面上升一點，發生洪災的機率便會暴增。**

總的來說，這些回饋告訴我們，北極海冰正在縮減，而當海冰消融到我們今日所見的程度時，北極就不只被動回應全球的氣候變遷，而是會主動改變天候。然而，在這種情況導致的所有威脅之中，最嚴重的潛在威脅是近海甲烷釋放（offshore methane pulse）；關於這一點，我們將在下一章討論。

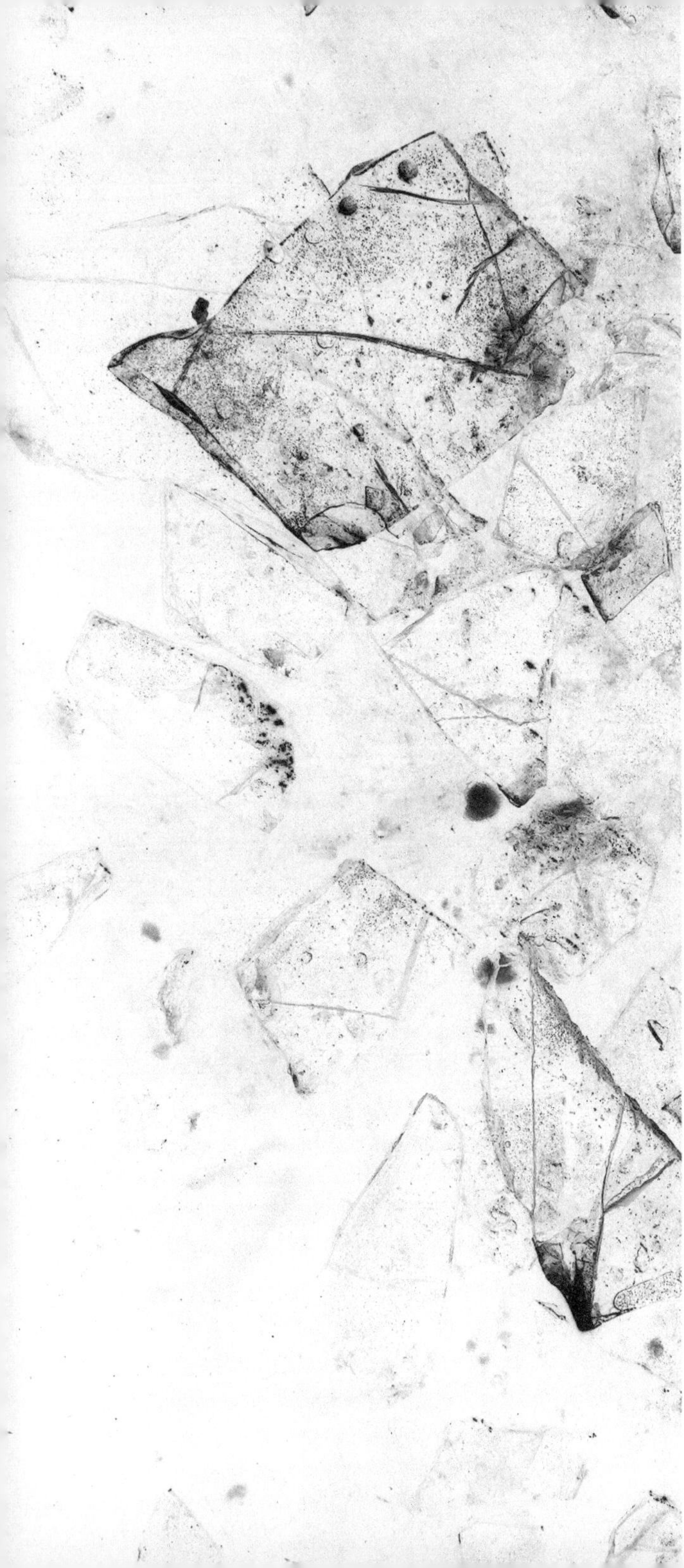

第九章

北極甲烷——醞釀中的大災難

近海永凍土與海水暖化

本章的開頭，我要先討論一種潛藏的災難性回饋效應：它是由兩種現象結合而成：「海冰消融」與北極海淺水區近海的「永凍土持續融化」。

前面我曾提到，夏季時海冰線會快速退縮，使北極大陸棚無海冰覆蓋，特別是西伯利亞北方水深僅五十到一百公尺的廣闊陸棚。那麼，在這些海冰剛融化的水域中，水層（water column）會有什麼變化呢？

實際上，深邃的北極海分為三層：**最上層稱為極地表面水（polar surface water）**，深度大約一百五十公尺，溫度在冰點上下；**中間層稱為大西洋水（Atlantic water）**，大約向下延伸至九百尺的深度，而溫暖的北大西洋海流，會沉入冰緣下方並流入北極海中層，讓此處蘊含熱能；**最底層，則是延伸至海床的冷水層，稱為底水（bottom water）**。為此，若大陸棚水深僅五十至一百公尺，就「只有」極地表面水，而較為溫暖且深的北大西洋海水，則會停留於大陸棚邊緣（shelf break）之外。

「昔日」，亦即二〇〇五年左右，這個極地表面水層即便在夏季也能被海冰覆蓋。實際上，這就像是一種空調系統，因為太陽幅射只能融化部分海冰，無法使海水溫度上升。同樣地，海冰也讓四周的空氣溫度，維持在攝氏零度左右。但從二〇〇五年起，海冰在夏季時會完全消融，如此，太陽輻射便得以穿透這一片陸棚水層而使其溫度上升。過去有海冰覆蓋，海水溫度會維持在攝氏零度，但現在極地表面水在夏季無海冰時，溫度就會升至零度以上。

二〇一一年的夏天，美國太空總署的衛星，偵測到楚克奇海（Chukchi Sea）的表面水溫為攝氏七度（相當於北海〔North Sea〕冬季的溫度）。而我最近（二〇一四年八月）參加了一次航行，當時美國海岸防衛隊（US Coastguard）的「希利號」（Healy）破冰船，在楚克奇海測到異常的海水表面溫度；我們向北駛向白令海峽（Bering Strait）時，途經阿拉斯加諾姆（Nome）的外海，我們發現空氣溫度是攝氏十九度，而海水表面溫度則為攝氏十七度。請各位看卷頭彩圖15，二〇〇七年九月時，東西伯利亞海（East Siberian Sea）的表面水溫，皆有普遍上升的情形。為此，當風吹過這些無海冰覆蓋的海面時，會揚起不小的波浪，讓較溫暖的海水與海底的水混合，因此讓數萬年以來，溫度在冰點以上的海水，首次能接觸至北極的海床。

當溫暖的海水觸及海床後，將引起第二個變因——凍結沉積物融化。凍結沉積物是上一個冰河期的遺留物，為地表永凍土向海洋延伸的代表。這些沉積物內，含有以甲烷水合物（methane hydrate）或籠合物（clathrate）形式存在的甲烷。這種特殊的固態物質看起來像冰塊，卻可以燃燒；它是甲烷（CH_4）與水的化合物，具有開放式的晶體結構，只能在高壓或低溫下保持穩定。

它存在於各種海洋沉積物，但通常位於深海，因為上方水壓可使它保持穩定。因此，海床蘊藏的甲烷水合物數量，估計超過大氣碳含量的十三倍，總量高達十兆四千億噸。雖然北極大陸棚水深較淺，照理來說，甲烷水合物應該不穩定，但凍結沉積物卻提供了足夠的壓力，使其處於穩定狀態。然而，近來夏季海冰融化，溫暖的海水讓沉積物解凍，使它們無法再壓制甲烷水合物。

永凍土消融會釋放大量甲烷

冰河期因海平面較低，這些凍結沉積物當時是在地表形成，但進入所謂的「全新世中期海進」（Holocene transgression）時期後，冰層融化導致海平面上升，形成了水淺的東西伯利亞海，讓結凍沉積物在大約七千到一萬五千年前，被海水完全淹沒。如今，凍結沉積物逐漸解凍，沉睡了數萬年的甲烷水合物，也開始分解而產生純甲烷，大片的甲烷氣泡便從沉積物上升至海面。由於甲烷在海水中會被氧化，其上升氣泡若發生於深水區（如挪威斯瓦巴群島〔Svalbard〕沿岸深達四百公尺的海水中觀察到的情況）[1]，甲烷就會被溶解，氣泡還沒抵達海面便會消失無蹤。然而，若水深只有五十到一百公尺，甲烷沒有足夠的時間溶解，便會直接浮出海面，進入大氣。我們必須謹記（唉，許多科學家卻忘記這點），從二〇〇五年開始，北極大陸棚才會在夏季時出現無冰的開闊水域，因此，我們正面臨一種新的現象，亦即北極大陸棚的凍結沉積物正在消融中。

凍結沉積物消融後，大量的甲烷氣泡群沿著水層上升，海水就猶如「沸騰」（ebullition）般，將甲烷帶入大氣中（卷頭彩圖21）。這些氣泡群彷彿一縷縷的雲柱，就像是由海床許多地點油氣噴發（詳見第七章）所形成的雲柱。

東西伯利亞海的北極大陸棚非常淺，據統計，這片總面積二百一十萬平方公尺的海床上，有七十五%以上的地區，其水深不到四十公尺，因此，多數的甲烷在水層上升期間，不會被氧化便直接進入大氣；而測量後也證實該地海面上的甲烷濃度曾是正常大氣甲烷濃度的四倍。過去，大家普遍認為，北極大陸棚在冬季被海冰覆蓋時不會釋出甲烷。然而，最新的觀察數據似乎顯示，甲烷與其他物質的釋出，似乎是一整年都會發生的現象。以歐洲的北極冰中湖（polynya）為例，其甲烷沸騰溢出的量，比存在於海洋中的甲烷，前者的平均值比後者高出二十到二百倍；這明確顯示甲烷仍會在冬季不斷釋出。此外，我們也直接觀察到甲烷會累積在冬季海冰下方，以上種種跡象均指出，一旦凍結沉積物在夏季消融後，便無法抑制甲烷的散出，如此，甲烷一年四季都會從海底不斷釋放。

由納塔莉亞・夏卡霍夫（Natalia Shakhova）與伊格・山米萊托夫（Igor Semiletov）領導的美蘇聯合探測隊，首次在夏季時於東西伯利亞海大陸棚發現並觀察到旺盛的甲烷氣泡雲，[2]其在水底下拍攝到引人注目的照片（卷頭彩圖20）。他們估計，這些凍結沉積物可能蘊藏四千億噸的甲烷，且隨著暖化加速，在短短的幾年之內，最上方的幾十公尺沉積物可能會釋放出五百億噸的甲烷。

另外，加拿大曼尼托巴大學（University of Manitoba）的伊格・德米傳科（Igor Dmitrenko）[3]等模擬專家，也曾研究近岸水深僅十公尺的沉積物，推估沉積物的解凍與甲烷的釋出十分緩慢，大約要一千年才會完全解凍與釋放；然而，在更外海的地區，甲烷釋出的情形卻不斷地正在發生。

納塔莉亞・夏卡霍夫與其他學者[4]已經注意到「不凍層」（talik）是促使甲烷從沉積物中釋出的關鍵角色。所謂的不凍層，就是海底永凍土層的異常區，由斷層或崎嶇地形所造成。

不凍層能讓甲烷得以從凍結沉積物的深處釋放出來，向上移動至海床。夏卡霍夫發現，在東西伯利亞海觀察到的許多甲烷氣泡雲，包含了從不凍層上端釋放的甲烷。不僅如此，不凍層與格陵蘭冰層的冰臼也有異曲同工之妙，因為冰臼讓升溫過程可以在比模擬專家估計的更深之處進行。不凍層也提供了一條路徑，讓甲烷分子可以從甲烷水合物中分離，再避開我們認為由海床永凍層所設的障礙下向上移動，最後釋放到大氣之中。因此，甲烷真正的釋出速率，並非永凍層一層一層解凍後，逐步釋出甲烷的速率。

甲烷，是極為可怕的溫室氣體。在第五章我已說過，以加速暖化的能力來看，一個甲烷分子比一個二氧化碳分子要大上二十三倍或一百倍（當然，這個倍數要看你如何計算）。原則上，全球大氣甲烷濃度大約在二〇〇〇年後穩定，為此，讓甲烷濃度在二〇〇八年再度開始上升的主因，很可能是北極近海海床釋放甲烷（其他原因或許還包括：近期因採用水力壓裂法〔fracking〕開採頁岩油，而造成的甲烷洩漏）。那麼，有多少甲烷會以這種方法釋放到大氣？而又會在何時發生？這會如何影響氣候？我們認為，它會讓北極海冰更快消融並減少太陽輻射的反射，且隨著格陵蘭冰層加速融化，海平面會加速上升。然而，海冰融化衍生的後果也會波及極地以外之處。

北極甲烷釋放的全球衝擊

我和兩位同事蓋爾・懷特曼（Gail Whiteman）與克里斯・霍普（Chris Hope）共同做了一項模擬的研究，假設未來十年之中，有五百億噸的甲烷陸續釋出，將對全球氣候造成何種影響？以及氣溫上升後，人類必須付出多少代價的研究報告。[5] 雖然，要釋放如此巨量的甲烷似乎是不可能的（人類每年的二氧化碳排放總量，也只有三百五十億噸），但別忘了，此預估量與被東西伯利亞海床凍結沉積物封鎖的甲烷預估總量相比，只佔不到十%。

為了量化北極甲烷對全球經濟的影響，我們使用 PAGE09 綜合評估模型（integrated assessment model），它可藉由海平面高度改變、各地溫度變化，及區域與全球所受的衝擊，例如洪水氾濫、對人類健康帶來的影響和極端的氣候變化等，來追蹤額外的排放量，以便考量其他的不確定因素。[6] PAGE09 模型能精確算出，如果每增加或減少一公噸的二氧化碳排放量，從現在開始到二二〇〇年累加的衝擊淨現值（Net Present Value，簡稱 NPV）會上升或下降多少，而這正是排放二氧化碳的社會成本。PAGE 模型是由劍橋大學賈吉商學院（Judge Institute in Cambridge）的克里斯・霍普（Chris Hope）所開發，而英國政府的《史登氣候變遷經濟學報告》（Stern Review of the Economics of Climate Change），也曾依據該模型計算氣候變遷造成的衝擊，[7]而PAGE09是它最新的版本。原則上，所有的計算結果都是經過此模型模擬一千次所獲得的，好讓我們全面評估風險並有效排除不確定因素。

我們模擬了兩種標準的排放情境。第一種是「一如往常」的情境：假設不採取任何減量行動，全球依目前年復一年增加的二氧化碳與其他溫室氣體的排放量來進展。第二種則是「低排放」的狀況：有五十%的機會可以讓全球平均氣溫上升不超過攝氏二度（這就是英國氣象局提出的「2016r5low」）。在這兩種情境中，我們都分別增加了從二〇一五年到二〇二五年，若有五百億噸甲烷釋放到大氣中的狀況。此外，我們也探討甲烷延後釋放、釋放時間增長或釋放量減少等可能造成的影響。

根據研究，到了二〇四〇年，全球氣溫會因為甲烷的釋放，而比原先預測值再提高攝氏〇・六度，此乃實質的額外增加（圖9-1）；**這個上升速度太快了，可能會對人類帶來災難，且會促進其他溫室氣體的作用，加速全球暖化，但我們除了冷卻海水層（亦即讓海冰再度出現）外，沒有任何方法可以停止甲烷釋出**——這真的是一個令人難以想像的可怕後果。不僅如此，若甲烷持續釋放，上述的情形可能提早十五到三十五年發生，屆時，全球平均溫度就會比工業革命前的全球溫度，還要高攝氏二度。

接著，我們根據兩種情境，模擬未來甲烷的釋放量對全球溫度上升的影響。在「一如往常」下，在二〇三五年就會發生；而在「低排放」的情境下，二〇四〇年就會出現。換言之，兩者之間對於溫度上升的影響，發生先後只相差了五年，也就是說，無論如何甲烷都會迅速影響氣候。雖然甲烷開始釋放後二十五年，全球溫度才會升高〇・六度，但等它開始釋出後，只要短短數年，全球氣溫便會上升〇・三到〇・四度。

以現在的幣值計算，如果是「一如往常」的情形，未來一個世紀的社會成本是六十兆美元。根據我們早期的推算，北極地區暖化後，周邊國家與某些產業可能會獲得短暫的經濟效益，但人類最終還是得付出高額代價，但沒想到竟然如此昂貴，實在出乎我們的預料。與此同時，我們也使用這個模型推估同一段時間內，全部氣候變遷衝擊下所衍生的社會成本是四百兆美元。由此可見，單一溫室氣體甲烷所造成的社會成本，是全部的十五%，佔比非常高。然而，就算是「低排放」的情形，我們還是得額外付出三十七兆美元的社會成本。為此，無論甲烷釋放是否晚二十年發生（不是二〇一五年開始，而是二〇三五年才發生），亦或甲烷釋放期，從十年延長至二十年或三十年，我們都必須付出同樣的的高代價。

原則上，這個模型將全球分為八個區域，以便模擬各地的改變情況。在前述兩種情境之下，甲烷造成的額外衝擊，在全球的分佈情況與整體氣候變遷造成的衝擊分佈情況十分吻合：以成本計算，八十%的額外衝擊會發生於非洲、亞洲與南美洲比較貧窮的國家；而低窪地區淹水、極端高溫、乾旱與暴風雨，也都會因甲烷釋出而加劇。總而言之，**地球暖化使得北極大陸棚的海冰融化，這原本只是單純的北極效應，到頭來卻會衝擊全世界，而深受其害的，依然是世界各地的貧民。**

現今人類的行動

談到環境與氣候變遷，我們可以用兩個標準來判斷面臨可能威脅時，是否該採取行動或袖手

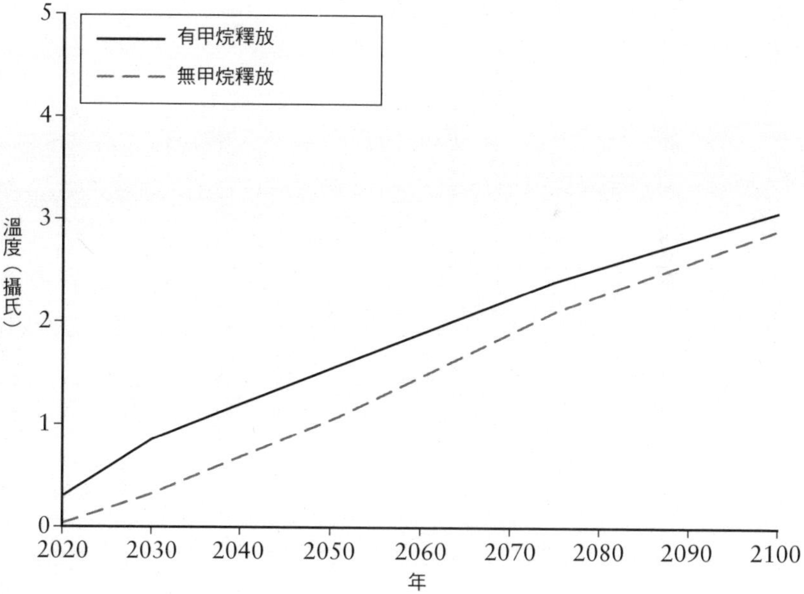

圖 9-1 2015 到 2025 年間，500 億噸甲烷釋放對全球平均氣溫可能造成的影響。

旁觀。**其一為「預防原則」（precautionary principle），即便不確定威脅是否已經發生，也要採取行動消除威脅。**舉例而言，政府間氣候變化專門委員會曾於一九九二年發表第一次評估報告，當時，尚無確切證據可證明排放二氧化碳會改變氣候，然而，指出這點憂患時便足以呼籲各國積極採取行動。

其二則為「風險分析」（risk analysis），其可協助我們量化威脅的嚴重性。我們可以利用數學來簡單定義風險，就是將風險的發生機率乘上其負面效果。若風險發生機率非常低，卻會造成極大的衝擊（例如行星撞地球），那這類風險便特別難以評估。然而，北極近海甲烷釋放的風險極高，這點毫無疑問。首先，瞭解實情的納塔莉亞・夏卡霍夫與伊格・山米萊托夫，曾經分析過凍結沉積物的成分與穩定性，發現甲烷釋放的機率頗高，至少達到五十％，而且此事萬一發生，將會帶來巨大的災害，光是經濟損失便能高達六十兆美元，更會使許多無辜百姓也會因此喪命。因此，無論如何衡量，北極海床的甲烷釋出，是人類當前面臨的最大風險之一。

但是，為何到現在我們對於「甲烷釋出」的威脅，仍毫無作為呢？為什麼多數的氣象學家會忽視這項危機，政府間氣候變化專門委員會在最新的評估報告中，也幾乎沒有提及這點呢？事實上，令人擔憂的，正是那些該大聲疾呼並呼籲各國採取行動的人士都缺乏膽識。不僅不相信氣候變遷的人想隱瞞北極甲烷釋放造成的威脅，連許多研究北極的科學家（包括所謂的「甲烷專家」）也都視而不見。某些專家以為北極只會釋放少量的甲烷，誤認為那是自然與人為甲烷釋放的來源之一，這些人不知道前述危機還情有可原。然而，他們還不知道目前的環境情況乃是前所未見：從二〇〇五年開始，絕大部分位於俄國的北極大陸棚水域已經時常曝露於大氣之中，水溫早就遠高於融點。

或許，不是專研北極的科學家很難體認到這是一種全新情況，過去陳舊的觀念早已不適用。雖然有些科學家確實瞭解現況，但由於怯懦膽小，寧可一廂情願地相信此事不會發生。舉例而言，二〇一四在英國皇家學會（Royal Society）舉行的會議上，有人曾根據拉普提夫海（Laptev Sea）的最新研究報告，指出甲烷的釋放量已大幅增加。當時，甲烷專家蓋文・史密特（Gavin Schmidt，美國太空總署戈達德太空科學研究所主任）便公開嘲笑海床可能大量釋放甲烷的說法。不僅現場研究人員提出的資料遭質疑是否完整與正確，連夏卡霍夫與山米萊托夫也因為同屬俄國籍和性別因素（夏卡霍夫是女性）而遭受人身攻擊；這是科學界非常不光彩的一頁，但為何會發生這種事情？部分的原因，或許是這項發現可能帶來重大的商業利益影響吧！

我認為，即便我們想在減少二氧化碳一事上拖延敷衍，但有五百億噸的甲烷可能會釋放到大氣中，而讓全球溫度快速上升○‧六度，我們對此絕不能坐視不理。而且這不過是個序曲，隨著凍結沉積物在未來數十年逐漸解凍，有更多、更多的甲烷會釋放出來，而地表永凍層也會同時加入戰線，不斷釋放甲烷。

那麼，我們能做什麼呢？首先，我們目前所知甚少，必須立即進行研究。我們似乎可以從某些方面停止並逆轉全球暖化，好比透過地球工程法（geoengineering）來解決問題，如此一來，夏季時北極海冰就可能再度出現，大陸棚海水的溫度也會降回原來的攝氏零度，永凍層也可能停止解凍，甲烷也不會再釋放出來。

就理論來看，這樣說是沒錯，說起來也似乎很簡單。然而，甲烷氣泡雲正不斷浮現，且已經促成了廣泛效應，很難想像我們可以採取何種偉大行動，來降低溫度以阻止更多甲烷釋出。我們要是能做到這點，或許早就能克服氣候變遷而高枕無憂了；又或許唯一的辦法就是直接防止甲烷從現在與不久的將來，由海床沉積物釋放出來；但我們對此仍一籌莫展。有些人建議先用塑膠圓頂或塑膠布收集甲烷，再將它輸送到燃燒站燒掉，但是甲烷是由海床各處釋出，塑膠布必須夠大才能遮蓋整個東西伯利亞海床，因此，這個方法是行不通的。

至今，唯一的可行方法，或許是採用石油產業的「水平式鑽井」（horizontal drilling），即是將井開鑿至沉積物的解凍層（active layer）下方，再以橫向鑽孔將井與沉積物下方開鑿的穴室相連，先將甲烷引導至穴室，接著抽出來燒掉。基本上，燃燒甲烷是可行的，因為一個甲烷分子燃燒後會產生一個二氧化碳分子，而後者的溫室效應能力只有前者的二十三分之一。因此，若能把甲烷收集起來運用那就更棒了。然而，要實施前述的方法，必須在整個東西伯利亞海四處鑿井，至今還沒有人計算必須得鑿多少口井，以及評估整個工程的花費。總之，既然沒有其他可行之道，唯有儘早開始研究解決方法，且一旦確定可行，便要立即進行，刻不容緩。或許，石油產業若能以其高科技拯救全世界；豈不是很諷刺？但我認為上帝也會微笑認同的。

陸地腐敗永凍土的威脅

雖然北極近海地區的甲烷釋放是當前最大的威脅，但陸地上的腐敗永凍層，也會不斷釋放甲烷與二氧化碳，且近來也有難以遏止的趨勢。

經由北極生物學家縝密的研究指出，**當陸地的永凍土解凍時，腐敗的表層植被會經歷一**

連串化學與生物反應而解凍，最終也會釋放甲烷與二氧化碳。此情況有別於北極近海永凍土的甲烷釋放，因為海底的永凍層不斷解凍時，是釋放早已存在的甲烷；而陸地永凍土釋出的甲烷，則要經過一連串緩慢費時的化學反應才會產生，但無論如何，甲烷遲早會被製造出來。

讓我們看一下統計數據。當今，全球陸地連續與非連續（零散）的永凍土總面積，大約有一千九百萬平方公里，而它們都正在解凍。從一九八〇年代開始，永凍土地區的溫度已經上升攝氏二到三度。永凍土解凍時會釋放甲烷、二氧化碳與（一些）一氧化二氮（N_2O，亦即笑氣），以上都是溫室氣體。根據政府間氣候變化專門委員會的報告，蘊含在陸地永凍土的碳高達一兆四千億到一兆七千億噸。其中的一千一百億到二千三百億噸會在二〇四〇年之前（以二氧化碳與甲烷的形態）釋出，八千億噸至一兆四千億噸會在二一〇〇年釋出。在二〇四〇年之前，每年的釋出率介於四十到八十億噸，此後，每年的釋出率會飆升至一〇〇到一百六十億噸。請特別注意這些數據；這表示到本世紀末，從解凍的陸地永凍土釋放的碳，將是我們擔心未來十年由近海永凍土釋出的五百億噸甲烷的三十倍。在這些碳之中，有多少會以高活性甲烷的形式存在呢？關於這點還不確定，但為數可能不少；總之，甲烷肯定會讓地球暖化。

原則上，由近海永凍土釋出內含的甲烷，暖化速度或許會很快；如果由陸地的永凍土排出甲烷，暖化速度也許會比較慢。或者，暖化速度會先快後慢，因為近海永凍土會先快速釋放甲烷，接著陸地永凍土以較為緩慢的速度釋放甲烷，但釋放的量會比較多。但無論如何，最遲在本世紀末之前，我們勢必得承受這種額外暖化的後果。

容我再提醒一次，政府間氣候變化專門委員會於二〇一三年提出的報告，引用了陸地永凍土釋出甲烷的數據，這點極不尋常。雖然陸地永凍土釋出的甲烷對氣候增溫的影響等同甚至大於近海永凍土釋出的甲烷，但前述報告卻沒有進一步探討以這種方式釋放的甲烷，將如何加速全球暖化。

其他地區甲烷釋放的情形

夏卡霍夫與山米萊托夫的發現公諸於世後，科學界便加速北極大陸棚的相關研究，進一步發現除了東西伯利亞海，其他大陸棚的近海溫度，也已經升高且釋放甲烷。在二〇一四年夏天，夏卡霍夫與山米萊托夫登上瑞典破冰船歐丹號（Oden），加入前往拉普捷夫海（Laptev Sea）探險的 SWERUS-C3 航程，藉此擴大他們的研究範圍。他們發現，在某個深度介於二百到五百公尺的外海大陸棚上，有個直徑數公里的區域，正在冒出大量的甲烷氣泡。而他們更在深度介於六十到七十公尺的近岸海床上找到一百處釋放甲烷的地點，其中包括一個深度六十二公尺的強烈甲烷噴發點。

首席科學家歐貞・卡斯塔福申（Örjan Gustafsson）將其稱之為「巨型甲烷烈焰」（mega methane flare）。發現此噴發點的時間是二〇一四年七月二十二日，而這個探險團隊宣稱，他們發現噴發點的「甲烷濃度極高，比週遭海水層的甲烷濃度大約要高出十倍」；這些甲烷是從大陸棚沉積物的一個孔洞噴發而出。[8]

從一九九〇年代起，蘇俄與德國便攜手進行此稱為「拉普捷夫海」的計畫（Laptev Sea Programme）。這項田野研究在二〇一六年一月提出一份報告，揭露一項非比尋常的發展趨勢。[9]從二〇〇七年起，一個錨定於拉普捷夫海四十到五十公尺大陸棚的測量站，不斷測量從海面到海底的溫度情況以及海冰厚度。值得大書特書的是，在二〇一二年夏季，測量站的儀器先記錄了海冰縮減，再發現中間層海水因爲勒拿河（Lena River）出海的溫暖河水與穿透海面的太陽輻射而升溫。這兩股熱能混合後往下慢慢滲透至海床。等到冬季降臨之後，海床溫度才在二〇一三年一月上升〇・六度，這種情況維持了二個半月，使得凍結沉積物可能因此解凍。如此，我們便可解釋變暖的海水為何會造成 SWERUS-C3 觀察到的甲烷噴發了。此外，好幾項模型研究也顯示，拉普捷夫海可能會比東西伯利亞海釋放更多甲烷。[10]

拉普捷夫海是第二個會釋放甲烷的北極大陸棚，其活動強度使我們確認一點：不只東西伯利亞海的海床會釋放甲烷，其他地區的海床也會如此，甚至，很可能所有的北極大陸棚都會排放甲烷。**因此，我們對甲烷釋放量的估算可能太保守了。**根據北極當地大氣甲烷量的監測數據，甲烷濃度偶爾會暴增而遠高於背景濃度（每次的濃度突增，似乎都是因為單一來源大量釋放甲烷，因此丹麥與格陵蘭地質調查局〔Geological Survey of Denmark and Greenland〕的傑森・鮑克斯〔Jason Box〕將其稱之為「龍息」〔dragon breath〕）。這些甲烷可能來自於某些尚未被觀測到的個別「巨型甲烷烈焰」。依據加拿大埃爾斯米爾島（Ellesmere Island）北端阿勒特（Alert）甲烷監測站的紀錄（圖 9-2），原本從二〇〇〇年起便維持在一千八百五十二 ppb 的甲烷濃度已經迅速飆升，目前已達到一千九百四十 ppb，其增加的甲烷量都是過去三到四年釋放的。

二〇一四年八月，西伯利亞北方凍原出現三個神祕的坑洞，這些坑洞有平滑垂直的坑壁，四周環繞著沉積物，它們可能也跟甲烷濃度暴增有關。最值得採信的說法是，當永凍土解凍之後，甲烷便會聚集於沉積物下方，最終因壓力過高而炸開上方沉積物，產生了這些坑洞。以上跡象清楚顯示，北極沿岸已經大量釋放甲烷，且是以我們過去從未觀察到的方式進行中。雖然政府間氣候變化專門委員會發表的第五次評估報告中，輕忽甲烷釋放造成的威脅，但我們必須捫心自問，「承認」這個威脅迫在眉睫，將會大幅改變全球氣候。

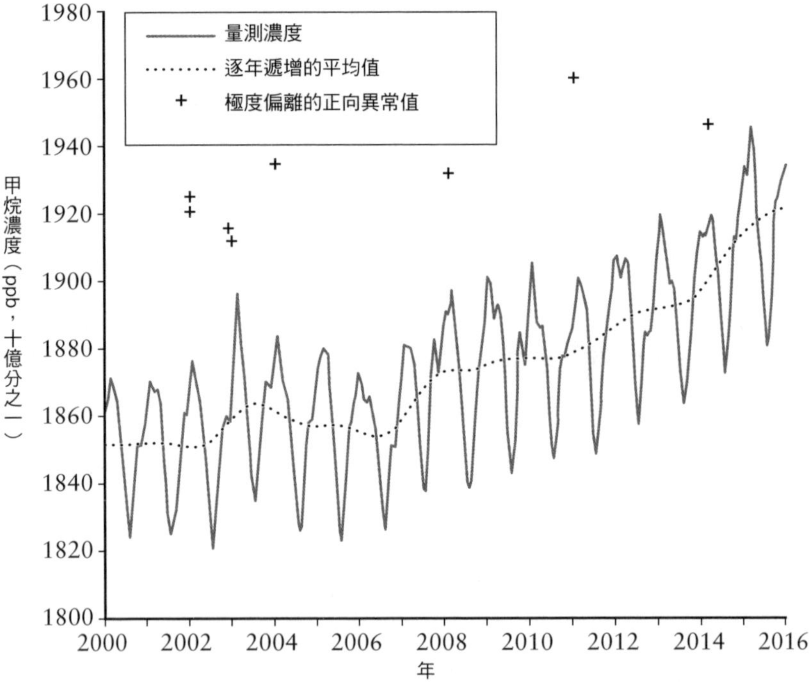

圖 9-2　2000 到 2016 年之間，加拿大埃爾斯米爾島北方阿勒特所測量到的大氣甲烷濃度。

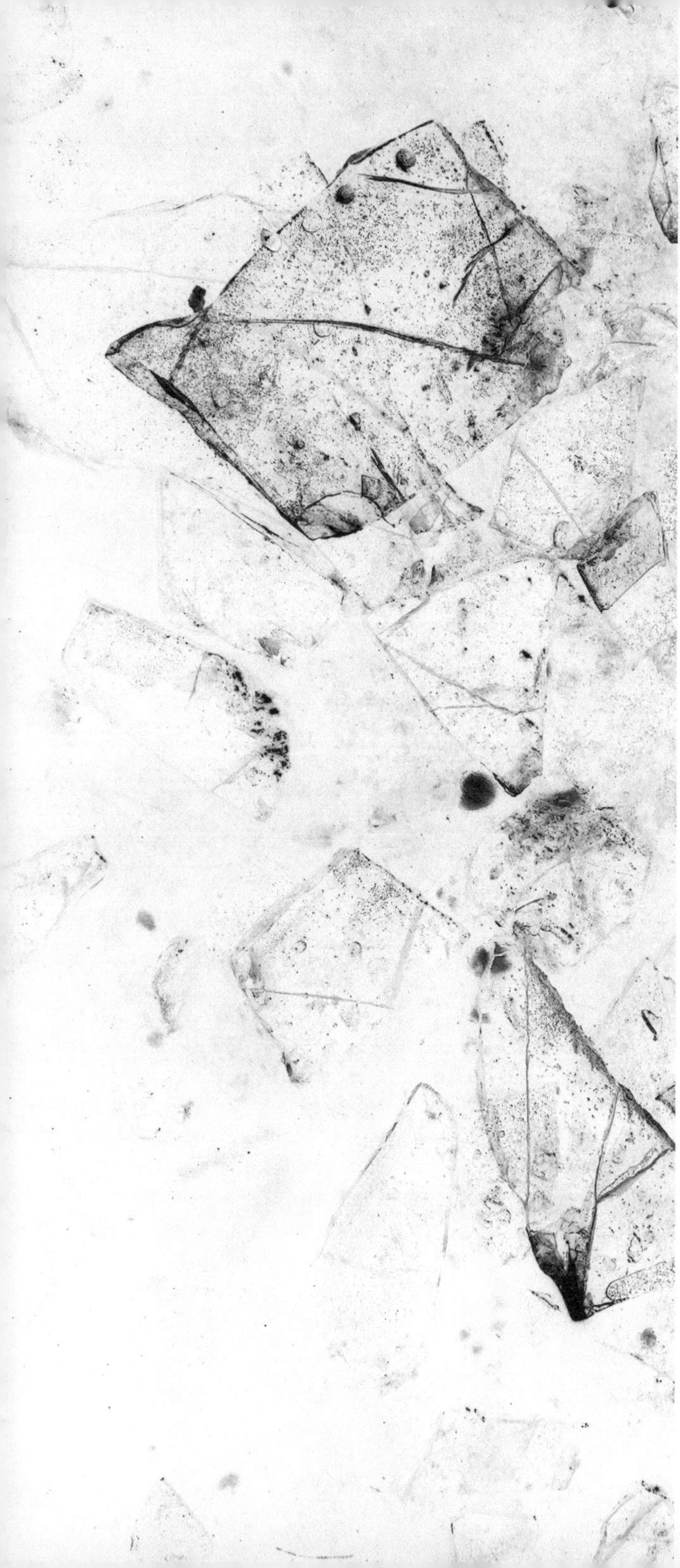

第十章 詭譎多變的天氣

二〇〇九年到二〇一〇年、二〇一〇年到二〇一一年、二〇一四年（一月）以及二〇一四年到二〇一五年等，這幾年的冬季，美國東部與西歐極為寒冷。

這種極端天氣嚴重衝擊美國的玉米收成，使得解決非洲饑荒的儲糧大幅減少。這種情況若在重要的農作期間發生，顯而易見的會導致北半球中緯度的主要作物生產區無法耕作，進而造成大規模的饑荒，甚而造成某些國家的政治動盪不安。我們都知道，天氣會不斷改變，偶爾冬季天氣異常也不足為奇，只能算是一種隨機波動；然而，天氣異常若在六年之間重複發生，並逐漸表露某種新的氣候模式，此時，就必須思考它是否跟地球的其他明顯變遷有關。氣候異常的現象在北半球的中緯度地區逐漸擴散，且持續不斷發生，逐漸蔓延至全球各地，呈現出相對的信號（先暖再冷，再從冷變暖），這點暗示高速氣流已經有所改變。

美國羅格斯大學（Rutgers University）的珍妮佛・法蘭西斯（Jennifer Francis）與威斯康辛大學（University of Wisconsin）的史蒂芬・維拉斯（Stephen Vavrus）曾提出一個合理的機制，率先在論文中指出，[1] **高速氣流的改變與逐漸減弱的緯向（南—北）風，與北極夏季的海冰消融有關。**如果他們的推斷正確，短暫的天氣改變，就會成為長久的氣候變遷，最終使得冬季與春季的天氣，變得極為糟糕，不僅會嚴重衝擊中緯度國家的經濟，同時極端的天災，例如二〇一二年侵襲美國東海岸的桑迪颶風（Hurricane Sandy）也會更頻繁的發生。

除了影響天氣，海冰消融也會讓人類更難溫飽：高山冰河消失之後缺乏了冰雪，減少了糧食作物區在春天的可用水量。

天氣與高速氣流

近幾年來，極端的天氣異常現象主要發生在北半球的中緯度地區。單單二〇一四年到二〇一五年的冬季，舊金山就在加州乾旱期，首度創下一月無降雨的紀錄，美國中西部與東北部也異常寒冷，而新英格蘭地區則下起大風雪。

基本上，北半球的天氣受到兩個大型氣團持續的複雜交互作用影響：一是以北極為中心的極地氣團（polar air mass），二是位於低緯度的溫暖熱帶氣團（tropical air mass）。其實全球的溫度並非隨著緯度高低，而平穩逐漸變化，而是在低緯度熱帶氣團與極地氣團的交界處發生急劇變化；這個氣團交界稱為極鋒（Polar Front），是一種氣團碰撞區，大西洋低氣壓就是在此生成；而低氣壓的行進路徑會受到本身所在位置的影響。

陡峭的氣壓梯度（pressure gradient）若發生於高層大氣（氣團交界的伴生現象），會形成狹窄的高海拔強風帶，偶爾風速會超過時速二百英里（約三百二十二公里），而它會在對流層頂（tropopause）的下方生成（到了對流層頂的高度後，大氣溫度便不再隨著高度攀升而下降，而是準備回溫；極區的對流層頂高度大約是九公里）。南北半球都會出現前述的風帶，通稱為高速氣流。而「極地高速氣流」（Polar jet stream）通常指北半球的高速氣流，它與極鋒有關。極鋒兩側的的溫差越大，極地高速氣流便越強烈：通常在冬季通會比較強烈，因為那時無日照的嚴寒北極與中緯度地區的溫差通常也最大。經常搭機在大西洋上空往返歐美兩地的旅客，一定很熟悉高速氣流。若從美國飛往歐洲，高速氣流就是強勁的順風，反之則成了強勢的逆風。

極鋒兩側速度落差太大而讓氣流不穩定，因此高速氣流並非筆直前進，而是沿著曲折的路徑前行。高速氣流越緩慢，曲折的程度便越大。近來，高速氣流曲折的程度越來越大；換言之，曲折路徑橫跨的南北範圍越來越廣。這便驅動了另一種能量回饋：位於高速氣流邊界、靠近熱帶區域的北行氣團會替北極帶來較為溫暖的空氣，而靠近極地側的南行氣團則將寒冷的空氣帶離北極，送到比以往緯度更低的地區。

因此，高速氣流曲折路徑增大範圍後，便會讓更多熱能從中緯度地區流到高緯度地區，進而加劇了北極的暖化，減少了極地氣團與中緯度氣團的溫差，導致高速氣流減速、路徑曲折幅度擴大，使得熱能交換的回饋效應增強。因此，法蘭西斯與維拉斯提出的機制便被稱為**「高速氣流回饋」：北極海冰的消融讓高速氣流改變位置，而高速氣流改變後，又會讓海冰消融得更快。**除了振幅加大，曲折路徑順流（向東）移動的速度也會趨緩，讓天氣模式越發穩定，使得乾旱、水災、熱浪、寒流等現象得以持續更久，進而造成更大的危害。

曲折路徑範圍擴大之後，其影響已不限於本身，更會擴及到更南的地區，這是因為空氣流動減緩。其中一項效應，就是大西洋熱帶地區會出現更多颶風，因為被送往北極的熱能減少（北極暖化之後，與低緯度地區的溫差便會縮減）。如此一來，停留於熱帶地區的熱能便會增加，讓大西洋熱帶海域與墨西哥灣的表層海水更加溫暖，使得更多的颶風成形。

氣候異常與海冰消融有關嗎？

法蘭西斯與維拉斯提出的回饋機制，看似合理，卻不是北極海冰消退影響中緯度天氣的唯一機制。其實，西雅圖的太平洋海洋環境實驗室（Pacific Marine Environmental Laboratory）的詹姆士・奧福蘭（James Overland）曾提出三個理由，告誡我們在指出「北極暖化」與「低緯度天氣模式」間的直接關聯前，務必戒慎小心。[2]

首先，從某個新現象反覆發生，一直到能得到統計學的有效結論前，科學家都會戒慎恐懼，不會斷然將其歸因於某種絕對的因果關係。北極暖化放大效應的增強和嚴重的海冰消融，發生於過去十年之內，但異常的天氣現象只有最近六年才格外顯著；然而，**單憑六年的觀察記錄，不足以認定天氣異常是北極的「強迫效應」所致，跟天氣系統的其他隨機事件毫無關係。**大氣科學家一開始就會學習氣候（大氣行為的長期模式）與天氣（多種因素共同造成的區域性短暫效應）有何差別。最佳的天氣預報只能呈現「技巧」，換句話說，預測結果只比隨機猜測更準一點，且頂多只能預測未來十四天的情況；這的確是天氣預報的最大極限，因為第十四天的大氣狀態與第一天的大氣狀態根本毫不相關。科學家觀察各類圖像時（無論火星表面或大氣壓力圖），都會戒慎恐懼，免得陷入「幻想性視錯覺」（pareidolia，亦即從隨選圖像看見不存在模式的傾向）。舉例而言，火星上的「人臉」或心理學的羅夏墨跡測驗（Rorschach ink blot test）便是典型的「幻想性視錯覺」（編按：羅夏墨跡測驗，是一九二一年由瑞士精神科醫師赫曼・羅夏克〔Hermann Rorschach〕所發明的人格測試。）我們看見了海冰消融的模式，也發現了極端天氣現象的模式，往往會深信這兩者環環相扣。

順帶一提，我自己在北極也曾經歷過的幻想性視錯覺。一九九四年，我在協助組織一個前往加拿大北極圈內威廉王島（King William Island）的私人探險隊，打算驗證某位英國海軍軍官曾經「看見」富蘭克林（Franklin）墳墓的說法（編按：係指英國船長與北極探險家約翰・富蘭克林爵士〔Sir John Franklin〕，他在搜尋西北航道之旅中失蹤，下落成謎。）據說富蘭克林的船擱淺於威廉王島的西部海岸，因此，這位軍官花了相當長的時間搜尋該處，而就在他糧食耗盡、準備搭機離開時，看到一個「類似墳墓的山丘」（其實是冰河鼓丘〔glacial drumlin〕），墳墓的形狀非常完美，兩排的扁平方正的石頭堆砌出一條步道，長七英尺、寬三英尺。

富蘭克林死於一八四七年，從來沒有人發現他的墳墓；難道這就是他的長眠之地嗎？我們歷經千辛萬苦，耗費了龐大經費，隔年才抵達該處。它就在眼前，看起來就是個墳墓，跟市立墓園的墳墓如出一轍。我們敲打著石頭，聽見了回聲，暗示底下是空的，因此興奮異常，便請來一位加拿大的考古學家，只有他才有權力去搬開石頭。他搭乘雙水獺型（Twin Otter）飛機前來，我們便在他眼前輕輕拿起石頭，興奮地向內查看，竟然發現那只是旅鼠（lemming）的洞穴！我從來沒有這麼失望。我們後來仔細研究，發現那是一個立方形石塊，可能是被冰河帶到該處，矗立於鼓丘上方。冰霜讓片狀的石頭從母岩剝落，不斷滑落於斜坡，再隨著重力恣意散開，形成狀似人造的雙排步道。結果旅鼠乘虛而入，在下方挖鑿洞穴來藏身，害我們空歡喜一場。

連續六年的冬季出現極端異常的天氣，剛好呼應北極海冰的消融，但除此之外，沒有出現其他現象可以證明兩者的絕對關係。因此，認定天氣異常跟北極的暖化效應有關便是一種無效的論證。當然，若天氣異常以同樣模式持續發生，那麼，認為天氣異常跟北極暖化效應無關的說法，也就會越來越站不住腳。

其次，另有類似的推論，認為法蘭西斯與維拉斯提到的高速氣流會直接影響天氣，但高速氣流其實是一種紊流，容易造成某些看似證據確鑿，實則隨機發生的效應。

第三，還有其他可能影響中緯度氣流循環的強迫作用。美國國家科學院（US National Academy of Sciences）曾在二〇一三年九月十二至十三日舉辦工作坊，邀請對此議題感興趣的科學家齊聚一堂進行討論，最終提出一項完整報告。[3]每位科學家都有自己認定的機制。

以下完整列出各種可能的影響機制：

❶ 北極更為暖化→溫差減少→高速氣流減弱，曲折範圍變大→中緯度地區的天氣模式更為穩定（法蘭西斯與維拉斯二〇一二年提出的機制）。

❷ 北極海冰消融→高緯度地區秋季雪量增加→秋冬兩季西伯利亞高壓增強，範圍越廣→越來越多的行星波（planetary wave）（編按：對流層中上層呈波狀形式的氣壓場或流場，其水平尺度與地球半徑相當，故名）向上擴展→平流層暖化更急遽→極地渦旋（polar vortex）減弱，以及高速氣流減弱，曲折範圍變大（Cohen 等人，2012[4]；Ghatak 等人，2012[5]）。

❸ 北極海冰消融→區域性熱能與其他能量通量（energy flux）改變→極地渦旋不穩定→寒冷的極地空氣往中緯度地區移動（Overland 與 Wang，2010[6]）。

❹ 北極海冰消融→高速氣流的曲折範圍變大，以及冬季大氣循環模式與冬季北極震盪的負相類似→大氣「阻斷」（blocking）模式更為頻繁出現（Liu 等人，2012[7]）。

❺ 北極海冰消融→往南移動的高速氣流在夏季覆蓋歐洲→歐洲西北部的夏季更常出現多雲、涼爽、潮濕的天氣（Screen 與 Simmonds，2013[8]）。

❻ 北極海冰消融→冬季的大氣循環模式與北極震盪的負相類似→地中海地區冬季雨量

暴增（Grassi 等人，2013[9]）。

❼ 北極海冰消融→三極風模式負相→東亞地區降雨量增加且冬季氣溫下降（Wu 等人，2013[10]）。

我們一直討論某些明顯的正向回饋，但是實際上，顯然不像這些回饋一樣如此簡單，而需要進行更多研究來證明前述的機制。不過，**所有的機制顯然都將中緯度的天氣情況歸因於北極的改變——特別是海冰消融，且全部都牽涉回饋效應**，雖然只有法蘭西斯與維拉斯的回饋特別簡單與直接。

目前已經發現兩個現象，足以提供充分的證據，證明北極暖化與海冰消融偶爾會影響天氣狀況。第一個現象發生於東亞，巴倫支海（Barents Sea）與卡拉海（Kara sea）（編按：這兩個海洋位於俄羅斯北方）的海冰消融，會使得西伯利亞高壓增強，讓冷空氣可以灌入東亞地區。第二個現象是冷空氣會入侵美國東南部，因為格陵蘭西部地區溫度上升，讓長波大氣氣流型態轉變更大。

極端氣候與糧食短缺

無論氣候異常是如何造成的，我們都無法否認極端的天氣已經衝擊農業生產的事實，因為它們會危害北半球量產農作物的中緯度地區。如果極端天氣與北極海冰消融有關，同時伴隨著其他後續現象，我們可以預期極端天氣每年都會出現，成為新的氣候常態，顯示地球的氣候循環已經改變。

話雖如此，北極的海冰不會在短期內自動回復到原有規模，且溫室氣體的濃度仍會持續增加中，並透過北極放大效應，讓北極在未來數十年之間，持續暖化。接著，這些極端且經常近乎惡劣的天氣會讓農作物欠收，而現今的人口又持續迅速增加，肯定會造成災難。如果氣候持續異常，食物的供需遲早會失衡，兩者之間將形成一道難以逾越的鴻溝，飢荒必將四處爆發，使得全球人口減少。

科學家無不希望全球暖化與天氣模式的改變沒有關聯，或許，這正是為何他們看到越來越多的證據指出實情並非如此，仍舊堅持這兩者之間毫無瓜葛。

事實上，很早就有人指出北極改變後，低緯度地區的天氣可能會受到影響，但沒有人曾提出說明機制。澳洲的極地探險家休伯特•威爾金斯爵士（Sir Hubert Wilkins）窮盡畢生心血，就是要證明北極是全球天氣的指標。威爾金斯出生於澳洲的綿羊畜牧場，親眼見證旱災影響了農民生計。他曾在一九二八年出版一本名為《飛越極地》（Flying the Arctic）的書籍，[11]描述他率先駕機從阿拉斯加（Alaska）飛越北冰洋，前往斯匹茲卑爾根島（Spitsbergen）。他如此描述：

> 人們經常問我為何要去極地……氣象科學家從多年前蒐集的證據中推論，如果將極地收集的數據與其他緯度的氣象資料相對應，便可以更準確地預測季節變化。近年來，極地氣象站也已經證實，北極、南極與全球主要作物生產區之間有直接的關聯。

現在看來，威爾金斯爵士的說法，是正確的。因為**極地的改變會影響高速氣流的位置，讓這些「主要作物生產區」受到最大的威脅。**某些國家顯然比西方國家更有先見之明，例如中國已經在全球各地（主要在南美洲與非洲）購買或租用土地。他們實行的工業化農業措施雖讓少數的農民脫貧致富，卻讓其他的農民更加貧窮。長期下來，他們破壞了土壤、生物多樣性、飲用水、河川與海洋生態。中國正為了未來的糧食競爭做準備，他們控制其他國家的土地，也就等於控制了那些國家的自我食物供給。

氣候變遷對於糧食生產的影響，會直接反應在食品價格指數（Food Price Index，簡稱FPI）。這個指數是聯合國糧食暨農業組織（UN Food and Agriculture Organization）所提出的國際平均食品價格計量值。若將二〇〇二年至二〇〇四年的價格訂為一百，食品價格從二〇〇四年便快速飆升，漲到二〇一一年的二百三十，然後又持續下跌，到了二〇一六年降到了一百五十。如果我們將食品價格指數與政治事件相互對照，會發現食品價格飆升之後，二〇一一年便發生阿拉伯之春（Arab Spring），其導火線就是民眾抗議食物價格飆漲，及其對城市失業者的衝擊；第三世界國家的社會動盪總是與食品價格指數飆漲有關，因為購買糧食的費用是多數人的主要生活開銷。食品價格上漲（而非食物完全匱乏）經常是造成糧食短缺、甚至導致飢荒的主因。愛爾蘭馬鈴薯大飢荒（Irish Potato Famine）於一八四五年爆發，但即便在飢荒最嚴重的時期，愛爾蘭還將食物出口至英格蘭。反觀當地農夫買不起食物而挨餓，因此無法耕作，使得馬鈴薯產量減少，進而又讓馬鈴薯漲價，造成惡性循環。愛爾蘭當時糧食足夠，可以餵飽所有人，但有人卻因為沒有錢購買食物而活活餓死。

除了極端的天氣事件等「自然」因素（事實上追溯到源頭，也是人為所致），人類還刻意將糧食轉換成生質燃料，讓糧食情況更為惡化；最惡名昭彰的例子非玉米莫屬。玉米不只人類的主食，更是美國在非洲飢荒時提供援助的重要糧食。然而，美國前總統布希欣然接受了將玉米轉換為生質燃料的建議，以至於目前美國有四十%的玉米被用來製造生質燃料。可以想見，這會讓原本可用來紓緩飢荒的全球糧食存量銳減。歐盟原本要跟隨美國腳步去製造生質燃料，幸好歐洲環境總署（European Environment Agency）的某個委員會（我是成員之一）及時於二〇一二年提出一項報告，[12]證明生產生質燃料無法有效減少溫室氣體排放，且它還會衝擊全球的食物供給。

總的來說，無論氣候異常發生的原因為何，我們得到以下結論：

❶ 北半球在冬春兩季的天氣模式已大幅改變，極端天氣越來越頻繁出現。

❷ 全球人口正在快速成長中，但糧食生產卻飽受阻礙，導致食品價格指數上揚。一旦食品價格指數下降，又會在糧食供給不足的國家引發新一輪的食物爭奪，造成社會動盪不安。

❸ 如果天氣異常的形成機制，確實與北極夏季的海冰消融有關，我們便無法期望它會自然改善。

另一個難題：水資源壓力

要為人類供應充足的糧食，勢必牽涉水源的供應。休伯特・威爾金斯爵士眼見澳洲發生旱災，於是畢生致力於研究極地氣候。隨著全球人口增加，缺乏水資源的人也會增加，這就稱為「水資源壓力」（water stress）。「水資源壓力」地區的定義如下[13]：該地區每人每年可用水量少於一千七百立方公尺，包括農業灌溉用水在內的各類需求。其中，可用水量介於一千至一千七百立方公尺的地區為「中度缺水」（moderate），可用水量介於五百至一千立方公尺為「嚴重缺水」（chronic），可用水量低於五百立方公尺稱為「極度缺水」（extreme）。

然而，詭異的是，在二〇一〇年時，全球六十九億的人口之中，有三十六億的人（超過一半）居住於用水緊缺的地區。擁有最多人口居住在極度缺水環境的兩個地區分別是北非與中東，前者的總人口數為二億零九百萬人，有九千四百萬人嚴重缺乏可用水量，後者的總人口數為二億一千四百萬人，有七千一百萬人嚴重缺乏可用水量。這些數字相當驚人，尤其這兩個地區人口增加非常迅速，缺水的情況在二〇五〇年時會更加惡化，屆時，北非的總人口數會高達三億二千九百萬人，其中的二億一千六百萬人將會嚴重缺乏可用水；中東地區的總人口數會達到三億七千九百萬，其中的一億九千萬人將會嚴重缺乏可用水。

雖然每人的可用水量與人口成長環環相扣，但同時也與氣候變遷有關，因為暖化通常（但並非絕對）會讓水資源枯竭短缺。此外，人類恣意砍伐樹木與破壞濕地，也會影響水資源的保存。

除此之外，**海冰（或海冰消融）會直接造成用水困乏。在某些地區（例如印度北部、玻利維亞高原〔Bolivian plateau〕與西藏），水資源是來自於附近高山春季的融雪與冰河融水逕流。**這些地區若沒有足夠的雪或冰，水源供應便無法穩定，勢必會造成用水困乏的問題出現。雖然，這項隱憂與海冰沒有直接關聯，或許只能算是全球暖化下的間接衝擊。然而，水資源與糧食短缺勢必伴隨發生，共同威脅到人類的生存。

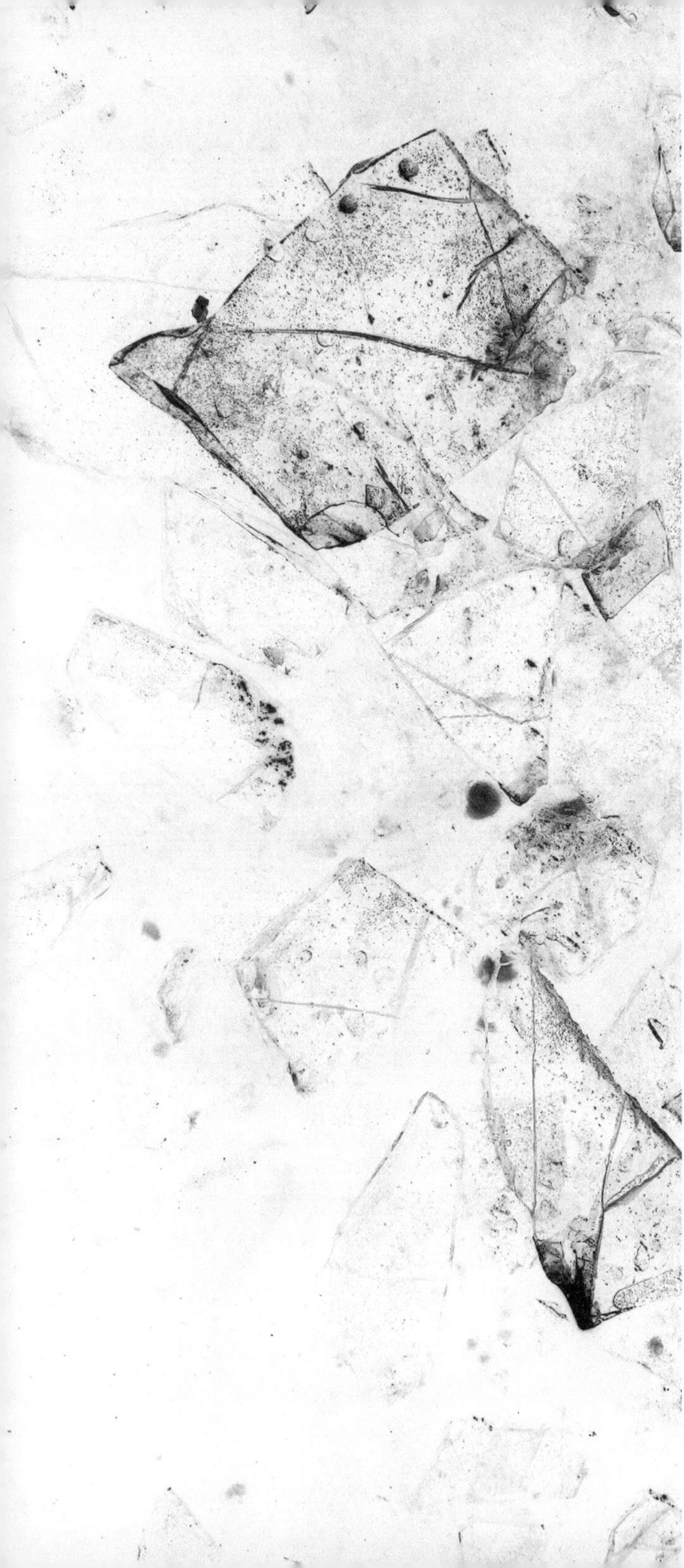

第十一章

深海煙囪的神祕身世

格陵蘭深海煙囪及其在氣候變遷中扮演的角色，可謂迷人的科學現象，牽涉到大氣、海洋與冰層的變化，三者環環相扣，足以大幅改變全球的溫度分佈。首先，何謂深海煙囪？深海煙囪，係指深邃的垂直旋渦水柱，能將海面冷水帶到將近兩千五百公尺深的海底。

這種現象顛覆我們的認知，因為我們總以為海洋極為穩定，但事實上，其由不同的水平水體組成，每層水體有著不同的鹽度與溫度，因密度不同而穩定分布。整體來說，海洋是非常穩定的，密度低的海水會浮在密度高的海水上方，據此原理向下分層到底。然而，海面下的水，難道永遠按照不同鹽分和溫度，井然有序的分布嗎？答案是否定的，但只有少數地點會發生這種情況，其中之一，就是格陵蘭海（Greenland Sea）；這種狀態應該非常不穩定，但它卻能持續數年，至今，仍沒人知道箇中原因。

全球溫鹽環流

首先，讓我們先認識溫鹽環流（thermohaline circulation）。這是一種在全球海洋中緩慢翻滾流動的水循環，它不像多數洋流是靠風來推動，而是依靠海水溫度與鹽度的落差，所造成的密度差異所驅動。溫鹽環流的主要驅動力來自於兩極海洋，該處的表面海水會因為海冰形成而增加密度（如第二章所敘述，多數的鹽分會從海冰釋放至海洋），進而向下沉；這種現象會將熱帶海流緩緩引到兩極地區，同時夾帶熱度與鹽分。原則上，溫鹽環流會受到各個大陸的地形與地球自轉產生的柯氏力所影響，因此，北半球的環流會向右流動，南半球的環流則向左流動。

若觀察溫鹽環流的表面（卷頭彩圖22），可以看見一股緩慢移動的海流（紅色），看似靠風驅動，但即便缺少風的推送，它仍然會持續流動。首先來看北印度洋（northern Indian Ocean）與北太平洋（North Pacific）兩股幅員廣闊的湧升流（upwelling）。它們將深層海水（藍色）帶到海面，而這些深層海水隨後會緩慢流向南方與西方。太平洋的海水會流向東印度群島，先與印度洋的海水匯集，接著再流至好望角（Cape of Good Hope），甚至向北流到大西洋的熱帶地區。洋流在此會聚集更多墨西哥灣（Gulf of Mexico）的海水與熱能，接著往東北移動，穿越北大西洋（North Atlantic），猶如墨西哥灣流（Gulf Stream）與北大西洋洋流（North Atlantic Current）。此洋流會持續向北流動，直到北冰洋，然後便消失無蹤；它似乎在某處下沉了。

接著，我們又觀察到一股緩慢的深層洋流向南回流，穿越北大西洋與南大西洋後又回到印度洋與太平洋，形成一個完整的大型環流——完成整趟旅程大約要一千年。這股環流被美國哥倫比亞大學拉蒙特-杜赫第地球觀測站（Lamont-Doherty Earth Observatory）的瓦力・布洛克（Wally Broecker）命名為「大洋輸送帶」（Great Ocean Conveyor Belt）；這個名稱相當貼切，但某些科學家卻抱持不同的看法（例如美國伍茲霍爾海洋研究所〔Woods Hole Oceanographic Institution〕的卡爾・馮曲〔Carl Wunsch〕），認為此環流更複雜，其實是分隔成一系列的不同環流。然而，卷頭彩圖22提供了基本概念：**溫鹽環流是一股勢不可擋的緩慢海流，推動它的是增溫、降溫、蒸發與地球自轉，而這些都是非常基本的驅動力。**

除此之外，輸送帶還需要其他動力來推動。驅動大洋輸送帶的齒輪，就是湧升流及沉降流（downwelling），湧升流將印度洋與太平洋的深層海水帶到表面，沉降流則讓表層海水往下沉。過去，我們過度關注兩極的變化，因而忽略了這種範圍廣闊的湧升流，也疏於檢視哪些力量讓北大西洋出現範圍較窄的沉降流：這種現象發生於何處？它又為何會發生？

科學家發現，這種現象只發生於兩處且範圍極小，出人意料。[1]第一個地點位於拉布拉多海（Labrador Sea）中央的一片狹小區域，該處冬季時被拉布拉多（Labrador）與格陵蘭吹來的冷風侵襲，海面溫度相當低；冬天時，海水溫度持續下降，密度也逐漸增加，最終密度大到足以沉入海底深處。下沉海水的量取決於冬天的氣溫，因此，每年下沉的海水量差異甚大。第二個地點則有趣多了，因為海冰也在其中扮演要角。它位於格陵蘭海中央，座標是「北緯七十五度、西經零度」。接下來，我們將聚焦於這個重要的地點，因為該處的變異將衝擊整個地球。

格陵蘭海對流區

格陵蘭海是特別重要的海洋，它緊鄰歐洲，與歐洲的氣候息息相關；其中，西歐平均溫度比同緯度地區高攝氏五到十度，都得歸功於洋流會將熱能向北帶往格陵蘭海（卷頭彩圖23）。如果這股熱能停止輸送，英國與西歐將跟加拿大拉布拉多一樣冷。

格陵蘭海中央的這片區域是表層海水通往深海的入口，而這塊海底沉降區的大小不到全球海洋面積的千分之一，對海洋環流卻至關重要，因為唯有依靠此處的沉降作用（亦稱作「通風」〔ventilation〕），水平與垂直的海洋環流才得以形成，溶解於表面海水的氣體與養分，進而下沉至深海。這種沉降作用非常重要，其能將溶解於海水的二氧化碳帶往深海，大幅影響海洋能吸收多少人類每年排放至大氣的二氧化碳。有人認為，昔日海洋對流的改變與科學家在沉積物和冰芯中觀察到的劇烈氣候變化息息相關。而本章後半段將會討論某些與格陵蘭海有關的氣候模型，並預測格陵蘭海的海水對流將減緩，會使西歐變得更為寒冷。

格陵蘭海的對流現象發生於某個環流（cyclonic gyre，一種旋轉渦流，在北半球為逆時針旋轉）的中央，西接寒流（東格陵蘭海流〔East Greenland Current，簡稱 EGC〕，會將北極盆地的冰與水帶進這個系統），東鄰向北流動的暖流（西斯匹茲卑爾根流〔West Spitsbergen Current〕，屬於墨西哥灣流的延伸），南接揚馬延流（Jan Mayen Current，這是東格陵蘭海流的分支寒流；東格陵蘭海流在北緯七十二至七十三度遇到稱為揚馬延海脊〔Jan Mayen Ridge，卷頭彩圖23〕的海底山脈，隨後向東分流出這股寒流）。

格陵蘭海也是北冰洋與其他大洋間交換海水與熱能的要道，因為連接格陵蘭海與北冰洋的弗拉姆海峽（Fram Strait）是深層海水通往北極的唯一通道。海冰會從北冰洋流入格陵蘭海，在向南流動的途中逐漸融化。因此，**從一整年來看，格陵蘭海猶如一個冰槽，乃是提供淡水的來源。**這些融冰每年大約替格陵蘭海帶來三千立方公里的淡水。

然而，入冬之後，格陵蘭海往東流向揚馬延流的海水也會結冰。此處海水因源自東格陵蘭流，因而極為冰冷，會讓北冰洋海冰繼續向南漂向格陵蘭海岸。如此一來，這片寒冷卻無海冰的海域又會因冬季的低溫而再度冷卻，尤其在盛行的西風從格陵蘭冰帽吹拂而來的季節。冷卻效應非常強烈，使得這片寒冷的開闊海域又會開始結冰。然而，格陵蘭海入冬之後會興起強烈的海波，讓這些剛結冰的冰塊無法形成連續的冰層。冰塊會遵循典型的**「碎晶冰——葉荷冰循環」**，先在水層形成鎂乳懸浮冰晶，再形成直徑只有一到五公尺的小片圓形冰片，而冰片會不停碰撞，使得邊緣凸起（卷頭彩圖24和26），接著，海浪讓懸浮冰晶相互擠壓而聚成一塊，最終形成猶如荷葉般的冰片。冰晶與懸浮其中的圓形冰片佈滿揚馬延流的極地海水上方，這種現象能透過衛星圖清楚觀察到（卷頭彩圖26），而新成形的海冰形狀像是吐出的舌頭，被人稱為「奧登冰舌」，它佔據的面積可廣達二十五萬平方公里。

奧登冰舌最早在十九世紀被發現，並且由獵捕海豹的獵人命名，因為菱紋海豹（harp seal）在春天時會在這些小片圓形冰片匍匐活動並繁衍後代。挪威的海豹獵人會從冰舌外圍向內獵捕幼海豹，以便剝取牠們值錢的白色毛皮，這些獵人便將這片區域稱為「奧登」（Odden，挪威語為「海岬」之意）。早期的捕鯨人亦熟知這塊區域，因為行動遲緩的露脊鯨（right whale）（又稱弓頭鯨〔bowhead whale〕）經常出沒於奧登西邊受保護「諾爾德布克塔」海灣（Nordbukta，Northern Bight）。在第六章提過傑出的捕鯨者兼科學家威廉・索克斯比二世（William Scoresby Jr），他在一八二〇年的著作《北極地區與格陵蘭捕鯨活動歷史概述》（*An Account of the Arctic Regions With a History and Description of the Greenland Whale-Fishery*）[2]中提到的，就是前述的冰舌與海灣。

此外，荷葉冰成形時會發生一種有趣的現象：它凍結時幾乎不會保留鹽分，會將大部分的鹽分釋放至海水。我的研究團隊做過實驗，用起重機將薄餅冰抬到船的甲板上並加以切片，發現較薄的薄冰冰，其鹽分濃度約為千分之十（海水是千分之三十五），較厚的荷葉冰，其鹽分濃度可低至千分之四，幾乎失去了九十%的鹽分。排出的鹽水不僅增加表層海水的密度，也同時增強了冷卻作用（因為鹽水的凝固點比水低），使得表層海水變得不穩定而下沉。[3]由於此處多了因鹽分而造成的密度改變，為此，海水下沉現象比在拉布拉多海要明顯得多。事實上，薄餅冰快速增加也會讓表層海水的鹽分快速增加，這對於格陵蘭海出現大量的海水對流十分關鍵，對於大西洋溫鹽環流的維持亦極為重要。這也是為何荷葉冰排出鹽分的現象，令人如此興奮：荷葉冰不斷快速形成，讓鹽分快速釋放，而且這種情況又恰好發生在足以大幅影響海洋穩定的地點。

奧登冰舌對於斯堪地那維亞地區的海豹獵人極為重要，因此從一八五五年起，年年都有冰舌範圍的紀錄，遠遠早於丹麥氣象研究所（Danish Meteorological Institute）成立並公布每月冰況報告的時間。奧登冰舌通常會在每年十一月成形，並持續到隔年四月或五月，因此可以推論海洋對流也應該發生在這段期間內。然而，這樣的規律似乎在一九九〇年代被打亂：在一九九四年到一九九五年間，以及從一九九八年迄今，奧登冰舌已不再成形了，這對於格陵蘭海來說是十分巨大的變化。為何會造成這種結果呢？部分原因是此地氣候已經進入新的階段——吹向奧登地區的盛行風改從東方吹來，而且溫度比從前要高（此種兩個大氣環流系統轉變的現象稱為北大西洋〔大氣〕震盪〔North Atlantic Oscillation，簡稱NAO〕）。然而，更嚴重的是，當北大西洋震盪回到原本的型態，奧登冰舌卻沒有恢復，這是因為全球暖化讓該區海水增溫，冰舌便無法再形成了。

深海煙囪的祕密

那麼，深海煙囪代表什麼意義？它如何影響對流，亦即表層海水下沉至深海？要正確回答這些問題，我們必須檢視海洋對流如何形成；結果又可發現另一項迷人的過程，稱為煙囪形成（chimney formation），但其中仍有許多未知之處。

深海煙囪在一九七〇年，首度於地中海西北方利翁灣（Gulf of Lion）的溫暖海域被發現，當時該地正在進行「地中海環流實驗」（Mediterranean Ocean Circulation Experiment，簡稱 MEDOC）。[4] 實驗發現，入冬之後當密史脫拉風（mistral，極為寒冷的西北風）從濱海阿爾卑斯山（Alpes Maritimes）吹向海洋時，寒冷的空氣會冷卻表層海水；這時，海水不會隨機混亂下沉，而是以一致性的小型旋轉渦流下沉，這些渦流被稱為「深海煙囪」。密史脫拉風的風向可能改變，因此煙囪無法持續太久，通常只能維持數天，而這個有趣的現象令人感到好奇。

到了一九九〇年代，在格陵蘭海進行研究的科學家開始推測，煙囪或許促成了奧登地區底下的海洋對流。我當時早已在一項歐盟計畫中擔任領導人，該計畫名為「歐洲海底計畫」（European Sub Ocean Programme，簡稱 ESOP），後來又變成另一項亦為歐盟資助的計畫，稱為「對流」（Conveciton）。多虧了這項資助以及許多擁有船隻的海洋研究機構（例如：德國布萊梅港〔Bremerhaven〕的阿爾弗雷德・魏格納研究所〔Alfred Wegener Institute〕，以及挪威特羅姆瑟〔Tromsø〕的挪威極地研究所〔Norwegian Polar Institute〕）協助，我們才能在隆冬之際駛入奧登地區的中央去觀察海洋對流。

我們得到驚人的發現（卷頭彩圖27和28）。我們近距離觀察到表層海水，其形成了直徑僅二十公里的密實柱狀渦流，水流以順時針方向旋轉（與格陵蘭海環流旋轉方向相反），將表層海水向下帶至兩千五百公尺的深水處，而此海域的深度也只有三千五百公尺深。[5]表層海水因海水結冰與冷卻作用而增加密度，會持續下沉至前述深度，直到它遇到密度相同的海水之後才停止下沉。在下降過程中，柱狀渦流會穿過所有障礙，包括穿透一層厚實的溫暖海水。在卷頭圖28中，深海煙囪的形狀大致由攝氏負一度的等溫線（temperature contour）描繪出來（標示為紅色，使其看起來像煙囪），亦可見深海煙囪穿過黃色的攝氏負〇・九度的厚實溫暖海水。繪製溫度、鹽度與密度圖時，都能見到深海煙囪的蹤跡。卷頭彩圖28中的深海煙囪旁還有一個規模較小、下沉深度較淺的深海煙囪。卷頭彩圖27則在一張溫度剖面圖中顯示了這兩個深海煙囪，該剖面圖是由一系列的海洋觀測站製作，其方法是將探針投入海中，使其穿越這兩個深海煙囪的中心，從中測量溫度與鹽度來製作圖表。

圖11-1顯示，這種旋轉渦流的性質非常一致，令人感到驚訝。阿爾弗雷德・魏格納研究所的破冰船極星號（FS Polarstern）就停在一個深海煙囪上方，利用聲學裝置（一種聲學都卜勒海流剖面儀，簡稱ADCP）去測量渦流的水流速率。[6]由圖可見，在這個渦流之中，水離中央愈遠，旋轉速度愈快；換言之，渦流就像一個結實的旋轉物體。別忘了，這個渦流是順

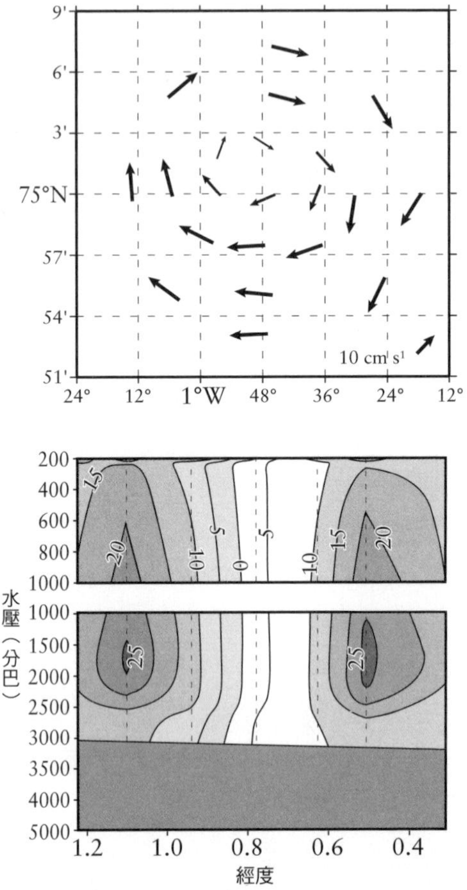

圖 11-1 某個格陵蘭海海底煙囪中心的水流速率，顯示出結實的渦流體。上方為俯視圖；下方的橫切面圖則顯示出結實的柱狀渦流（左方區域表示海水是從圖面流出；右方區域表示海水是流進圖面）。

時針方向旋轉（在海洋學中稱為「反旋」〔anticyclonic〕），與格陵蘭海逆時針方向旋轉的海流相反，而也是讓人驚訝的原因之一：即便渦流是逆勢旋轉，卻仍然能成形且持續存在。

到底有多少深海煙囪呢？我們搭乘小型的研究船（我們使用挪威極地研究所提供的蘭斯〔Lance〕號與揚馬延〔Jan Mayen〕號）進行考察，因此，會遇到問題——每當我們發現一個深海煙囪，整艘船的人都得一起去繪製它。但格陵蘭海入冬後，天候嚴酷，經常迫使我們在海中隨波起浮顛簸而中斷工作。記得有一次暴風眼正好掃過我們，當時的中心氣壓低至九百一十七毫巴（millibar），狂風暴雨降臨前一片寧靜，大約維持了一小時，隨後十二級暴風便向我們呼嘯襲來。我們在單次考察中發現過最多的深海煙囪數量是兩個（我們通常在冬季時只會找到一個，大約位於北緯七十五度與西經零度）。那次考察是在一個異常寧靜的冬季進行，當時我們認為所在觀測站已經觀測到所有可能存在的深海煙囪了。[7]因此，我們推測在那一年，格陵蘭海的中心只有兩個深海煙囪。然而，若再度分析早年的研究資料，我們發現該地以前其實有很多深海煙囪：任職於巴黎皮埃爾和瑪麗・居里大學（Université Pierre et Marie Curie，又稱第六大學）的學者尚・克勞德・加斯卡德（Jean-Claude Gascard）在一九九七年於格陵蘭海放置了一些浮標——每個浮標都有適當的重量，能懸浮於特定深度的海水中，結果發現無論何時，這四個浮標都會在水深約兩百四十公尺到五百三十公尺處繞著小圈旋轉，我們後來才意會到這些浮標可能被困在深海煙囪裡頭了。因此，一九九〇年代的海底煙囪數量多於二〇〇〇年代的數量，更可斷定以前的海冰數量也比較多。

在進行「對流」計畫期間，我們曾連續三年的冬天（二〇〇一年到二〇〇三年）造訪該渦流中心，而阿爾弗雷德・魏格納研究所的同仁則在中間的夏季前往該地，結果我們得到了重大發現：**海底煙囪的生命週期非常長。**我們在第一個冬天發現的開放深海煙囪，直到隔年的夏天都保持在相同的位置，只是被一層五十公尺深、密度較低的淡水覆蓋住，而這層淡水來自融化的海冰與冰河，夏季時會覆蓋格陵蘭海。然而，這個深海煙囪即使被覆蓋住，依舊在海底下持續旋轉。入冬之後，深海煙囪又浮出海面而向外開放，再次形成對流中心。這個過程還在隔年的夏天與冬天持續進展，可惜我們計畫終了，無法再繼續追蹤它；這是有史以來紀錄到的最長壽海底煙囪。[8] 其他海洋地區尚未出現過如此長壽且微小結實的渦流，普通的漩渦通常會因摩擦而消耗能量與動能，只要幾天或幾周便會「耗盡能量」。至今，我們仍不知道是什麼東西，讓海底煙囪能快速轉動且形成結實的結構，為什麼它不會耗損而亡呢？我們也不知道為什麼海底煙囪能維持在同一個位置幾乎不移動：我們發現的長壽海底煙囪在三年內只移動了十公里左右，而它似乎沒有錨定於海床，而這種現象經常出現於海洋漩渦之中。海底煙囪多年來一直是未解的謎。這種重大的發現與氣候變遷息息相關，但即便我們不斷向英國「自然環境研究委員會」（Natural Environment Research Council，簡稱 NERC）爭取經費以便繼續研究海底煙囪，可惜都遭到駁回，令我們倍感挫折。

如今，這些不可思議的海底煙囪已越來越少見，奧登冰舌也已經消失殆盡，而格陵蘭海的對流減弱將會衝擊全球氣候。根據模擬結果，每年至少需要六到十二個深海煙囪形成與消散，才有足夠的深層海水（deep water formation）形成。這些海底煙囪在哪兒？海冰消失之後，它們還能形成嗎？深層海水的形成速度是否正在減緩，甚至已經停滯？還是海底煙囪正以另一種形式形成，或者它們還存在於別處？

「明天過後」的大洋輸送帶

二〇〇四年電影《明天過後》（The Day After Tomorrow），讓不少觀眾開始關注環境議題，但這部科幻災難片嚴重誤導民眾。該片描述溶解的海冰與冰川覆蓋兩極的冰海，使得對流減緩而導致氣候劇變，讓紐約在數日之內成了冰封荒漠。這部電影要傳達的是：別搞亂溫鹽環流；然而，人類正在破壞這個環流。

目前已有跡象顯示，由於高緯度地區對流減弱，大西洋的熱能傳導已經減緩。大西洋溫鹽環流的整體流量估計有十五到二十斯維爾德魯普（Sverdrup；編按：水體積輸送量單位，表示每秒一百萬立方公尺），可將一拍瓦（petawatt）（a thousand million million watts，千兆瓦）的熱能傳送到北方。我們觀察到向南流經丹麥法羅群島（Faroes）的深海洋流已經減弱，表示大洋輸送帶中負責將海水帶離北極的力量被削弱了。目前，可能還無法觀察到北大西洋表面溫鹽環流變弱，因為它主要是由受風力推動的墨西哥灣流以及北大西洋洋流所主宰。然而，我們最終一定會發現，這股屬於大洋輸送帶溫暖部分的洋流正不斷減弱。

然而，這種變遷會讓全球氣候變得更冷嗎？或者至少讓歐洲的大西洋沿岸地區變得更冷？沒錯，氣候肯定將變冷，只是不會像《明天過後》描述得那樣急速或劇烈。事實上，這可能表示大西洋沿岸地區的暖化速度會比歐洲大陸要慢一些。卷頭彩圖29所顯示的，是歐洲環境總署（European Environment Agency）氣候模型預測：在「一如往常」的情境下（編按：第九章提過的情境，亦即不採取任何溫室氣體的減量行動），到了二一〇〇年，大部分歐洲地區的氣溫跟大家預期的一樣將上升攝氏四度；如此一來，未來的南歐會跟現在的北非一樣炎熱。然而，該模型也顯示大西洋溫鹽環流將減弱，大幅降低英國、愛爾蘭、冰島、挪威的大西洋沿岸地區、低地國（Low Countries；編按：西歐低於海平面的地區，主要包括荷蘭與比利時）與法國的暖化程度。其實，英國的暖化程度將減半，僅上升攝氏二度，但更多的熱能會因此停留於低緯度地區，表示熱帶大西洋地區的表層海水將更快加溫，可能會讓颶風的威力大幅增強。

或許因為格陵蘭海對流減弱，研究人員在二〇〇三年於格陵蘭海南端的伊爾明厄海

（Irminger Sea）發現了新的對流區。[9]該處的對流比格陵蘭海的對流要來得淺，多數海域只有四百公尺深，唯有在特別寒冷的冬季時才會延伸至一千公尺深處。它並非結實完整的神祕柱狀渦流，而是一團面積較為廣闊的擴散下沉海水，同時向西南移動，與拉布拉多海混合。它就像拉布拉多海對流的雛形，而海冰與此對流現象並無關聯。

未來，會如何呢？

格陵蘭海的研究所帶來的立即效應非常清楚。**目前的氣候模型必須調整，要將「對流」計畫發現的機制納入考量。**然而，別忘了此研究計畫只是一項物理研究，為的是了解某塊海洋區域的物理行為，而那裡亦是許多生物的棲息地。考量本計畫的結果時，也必須納入生物與化學的觀點。德國漢堡大學（University of Hamburg）學者揚・巴克豪斯（Jan Backhaus）發現，冬季時在某個海底煙囪中，每單位海面面積所含的浮游生物量與春季、夏季幾乎相同，因為這兩千五百公尺深的柱狀渦流維持一致的密度，讓浮游生物不僅能向上往海面移動，也能向下潛至深海，輕鬆獲取所需的養分；為此，就算是在黑暗的冬季，有著對流作用的海底煙囪比正常海域更能孕育生命。

目前的對流結構逐漸瓦解，新的對流又漸漸形成，我們日後的挑戰是必須持續追蹤格陵蘭海中央對流的發展；此外，隨著氣候變遷，地表的輻射強迫也隨之改變，我們也得預測對流區域的水量與深度會受到何種影響。跟氣候科學的許多領域一樣，我們必須對此盡快開始進一步的研究，免得發生難以預料的情況。然而，我們跟其他領域的研究者一樣，目前缺乏資金，根本無法進行研究。某些氣候科學家與多數的科學資助機構似乎內心都有一把既定的量尺：近年來，不只是英國，各國也都駁回許多對於格陵蘭海中央海域的研究計畫。然而，大家都認為溫鹽環流是地球氣候系統的重要部分，溫鹽環流若有改變或停止，全球都將受到衝擊。因此，當前的首要之務就是派任科學家前往該地進行研究。

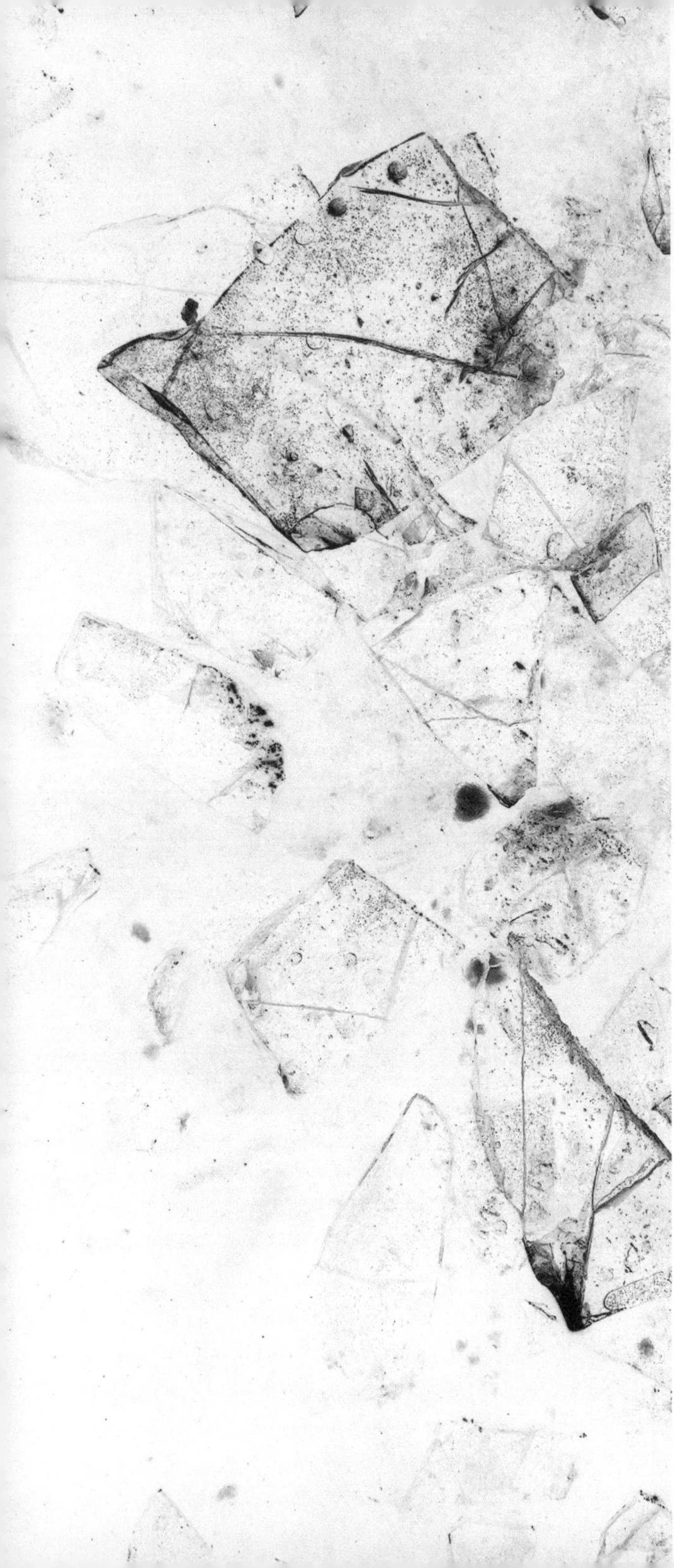

第十二章

南極發生什麼事?

南極冰層的奇幻故事

本書到目前為止，都將重點放在北極；自有它的道理。北極可說是歐亞及北美等多數先進工業化國家的後院，為此，一旦北極遭受到的急遽變化時，就會立刻影響到我們。對英國來說，格陵蘭海域的海冰距離席德蘭群島只有四百英里（相當於六百四十四公里）之遠；而加拿大、俄羅斯和美國的部分海域就是由海冰組成。相較之下，南極相當遙遠且離任何陸塊都不算近；分隔南美洲和南極大陸的德雷克海峽，最狹窄處仍有一千二百英里（相當於一千九百三十一公里）寬。如此看來，南極發生什麼事，對我們而言，似乎沒有那麼重要？

事實上，南極對於住在北半球的我們而言，仍非常重要，其原因有二。

第一，是冰和雪的消融反照率正回饋機制，應以全球為單位來計算。在前幾章中曾提到，北極海冰消融的速度十分迅速，遠超過多數氣候模式的預測，而大多數氣候模式預測出的消融速率，和全球暖化的腳步較為相近。因此，北極海冰可說是一種異狀，但南極海冰則是出現更嚴重的異狀，因為它不但沒有消融，反而正在擴大。南極大陸正經歷全面性的暖化，但南極海冰的面積卻不減反增，即使擴大的範圍有限。因此，北極海冰和雪線消融縱使導致全球反照率降低，其影響仍因南極海冰範圍擴大而減緩。**第二，南極海冰範圍擴大對於全球氣候模式的影響，和北極海冰迅速消融一樣棘手。**起先，根據電腦原始的預測，是兩極海冰消融的速度較為緩慢，事實證明電腦兩邊的預測皆錯誤。

根據美國國家冰雪資料中心（US National Snow and Ice Data Center, NSIDC）表示，二〇一三年九月，南極冰層最大的覆蓋範圍達一千九百四十七萬英里，創下歷史新高，這比在二〇一二年創下的記錄，遠遠多了三萬公里，比一九八一到二〇一〇年的平均多了二・六%。近幾年，南極海冰的覆蓋範圍稍有消融，在二〇一五年只有一千八百八十三萬公里，[1]極有可能是因為南半球的聖嬰現象所致。但整體看來冰層覆蓋範圍仍有增長的趨勢。

我們從衛星的被動微波感應器偵測得知，整體看來，南極海冰的覆蓋範圍仍在擴大中。然而，實際上根據專家的調查，南極至少有一個區域，也就是南極半島，目前正迅速暖化，[2]甚至在二〇〇二年發生了撼動全球的事件，就是位於半島東部的拉森B（Larsen B）冰棚崩解。總面積約三千二百五十平方公里的冰棚，其中至少有兩百公尺厚的冰棚順間崩解，斷裂成無數個冰山，隨波流散，使得在南極大陸沿岸和各島嶼，首次可讓貨輪破冰船靠岸。

為什麼南極冰層不一樣？

縱使氣候暖化，冰棚崩解，為何南極海冰的範圍仍不斷地擴大呢？回答這個問題前，我們必須先了解南極海冰和北極海冰的不同。

當然，南極和北極是不同的，北極是一片海域，陸地環繞四周，而南極則是位於極地的陸塊，四周是廣大的海洋（有趣的是，北極海的面積和形狀和南極大陸十分相似）。風系和洋流幾乎讓南極孤立於全球氣候模式之外，也因此讓我們以為，南極和北極間的氣候模式毫不相關。

然而，雖然南極海冰和北極海冰不同，但兩者都是結凍的水，只是南極海冰形成的方式不同，其性質和外觀也有別於北極海冰。初冬之際，新的海冰開始在南極沿岸成形，隨著寒冬的到來，冰緣線向北延伸至南冰洋，不斷地受到世界最廣大海洋的洗禮。

海冰產生的機制向來是個謎，直到有探險隊在初冬時節進入密集浮冰區進行研究，實際觀測冰緣線的移動，才逐漸揭開海冰生成的面紗。這項研究首次在一九八六年展開，名為冬日威德爾海計劃（Winter Weddell Sea Project），當時，是使用德國的研究船「FS極地尾號」，我和其他五十名科學家共同參與了這趟令人難忘的航程。當我們通過冰海分界區時，我們仔細地觀察了海冰的狀態和特質，發現了「冰屑－荷葉冰循環」是密集浮冰區中首年冰成形的主要方式。[3]

在本書的第二章曾介紹冰層形成的過程。在風平浪靜的海面上，最早出現的海冰像是一片薄膜，隨後會凍結成較為堅硬但透明的一層冰，正是所謂的冰殼。在冰殼底部凝結的水分子會讓這片冰殼向下延伸，結晶沿著水平 c 軸方向生長，最後形成首年冰。

然而，**在南極冰緣區極端的氣候條件下，海冰無法直接附著在綿延的冰殼底部成形，主要是因為南冰洋海域波濤洶湧，使得初生冰一直以密集的針狀冰屑型式出現。**水分子的行徑軌道受波場影響，使得這些針狀冰屑會受到循環壓縮。在壓縮的過程中，結晶會凝結在一起，變成一塊塊綿密的半融冰。隨著冰屑不斷增加，半融冰的體積也會增大，而結晶間不斷的凝結作用，也會使得半融冰更加凝固，最後形成所謂的「荷葉冰」。當半融冰塊互相碰撞時，會把針狀冰屑推向半融冰塊的邊緣，擠壓出水分，剩下一圈突起的冰屑，讓每一塊半融冰看起來像是一片片荷葉般。而在冰緣線附近，荷葉冰的直徑僅數公分長，且離冰緣線越遠，薄餅冰的直徑和厚度也會隨著距離增加，直徑最常可達三到五公尺長，厚度可達五十到七十公分。周圍的冰屑使得荷葉冰不斷擴大，因為在此時，海面並未全面凍結，海洋大氣間的熱流仍然存在，帶走潛熱。如同在本書第十一章所提到的，這也是格陵蘭海的奧登冰舌形成的主因，但其中仍有些微差異。

因為冰緣線受到的波能損失，使得較深入冰緣線內部的區域受保護，不易受到波場影響，於是一片片的荷葉冰便開始凝結在一起。然而，我們在一九八六年冬天進行的實驗發現，這裡的波場非常強大，使得全面性的凍結無法出現，必須到二百七十公里深處時才有可能發生。在此，荷葉冰互相交結成片片的浮冰，最後形成一大片的首年冰；這裡接觸不到任何未凍結水面，因而冰層的增長速度驟降（據估計每日僅〇・四公分[4]），而首年冰最終的厚度，也僅比荷葉冰最早固結成塊時多出幾公分。[5]

以上述方式成形的首年冰，被稱為「固結荷葉冰」，其底部的形狀和北極冰層是不一樣的。在固結的階段，荷葉冰是被雜亂地堆疊在一起的，隨後便凍結成形，而冰屑就彷彿是一片片荷葉冰之間的「膠水」，將冰片固定在一起，也因此冰層底部多參差不齊，而冰片互相交疊，使得冰層厚度比平常增加二到三倍；荷葉冰的邊緣從冰層表面豔起，我曾在某篇論文中將這幅景象描述成一片「石陣平原」，像是一塊塊被石牆圈起的農地。圖12-1即顯示在這種情況以及在較為平靜的海域兩種不同條件下，所形成的海冰究竟有何差異，這是藉由鑽鑿一公尺間距的冰芯所取得的數值，鑽探這個方法固然辛苦，卻是我們測繪冰層底部的最佳方式，因為一九五九年的南極公約，已經禁止潛水艇進入南極海域作業。

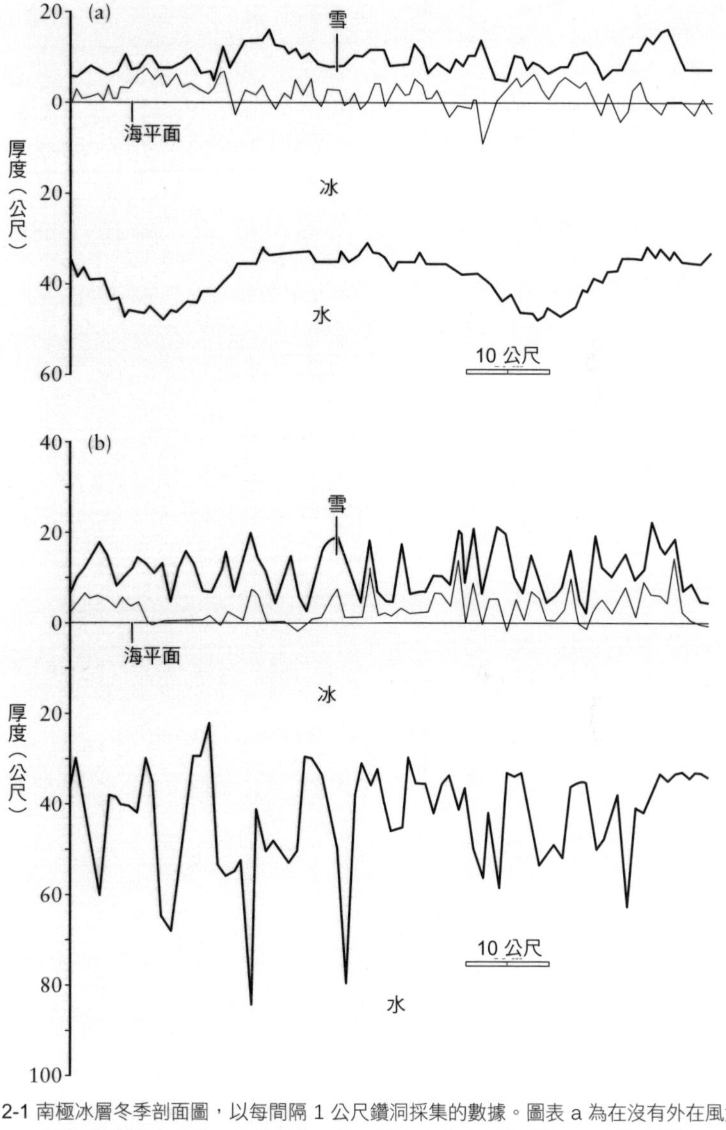

圖 12-1 南極冰層冬季剖面圖，以每間隔 1 公尺鑽洞採集的數據。圖表 a 為在沒有外在風浪影響條件下所形成的冰層，底部較為平滑；圖表 b 為固結荷葉冰，也就是荷葉冰受外力推擠，壓縮成團凝結在一起，底部較為參差不齊，若外力推擠作用力夠大，則可能將兩三片荷葉冰堆疊在一起形成固結荷葉冰。

一般而言，**固結荷葉冰參差不齊的底部，使得每單位海平面的表面積增加，不僅是相當適合海藻生長的介質，更是磷蝦的避風港。**冰片輕薄，使得光線能輕易穿透，讓浮游植物可以行光合作用，棲息在冰層底部，也因此造就了一個富饒的冬季冰層生態系統，據說佔南大洋整體生物產量的三十%。

即使過了三十年，曾在深冬時節進入南極密集浮冰區進行研究的船隻仍屈指可數。阿爾佛雷德韋格納極地與海洋研究所（Alfred Wegener Institute），曾在一九八九年推展了冬季南極環極洋流研究計畫，[6]我也參與了這項計畫。最近，在威德爾海域也有些實驗正在進行，研究船隻和海冰研究站合作，例如在一九九二年和一號威德爾海冰研究站（Ice Station Weddell-I）合作，[7]在二〇〇四到二〇〇五年間和 ISPOL（POLarstern 海冰研究站）合作。[8]

目前，雖然我們尚未取得足夠的證據，證實「冰屑—荷葉冰循環」就是所有南極海冰形成的方式，但如果事實真是如此，那麼在入冬時節，南極荷葉冰分布的範圍可達六百萬平方公里，使得這片區域成為地球表面極其重要卻鮮為人見的區塊。這片幅員遼闊的壯麗景象，放眼望去皆是片片雪白的荷葉冰片，卻是個人煙罕至的地方。我想，曾親眼看過這幅景象的人，應該不超過一千人。

冰層上的積雪

南極海冰上的年降雪量比北極高出許多，一方面是因為鄰近的南冰洋帶來豐沛的濕氣和降雨。此外，在沿海地帶，下降風（意指從山頂沿著山坡往下拂過南級冰層的陣風）會將冰棚上的降雪吹至海冰表面。在一九八六年七月至九月，極地尾號研究船在威德爾海域東部的那趟航程中，我們在首年冰表面測得的平均積雪厚度為十四到十六公分。由於冰層本身相當地薄，我們在所有鑽鑿的坑洞中發現，這樣的積雪量足以將十五到二十%的冰層壓至海平面下，使得海水滲入表面的積雪中，在海冰上形成一層濕潤的半融冰，或在凍結的時後出現一層「雪冰層」，介於未被浸濕的積雪和原始冰層表面之間。

在一九八九年九月到十月間，積雪更是豐厚，尤其在我們進行探測的威德爾海西部海域的多年冰層上。我們鑽取的樣本，一致呈現出積雪將冰層壓至海平面下的景象。圖12-2的（a）以及（b）分別顯示首年冰和多年冰上的積雪情況。厚實的積雪有助於冰層絕緣，但濕潤的半融冰則阻撓了衛星雷達繪測積雪厚度的工作，這是因為濕雪會將雷達反射訊號回去。然而，無庸置疑的是，積雪和由海水滲入積雪而形成的半融冰（又稱為隕冰）在南極海冰中，扮演了比在北極更舉足輕重的角色。[9]

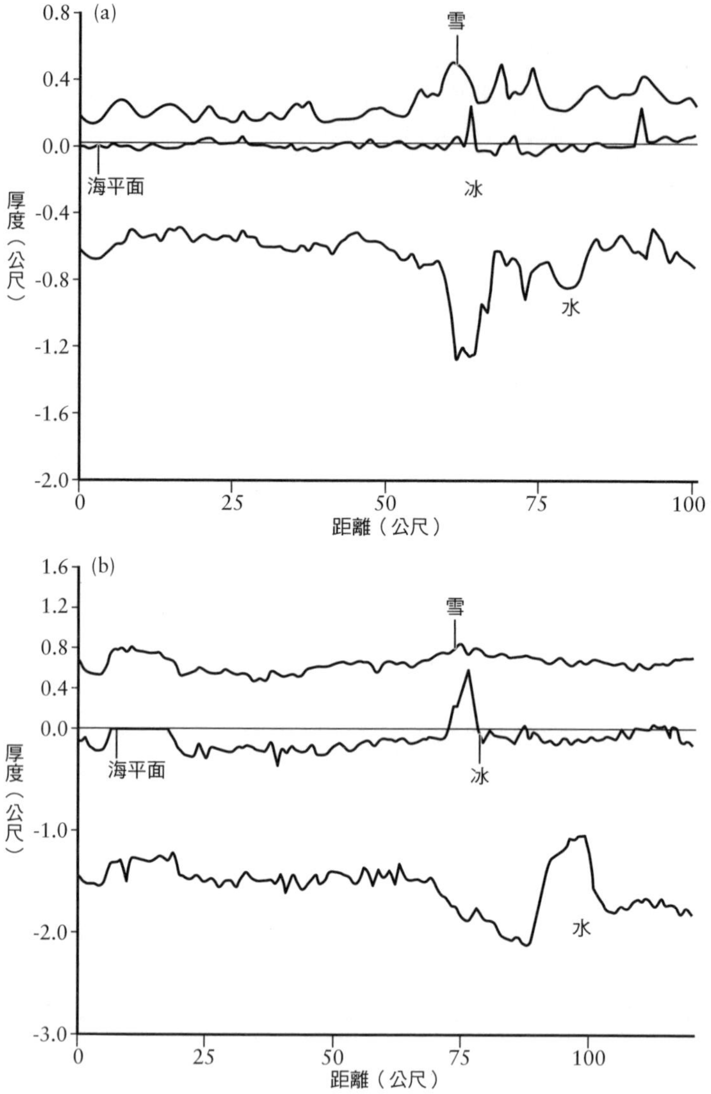

圖 12-2 威德爾海西部冬季冰層厚度剖面圖。圖 a 為首年冰，圖 b 為多年冰，兩張圖顯示出冰雪覆蓋的表層會將冰層壓至海平面以下，尤其在多年冰層上更為明顯。

冰層的年變化週期

如同本章節一開始曾提到的，令所有氣候變遷預測模式進退無據的是南極海冰的覆蓋範圍在近年逐漸擴大，但不同區域之間仍存在著高度差異。圖12-3顯示一九七八到二〇一一年海冰範圍的年週期。[10]在夏季，尚未消融的海冰主要只剩兩大塊冰層，分別位於威德爾海以及羅斯海的西部海域，也因此多年冰層也主要分佈在這兩個海域。

反觀北極冰層大多是多年冰，直到最近情況才有所改變。每年海冰覆蓋範圍的最小值變化不大。入冬後，在冰緣線以北會有新冰出現，不斷地將海冰覆蓋範圍向北推進，甚至在冬末（八月至九月）達南緯五十五到六十六度不等，隨後逐漸消融回原點。海冰覆蓋範圍最北的極限，在印度洋海域東經十五度的附近達南緯五十五度處，而在南極東部的其他區域則是在南緯六十度，進入羅斯海域後甚至退到南緯六十五度和西經一五〇度處，覆蓋範圍會稍向北移至南緯六十二度，進入阿蒙森海域（Amundsen Sae）後往南退縮至南緯六十六度，最終往北推進，包圍了南極半島離岸的南昔德蘭群島（South Shetland）和南奧克尼群島（South Orkney Islands），形成一圈完整的冰層。海冰冰層冬季的最大覆蓋範圍，在整圈南極洲的緯度差異達十一度。

海冰覆蓋範圍最北的界線緊鄰南極環流的邊緣。在這裡，受到南極鋒，也就是南極幅合帶的影響，海水表面的溫度會突然出現變化，所呈現的景致也變得截然不同。若是搭船向南航行，在此會開始看到大量的冰山、企鵝、信天翁、賊鷗和其他南極鳥類。這裡也有豐沛的浮游生物（例如極似蝦子的磷蝦）和以這些生物為主食的鯨魚；海水變成綠色，空氣中充滿了生命的氣息，因為海冰的覆蓋範圍鮮少延伸到這塊自然水域，一方面受海象影響，例如風暴和旋渦等，會破壞冰層結構，另一方面則是海面氣溫所致。

美國太空總署的科學家傑・史瓦力（Jay Zwally）等人指出，[11]冬季海冰的冰緣線推進範圍和表面空氣相同。在此時，表面空氣的溫度降至海水結冰點（攝氏負一・八度）下，和冰層出現最大覆蓋面積時的等溫線一致。這個海冰覆蓋範圍（其定義是主要冰緣線以南的區域）的年週期可透過衛星觀測，像是利用美國太空總署NASA的被動微波衛星。圖12-3為馬里蘭州綠帶市的NASA戈達德太空飛行中心，在一九七八到二〇一一年的觀測結果；[12]在這期間，海冰覆蓋的最大及最小面積平均數，分別是一千八百五十萬平方公里和三百一十萬平方公里。

如同圖12-3所示，南極洲冬季海冰的覆蓋的最大面積，整體看來有逐年增長的趨勢，甚至每年擴大範圍達一萬七千一百平方公里。然而，這整體的數據並無法顯示不同的區域和季節

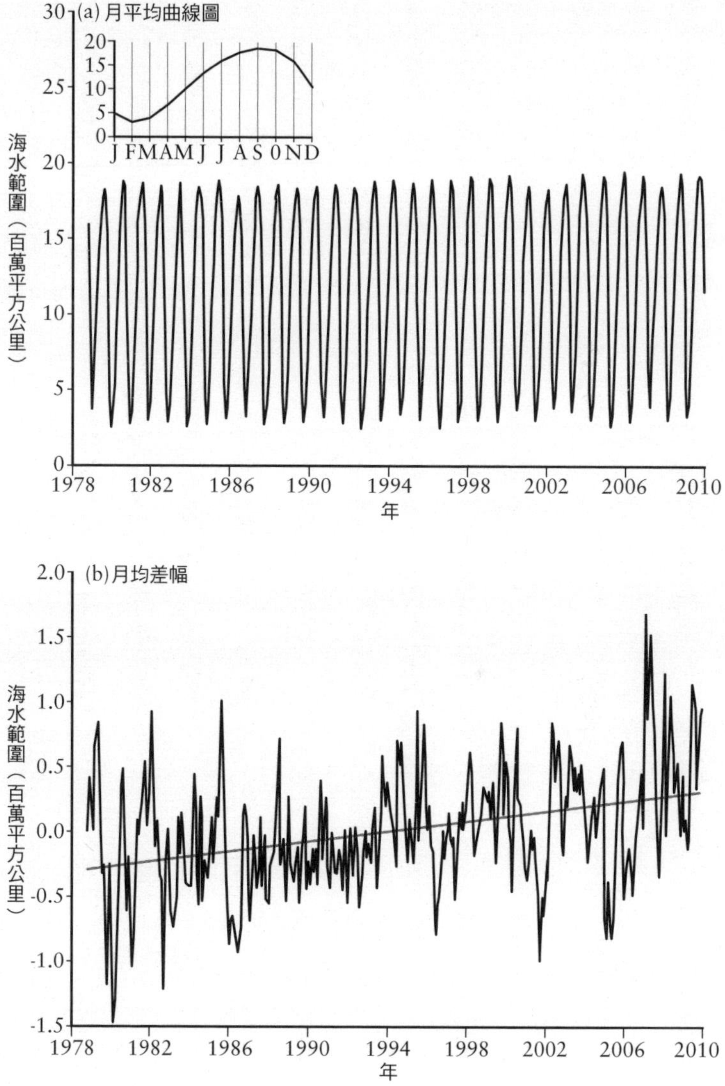

圖 12-3 表 a 為南半球 1978 年 11 月至 2011 年 12 月間的每月平均海冰覆蓋範圍，圖表中的圖為月平均曲線圖。表 b 顯示海冰範圍的月均差幅。

之間的差異。海冰覆蓋面積增長最快的地區是在羅斯海域（每年達一萬三千八百平方公里），印度洋海域和威德爾東部海域的覆蓋面積則增長的較為緩慢。南極西部的別林斯高晉海／阿蒙森海域的冰層，則是呈現退縮的情勢，每年縮小八千二百平方公里。

華盛頓大學的科學家愛瑞克・史汀格（Eric Steiger）發現，在南極洲的太平洋海域（南極半島至羅斯海），氣溫暖化的速度比南極洲其他地區快了兩倍。[13]位於西經一百二十度的柏德南極考察站（Byrd Station）對氣溫紀錄進行了分析，發現在一九五八到二〇一〇年間，每年平均氣溫增加攝氏一・六到三・二度不等，這是相當可觀的增幅。[14]在南極洲的太平洋海域（也就是南極洲西部），從一九七九到二〇一〇年，冰封期（某區域一年當中被冰層覆蓋的天數）每年減少一至三天，由此不難看出這個區域正急劇地暖化。[15]然而大西洋——印度洋海域的冰封期則稍微增長；這些冰層傳達了一個明顯的訊息：南極東部這片廣大地帶的冰層成長速度緩慢，而在南極西部較為狹長區域的冰層面積正迅速退縮，相互抵消的結果，就是冰層十分緩慢的增長率。

此外，地形也會造成不同冰層之間的其餘細微差異，通常在春夏兩個季節最為明顯。在恩德比地（Enderby Land）沿海約東經〇到二十度的區域，每年十二月有個海灣會消融，和一個在十一月已因海冰密集度降低而消融的海岸合而為一。

這簡直像是某個曾在冬季短暫出現的神祕冰間湖的瘦長翻版。這個冰間湖在一九七四到一九七六年間，曾出現在這裡的密集浮冰區，之後便完全消失不見，至少不再以完全開闊水域的形式出現。[16]這被稱為威德爾冰間湖，分佈在毛德海隆（Maud Rise），也就是一個淺水的海底高原上方。FS極地尾號研究船曾在一九八六年探索過這個地區，發現這裡實處南極幅散帶。在這裡，溫度較高的深層海水上升取代表層水，供應足夠的熱氣到海面，使得海面即使在冬天也不會凍結成冰。[17]

自一九七六年後，這種現象便不曾出現，因此這區域冬季的冰封情況可說是巧妙地平衡在不穩定的邊緣。一九八六年冬季的冰封狀況可說是十分密集，但冰層過於薄弱。[18]十二月的分布情況也顯示，在羅斯海有塊開闊水域一再出現，這就是所謂的羅斯海冰間湖，其北方仍有海冰散怖。在十一月到十二月期間，沿海地區會出現一連串的冰間湖，沿著南極東部海岸擴散，這通常是下降風所造成的，使得冰層在尚未凍結前就已被風吹散。

南極冰層的特性

冬季浮冰區內大多數的海冰源自於荷葉冰，質地非常薄弱。既然南極多數區域的氣候都在暖化，為什麼冰緣線，仍循上述的區域模式向外擴張而不是向後退縮呢？

華盛頓大學的科學家張金倫（Jinlun Zhang）提出了一個簡單的理論，說明環極冰層擴大（也就是整個覆蓋南極冰層的面積正在擴大）的原因。他指出，其主要是南極大陸行星風系增強所致；關鍵在於繞極西風帶，也就是所謂的「極地渦漩」。[19]自一九七〇年代以來，衛星已能測得這裡的風速，也發現這個西風帶的風速有增強的趨勢。這裡的陣風主要源自於西部，平均風速加快。因此，假設有一塊浮冰，受風應力對其表面的影響而往東移動，那麼行進的過程中也會遭受到往左的作用力，也就是讓它稍微往北偏移；這就是地球自轉所造成的科氏力（Coriolis force）。

在北半球，科氏力會使得行進物體往右偏移，在南半球往左，在赤道則毫無影響。我們對於移動物體的測量，都是以地球表面作為參考座標系（例如經緯度），但因為地球本身會自轉，地球表面也是一個加速中的參考座標系，因此，物體在移動時並非成直線運行，而是向右或向左偏移。

科氏力和物體在地球表面的移動速度成正比，風速越高，科氏力對於浮冰往北偏的作用力也越大，讓浮冰在往東移動的同時，更迅速偏北。因此，即使浮冰最終會漂流至較低緯度區並融化成水，它偏北的速度會在其完全融化前，將它吹至更低緯度地方。因此，整個南極浮冰區就像是個被風吹著轉的大型旋轉木馬，海冰不斷地被風往北吹向溫暖的海域。

然而，這種解釋或許不夠縝密。首先，這樣的條件會使得海冰分布範圍延伸，但面積不見得會改變，畢竟這只影響到現有海冰的移動情況。但是在冬季往北移動的海冰，會讓原來所在的位置變成一片開闊水域，在冬季寒冷的氣候條件下，這片水域會迅速結冰。其次，冰層的擴張必定是暫時性的，全球暖化融冰的速度終究會比風速來得快，使得海冰無法抵達較低緯度的區域。然而，這純粹是根據簡單的物理概念提出的解釋，且觀測數據確實顯示環極風速不斷增強中。

我的理論則是根據上述的冰屑—荷葉冰循環，以及這循環和增強風速的交互作用。當強風吹過南極大陸時，同時也會出現更大更長的海浪；長浪能打入邊緣浮冰區，將冰屑—荷葉冰推至離冰緣區更遠的地方。我們知道冰屑—荷葉冰生長的速度比大片冰層來得快，因為海水和空氣並未受到阻絕，海底熱度容易擴散到海面上的空氣中，加速海冰的形成。那麼在風速增強、海浪增長的時節，冰屑—荷葉冰的分布範圍就會增廣、成長速度就會加快嗎？

南極大陸對其他地區的影響

為了要說明海冰發展情勢的區域性，我們需要研發出一個模型，考量是否其他作用力也對南極冰層會造成了區域性的影響。

最顯著的作用力，帶來的影響也是最為長久的，其實正是南極冰層本身。南極冰層已開始流失體積，[20]雖說速度上仍比格陵蘭冰層來的緩慢。二〇一六年五月布拉格舉辦的生命星球研討會（ESA Living Planet Conference）曾提出預測，南極冰層每年淨流失為八十四億噸，相較之下，格陵蘭每年的流失卻高達三百億噸。

如果南極冰層流失的速度加快，那麼菲爾希納龍尼冰棚和羅斯冰棚也將會崩塌，使得南極冰河（例如位於南極縱貫山脈的冰河）直接注入大海中。如此一來，南極冰層體積的流失速度會加快，近一步加速全球海平面上升，更會直接衝擊到南極的海冰（如果到時候還存在的話）。當然，人們預測這些變化在近幾世紀內都不可能發生，唯一的可能是派恩愛蘭灣（Pine Island Bay）的冰棚崩塌，或南極東部某片相當不穩定冰層沿岸受到侵蝕，才會引發大規模崩塌。[21]

至於造成當前南極各區海冰擴張或退縮情形差異的直接因素，我們必須先研究低緯度地區或甚至北緯地區（直到北極）的海洋與大氣條件，究竟和南極海冰有何相關性。

實際上，造成這之間相關性的因素有很多。斯克里普斯海洋研究所（Scripps Institution of Oceanography）的科學家瑞格・彼得森（Reg Peterson）和沃倫・懷特（Warren White）[22]認為南極繞極波，也就是南極環流往東緩慢吹拂的海浪（若是以洋流的方向來看則是向西），會和熱帶的聖嬰／南方震盪現象（恩索現象）互相作用。

所謂的聖嬰現象，係指一道在十二月底沿著厄瓜多和秘魯沿岸出現的強勁暖流，有時會造成災難性的氣候情況。但現在聖嬰現象已用來指稱所有南太平洋出現的洋流和風系的異常狀況。最近也有許多人研究在南半球環狀模（Southern Annular Mode, SAM）[23]，這是高緯度區更為複雜的大氣循環變異模式。有人指出每當聖嬰年來臨，威德爾海域便會出現更多海冰，而太平洋海域的海冰則是減少，而反聖嬰年的情況則剛好相反。[24]

反聖嬰現象指的是南美洲西岸的海洋面溫度降低，每四至十二年發生一次，會影響太平洋以及其他地區的天氣模式。[25]反聖嬰現象和聖嬰現象恰好相反。近來在太平洋中部發生的聖嬰現象卻為恩索現象（ENSO）增添更多的複雜因素，例如涵蓋範圍更廣的跨緯度遙相關，北極暖化和低緯度地區的極端氣候有跨越更大緯度的遙相關性，而低緯地區的極端氣候則是由於大氣高空噴流受到擾亂導致的，[26]而這又進一步牽涉到熱帶和南半球的氣候模式。

要完整地解釋為何南極和北極海冰的發展模式不同，必須要先探究南極和北極海冰在本質上有何差異。**南極暖化的速度必定比北極緩慢，因為南極海洋面積較為廣大，熱容量高，南極環流為整片南極大陸形成良好的絕緣機制，阻絕了北邊較為溫暖海域的影響。**此外，南極海冰線的移動也和北極不同。

在夏天，冰緣線會退至陸地，僅在奇形怪狀的海灣中，像在威德爾海域，留下大塊的海冰。然而，冬季的冰緣線是受熱力和開放水域的條件所影響。北極的情況則正好相反：冬季的冰緣線依週遭的陸地面積而定，而在夏天，海冰冰緣線的退縮受海水的動力及熱力影響。反照率回饋在南極也不如在北極重要。在十二月底夏季絕緣率（太陽輻射）最高的時期，南極海冰幾乎已退縮至南極大陸內部，然而北極海冰在夏季太陽輻射最強時（六月）仍尚未退回到九月的最低點，因此，冰層仍受這些因素的改變所影響。

關於暖化速度的最後一個重點是：北極迅速的暖化速度已為其本身造成反饋作用，進一步加速了自身的暖化速度。除了既有的反射率回饋作用外，陸地的雪線退縮更進一步影響了反射率回饋作用，而北極外大陸棚新的融冰區釋出甲烷也可能加劇暖化現象。[27]雪線退縮和甲烷釋出的反饋作用在南極是不可能發生的，一來是因為南極缺乏平緩的陸棚，再者南極陸地的冰雪覆蓋範圍並無太大的變動。

由於北極放大效應和北極反饋作用的影響，無論南極海冰和溫帶海域如何互動，在未來數十年，主導全球暖化腳步的仍是北極地區，而非南極。如此看來，在這條全球暖化的賽道上，北極儼然是主要駕駛，南極充其量只是被拖著走的拖車，兩極共同朝毀滅方向加速前進，牽動著地球的存亡。

第十三章

地球的現況

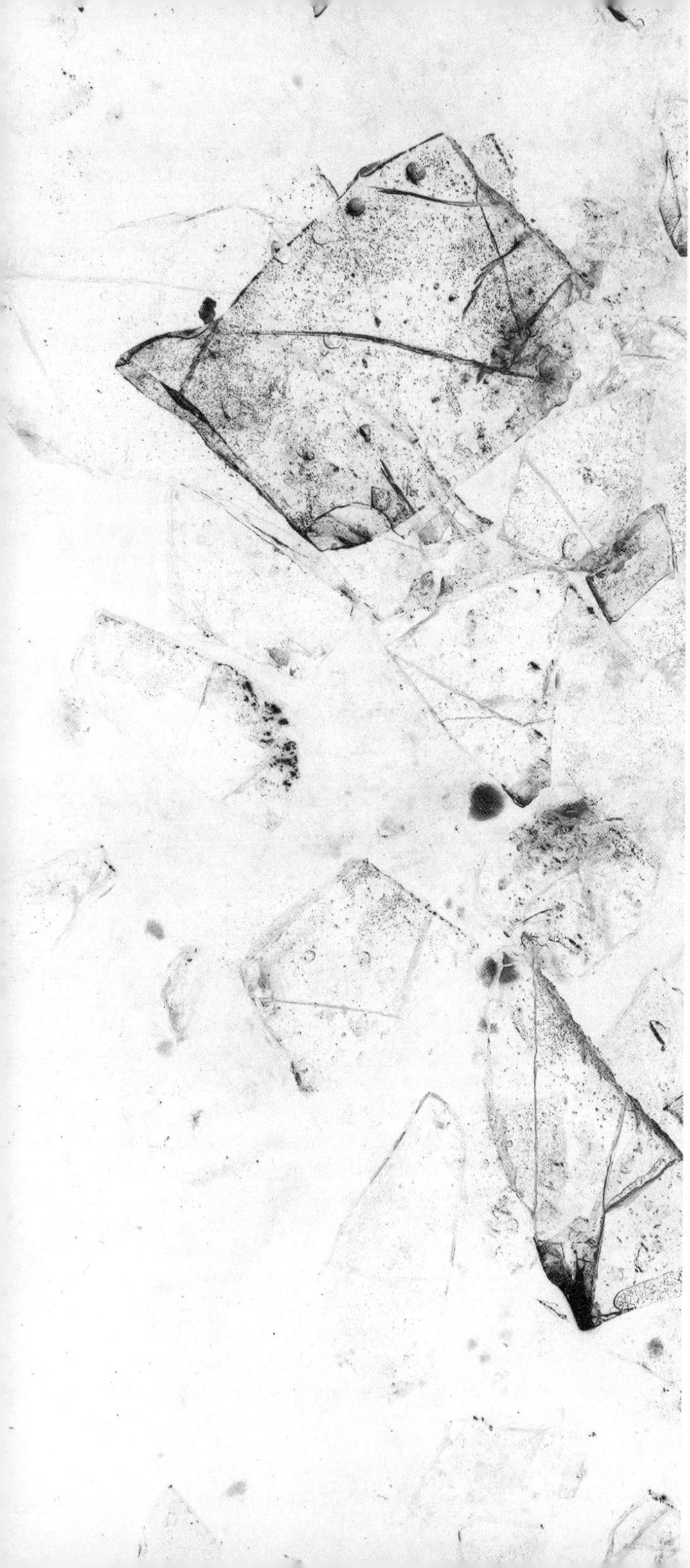

本書到目前為止，將焦點都放在北極和南極的生態改變；而現在我們該來看看地球整體的情況，思考現在的我們正處於什麼的狀態。

首先，**溫室氣體濃度的增長完全沒有緩和的趨勢。**儘管政客們信誓旦旦的掛保證，有些國家也已致力推動減少化石燃料的使用，但中國和印度等過於仰賴能源的經濟發展模式已造成重大衝擊，不斷地讓二氧化碳濃度向上攀升。目前，空氣中二氧化碳的含量已來到四百零四 ppm（至二〇一六年初），如此高含量所造成的氣候變遷現象，已不可能毫無破壞性。

二氧化碳的含量仍加速攀升、毫無間歇，更沒有任何減緩的徵兆，令人十分憂心。別忘了，所有的二氧化碳都有潛在的輻射強迫作用，經過一段時間，無論二氧化碳是否被海洋或植物吸收，擺在眼前事實是這些二氧化碳已被從地底萃取而出，置入全球氣候系統內，在現在或未來，其輻射強迫作用必定會為地球增添熱度。如同在第九章曾提到的，甲烷是更令人憂心的溫室氣體。在一九九〇年代，大氣層中甲烷含量的增長速度一度停滯，當時人們確實鬆了一口氣，以為某個自然法則終於發揮效用了；事實並非如此。到了二〇〇八年，甲烷的含量又再次開始攀升，其增幅直逼一九八〇年代的增長速率。值得一提的是，甲烷含量再次增長的時機，似乎和北極陸架海床暖化，導致夏季海冰大幅退縮的時間點一致，也因此更加確立北極離岸暖化作用和全球甲烷含量之間的關聯，但這也意味者會有更嚴重的災難發生。

其次，**每項全球指標看起來都不甚樂觀**。全球總人口數目前已達七十億，預計會在二〇五〇年增至九十七億，[1] 並且在二一〇〇年達到一百一十二億。[2] 很難預測未來要如何供足糧食給這麼多的人；氣候暖化已導致撒哈拉沙漠以南非洲地區可耕農地的減少，雖然理論上，高緯度地區的農業產值會因暖化增高，有助於舒緩非洲的糧食問題，但事實上，農產量因受極端氣候影響而遲遲無法提升。我們不斷的砍伐森林，將水資源消耗殆盡。為了養活眾多人口，農產業被迫成為密集且高度仰賴能源的產業，變得對工業原物料的短缺十分敏感。諾貝爾得主保羅・克魯岑（Paul Crutzen）曾試圖敲響警鐘，提醒世人注意製造人工肥料時不可獲缺的磷，已經出現短缺的情況。其中，聯合國對於二一〇〇年的人口預測，尤其令人擔憂，因為人口問題將在各大洲呈現不同局面：多數大陸的人口會有大幅增長的情況，但仍在可以應變的範圍之內。歐洲的人口則不增反減，而非洲的人口數量卻會增長四倍之多，從十一億增加到四十四億。

非洲目前已無法自給自足，若再加上全球暖化嚴重擾亂了糧食生產、造成荒漠化現象，如此惡劣

	2015	2100
北美洲	358	500
南美洲	634	721
歐洲	738	646
亞洲	4,393	4,889
大洋洲	39	71
非洲	1,186	4,387

圖 13-1 世界各大洲目前人口總額以及未來人口數量預測（以百萬人數計）
資料來源：聯合國經濟和社會事務部人口司。2015 年世界人口預測修訂版。

的條件下，非洲要如何因應人口增長了四倍的情況？答案是非洲辦不到，世界其他區域要負責供應糧食給非洲。然而，其他地區也有自己的問題需要煩惱。不難想像，在人們缺乏同情心和援助物資的短缺的情況下，大規模的飢荒將無法避免。世界又會如何因應自己自私的行為造成的後果呢？我不敢想像人性會變得多劣質，又會提出何等荒唐的說法，為自己的袖手旁觀脫罪。

地球生病了嗎？

事實上，人口問題涉及的不只是糧食層面而已。**每一個人都是碳排放者，因此，減少碳排放的工作，會因為人口增加而變得更棘手。**世界上每個人所需的糧食，或多或少都需要空間來栽種，也因此我們可以看到全球各地正大規模的砍伐森林，但此時，也正是我們最需要大規模造林，以減低二氧化碳含量的時刻。每個人也都需要飲用水，然而淡水資源日亦減少，迫使我們更加依賴海水淡化這個能源密集、會增加碳排放的作為。由此可見，我們很難否認這個等式：**人口越多＝碳排放量越高**。然而現在的我們似乎早已遺忘，人口爆炸的問題中，是那些因素讓一九七〇年代的全球體系分析師如此憂心忡忡，就如同在《成長的限制》（一九七二年出版）一書中曾提到的問題；[3] 這個問題仍然存在，且尚待解決，除了在中國曾一度因某種激烈的手段而獲得控制外。

經濟上，全球整體的金融體系搖晃不定，仍需要不斷地成長才能維持穩定的狀態，銀行體系像是寄生蟲般地逐漸把地球榨乾。目前，世界各國包含中國在內都奉行資本主義，追求的當然不是永續均衡型的社會。每個人都心知肚明，若各方面都成指數型增長，終將招致災難。然而，各國的金融首長似乎傾全力推動經濟成長，設法讓國家脫離自己或前朝所招致的財務困境，卻從未有人仔細思考要如何讓經濟朝永續發展的方向前進。

然而，最可悲的是社會上，民眾已對局勢麻痺不仁。在一九六〇年代，西方的年輕人曾為了一些的理想而群起發聲，共同對抗種族主義、參與越戰等，展現了對世界的入世之心。反觀現今的情況，在這全球局勢與個人的利害關係更為密切，世界問題更迫切需要解決之時，民眾卻反而表現地事不關己。各年齡層的選民，各家公司行號，各個政府機關對於研究如何打造一個永續的地球毫無熱忱，只在乎追求個人財富和舒適。只要我們還能在多享受奢侈品幾年，可以駕駛豪華轎車，或搭機到海灘度假，我們願意睜一隻眼閉一隻眼，不去擔心未來必定會出現的疾病、貧窮、戰爭、犯罪，和最終的糧食資源的耗竭和飢荒等災難。這些災難都和當前迅速變遷的氣候系統有關。年輕一代無心傾聽，亦無意行動，而長者也不願帶頭，不願教導示範。

如果我們去問世界知名小說《塊肉餘生錄》（David Copperfield）中的米考柏先生（Mr Micawber）該怎麼辦，他肯定會回答：「**最後一定會出現轉機，讓所有人免於災難的。**」然而，這個轉機會是什麼呢？以下是一些似乎不太可能發生的情況：

- 上帝突然決定該是耶穌二次降臨的時候了。（這確實是美國某些民眾認為，不須採取任何行動來應對氣候變遷的理由）
- 世界上確實有外星人，他們自一九四七年來不斷關注地球，因為他們計劃要佔領地球，拯救人類。
- 會有人研發出一個神奇的裝置，無限量供應潔淨的能源。這可能得仰賴新奇的物理發明，像是冷融合，或根據現有的物理研究，研發出可行的熱融合系統，但或許還得等上二十年的時間。
- 地球可能會受到一顆巨型隕石的撞擊，將所有生物毀滅。
- 某個偏遠的非洲叢林中，出現了一株新的病毒，蔓延全球，導致所有或大多數人類受感染而滅絕。

- 世界或許會陷入大型的核武戰爭中。

我的看法是，一味地等待轉機出現，等到壞事出現的機率，往往比等到好事來的高。自我救贖的關鍵，掌握在我們自己的手中，也取決於我們自身的行動。

我們能做什麼？

減少碳排放量

從以前到現在，環保團體一再地呼籲大眾，要盡一己之力為減碳做努力，進一步幫助減緩氣候變遷：我們可以做好資源回收、增強住家的絕緣裝置、換開小型房車、多吃蔬菜少吃肉，以上這些的確有幫助，也能提升個人的地球公民道德意識，讓民眾知道必須將地球村而非個人的需求放在第一位。然而，縱使全英國上下每位民眾都在自己的日常生活中，竭盡所能地執行所有的節能措施，結果（根據親身體驗者的經驗）是，能源的使用僅減少了二十%。換言之，效果是有的；但英國政府的能源與氣候首席科學顧問大衛麥凱（David MacKay）教授曾說過：「如果每個人都做一點事，我們能成就的也就是一點事而已。」[4]的確，若是要成效比「一點」更多，在政治上必須對能源生產做出決策，這也表示，政府必須展現更堅定的政治勇氣。然而，一回想起聯合國氣候變化綱要公約（United Nations Framework Convention on Climate Change）的討論，便讓人陷入絕望的深淵。

自一開始京都議定書（一九九七年）出現的樂觀情景，到哥本哈根談判（二〇〇九年）以及德班會議（二〇一一年）的徹底失敗，讓人不勝欷噓。可悲的是對於氣候變遷危機，一般政客們提出的第一回應，往往僅以這世紀或甚至以更短期的預測資料作為依據，彷彿時間只要一過政府間氣候變遷委員會（IPCC）對於二一〇〇年的預測圖表後，氣候變遷便會戛然而止。英國自家的前任環境、食品、和城鄉事務部長歐文派特森（Owen Paterson）在二〇一三年九月竟然還曾沾沾自喜的說：「我認為，這份最新的報告著實讓人鬆了一口氣，因為數據顯示出的增幅不大，而且已經有一半早已實現了。他們認為會增加一到二・五度。」[5]

首先，「他們」指稱的並非政府間氣候變遷委員會，而是某個無知的新聞報導，顯然這是他所仰賴的訊息來源。而這一到二・五度的預測是針對二〇五〇年的。「已經有一半早

已實現了」這句話顯示他誤以為氣候變遷一旦越過 IPCC 預測的年份就會停止，然而「**讓人鬆了一口氣**」這句話才是真正破綻：他認為自己即便無所作為，也不會被追究，這點的確是讓他鬆了一口氣。

至於一般政客的第二個回應，會是在未來某個時間點，將允諾達成減少碳排放的目標（通常是在二〇三二年減少三十％之類的數字），如此一來，便可以預防氣候變遷惡化成完全失控的情事；這樣的說法讓現任的政客可以把責任撇的一乾二淨，但卻不符合事實。

首先，目前大氣中的二氧化碳，將產生所謂的「飛輪效應」（flywheel effect）——原則上，每個二氧化碳分子在氣候系統中可以殘留超過一百年的時間，而全球現存的二氧化碳尚未完全發揮（或許只有「一半實現」了）暖化的效用。因此，設法降低「未來」的碳排放量，不如降低「當前」的排放量，來得更有效益；而降低當前的碳排放量，又不如實際減少目前大氣中的含碳量更為有成效。最有效的作法，就是透過碳捕獲和封存，或其他尚未問世的科技，來減少大氣層中的二氧化碳含量。事實上，現行的核能可有效控制二氧化碳的排放量，但是想要藉由完全改用核能發電來中止二氧化碳排放，是不可能的，因為核能本身也存在不可預知的風險。然而，其餘如採用其他的科技來抵消暖化作用，例如透過地球工程塗抹石膏等方法，這些都無法幫我們爭取更多時間來達到「減碳」的目的。

碳的飛輪效應和人口的成長速度十分相似。簡單地說，在間冰期大氣中的「天然」二氧化碳濃度是二百八十 ppm，而目前則是四百零四 ppm，由此推算，有一百二十 ppm 是由人類燃燒化石燃料所造成的。假設我們突然間完全不排放二氧化碳了，那麼大氣中的二氧化碳濃度會下降多快呢？

由於二氧化碳可以存留在地球的能源體系中至少一百的時間，因此我們可以預期，每年最多會有一％的二氧化碳開始「離開」這個體系。在完全零碳排的第一年，大氣中的二氧化碳的濃度只會降低一・二 ppm。因此，二氧化碳濃度要降到三百五十 ppm 這個多數科學家認為安全的數值，則需要花四十五年的時間。同樣的，當前人口總數為七十億，平均壽命為七十歲；倘若人類完全停止生育，人口要透過自然衰退減少到六十億，需要花上十年的時間。為此，若是未來某天因氣候變遷引發糧食生產危機，導致我們無法供糧給十億人口，光是透過節育來因應這方面糧食短缺的問題，也是行不通的，因為在我們尚未獲得因節育而控制人口的結果時，就會因自然出現的大規模飢荒，造成人口大量滅絕。換言之，**如果我們不立刻改變現有的行為模式，地球上所有的碳氫化合物終將被萃取用盡，我們與石油的愛恨情仇，某天也必將劃上句點。**但是，在那一天來臨之前，全球暖化會變得更加嚴重，地球上的生物倘若還能生存，也將活得苦不堪言。

我們需要一個新的曼哈頓計劃（編按：係指第二次世界大戰由美國主導，英國和加拿大支援，研發與製作原子彈的一項大型軍事工程。）來清潔大氣層；世界必須投入空前的精力，全球一同努力，畢竟，我們呼吸的是同一片空氣，要是人類無法團結一致，在不久的將來氣候變遷為地球帶來的衝擊必定會讓我們更加有感，甚至在二、三十年後，地球萬物將面目全非，令人難以生存。人類再也不會享有像二〇〇七年金融危機前的盛景，屆時人類得好好思考自己的未來，例如試著搬到挪威或加拿大等氣候較為涼爽的國家生活，人口較少，資源也比較為豐富。說到這裡，不禁讓人思考一個嚴肅的問題：如果現在就為時已晚，無法藉由降低或終止碳排放來保育我們的地球，那我們還能做什麼？我們對於減碳的工作一再拖延，社會早已將高碳排放視為理所當然，面對這些難題，又該如何是好？目前，只有兩個可循之道：利用某些科技來延緩暖化速度，但放任二氧化碳含量持續增加，或者研發更先進的科技，將二氧化碳從大氣層中取出。

英國皇家學會在二〇〇九年的地球工程報告書，[6]曾提出以下兩種方法：

❶太陽輻射管理（Solar radiation management, SRM）：藉由減少地球的太陽輻射吸收量來抵消溫室氣體濃度升高帶來的衝擊。

❷移除大氣中的二氧化碳（Carbon dioxide removal, CDR）：針對造成氣候變遷主因的

根本改善，主張透過移除大氣層中的溫室氣體。

首先我們來談談太陽輻射管理，也就幫地球「貼上OK繃」的作法。即使我們持續排放二氧化碳，仍要要找出解決之道來減緩地球暖化的腳步，而這些方法就統稱地球工程法。

地球工程法

為了爭取更多的時間，找出氣候危機的永久解決之道，人類從未如此依賴這些技術專家的協助。地球工程法涵蓋了各式技術，像是藉由直接阻擋陽光或增加地球的反照率這些人工方式，來降低地表氣溫，改變太陽輻射平衡。對於北極地區而言，SRM 和 CDR 的目標在於幫助這地區，取回已經流失的冰層，遏止離岸永凍層的流失，同時預防甲烷大規模地釋出。為此，我們除了得設法延緩暖化的速度外，還必須扭轉暖化的趨勢。以下，讓我們來看看一些現有的提案，並思考這些提案的效用，以及預測在政治層面上可能面臨的阻撓。

太陽輻射管理就是所謂幫地球「貼上OK繃」的作法，可以迅速執行且費用不高。然而，這個方法無法改善二氧化碳含量的問題，也無法改善海洋酸化等現象，因為造成海洋酸化的原因並非氣溫，而是二氧化碳含量。同樣的，這也意味著珊瑚漂白的現象會更加惡化，海洋中甲殼類生物的生存會受到威脅，甚至整片海洋生態都會遭受衝擊。因此，太陽輻射管理是消極的解決方法，它無法幫助我們根本解決二氧化碳含量的問題。

目前提出的太陽輻射管理方法主要有以下數種：

第一種，是一九九〇年由曼徹斯特大學的約翰萊・瑟姆（John Latham）所提出，藉由在雲層中注入極為細小的水分子噴霧將低雲層增亮。[7]如此一來，雲層的反照率會增加，可以將更多的太陽輻射反射出去。而愛丁堡大學著名的海洋工程師史蒂芬・沙特教授（Stephen Salter），設計了一個系統，來協助執行上述方法。[8]此外，曾經也有人提出將氣球空飄到高空，以便將固體分子注入雲層；甚至還有人提議利用戰鬥機的後燃器所釋放的懸浮微粒，將輻射反射出去。

第二種，是海洋雲層增亮法（Marine cloud brightening, MCB），主要是利用較輕薄的低層雲（海洋層積雲）頂端，將更多的太陽光反射回太空。這些海洋層積雲壟罩在全球四分之一海洋的上空，因此能有效地促成冷卻效應。如果反射率能提升三%，則這個冷卻作用便足以抵銷二氧化碳增加造成的大氣層暖化。

此作法的執行方式，是將海水水滴不斷地噴灑到雲層中。沙特教授構思了一套新穎的噴霧製造方法，也設計了一架風力無人艦，可以透過搖控的方式進入最適合種雲的區域（卷頭彩圖30）執行任務。這艘無人艦沒有風帆，利用的是更有效的驅動方式，也就是「轉子推進器」（Flettner rotors）。這個推進器是由德國籍的安頓・佛萊特納發明的，使用的是馬格納斯效應（Magnus effect）。此垂直的圓柱體會架在甲板上，圓柱表面受到不同的風壓而隨著風吹轉動，將船往前推進。

弗萊特納所發明的轉子推進器曾在一九二〇年代被使用在船隻上。在今天，其又再次受到青睞，因為它可以幫助減少航海的能源消耗量。這艘無人艦上會載著海水水滴噴灑裝置，將海水從推進器頂端噴撒到雲層底部。而噴灑工作和通訊上所需要的電力，則由無人艦內建的洋流渦輪機發電來供應。這個設計的關鍵在於噴水頭的噴孔十分細小，能噴出直徑僅一微米（一公尺的百萬分之一）大的粒子，當這些水滴在大氣層中蒸發後，會剩下更細小的海鹽粒子（直徑大約一奈米寬），能有效地增亮雲層；這也利用了涂米效應（Twomey effect）的原理，也就是說，在雲層中一團細小的粒子，會比一團同樣體積的但顆粒較大的粒子來得明亮。這就像是飛機會噴射出飛機雲一樣，從太空都明顯可見（卷頭彩圖31）。但此方法若要達到一定的效益，則必須在全球部署數百艘的船隻，整體花費雖然可觀，但和全球暖化每年全球造成的數兆元損失相比，仍是九牛一毛。不僅如此，其最大的優點是它對生態環境無害，所需的唯一原物料就只有海水。冷卻作用的幅度可以透過衛星測量和電腦模型來控制。萬一有緊急事件發生，整個系統可以立即關閉，只要幾天就能將情況完全恢復正常。

然而，在整個雲層增亮系統可以正式運轉前，仍有許多工作尚待完成。我們必須要完成所有相關科技的研發工作，在有限範圍進行現場實驗，將種雲和鄰近的一般雲層進行反射率比較，我們甚至得更仔細地分析，看看這個方法是否會在氣象或氣候上，衍生出更嚴重的問題（例如近一步降低缺水區的降雨量），若確實會產生後遺症，又有哪些因應之道。

其中最重要的一個問題是：我們必須進行全球性的海水噴灑，以促成全球一致的冷卻效應？或者我們只希望在特定的區域製造冷卻效應，因此可以針對特定的區域，在特定的時間進行海水噴灑？這不禁讓人想到最迫切需要降溫的北極。如果說目前北極夏季陸架上的開放水域，是造成海底永凍層暖化、甚至正醞釀著甲烷災難的罪魁禍首，那麼，我們僅需讓夏季海冰重返北極，不必讓地球全面性降溫，就能力挽狂瀾嗎？

約翰・萊瑟姆和其團隊曾在二〇一四年研究過這個區域性的問題，[9]其發現僅針對北極進行冷卻，可讓海冰擴散增長，尤其是在波弗特海域和楚科奇海域的海冰，這方法是可行的。然而，這樣子的截長補短，可能導致其他區域出現問題，例如在薩哈拉沙漠以南的地區造成降雨量減少。然而，我們對這個方法仍抱持審慎樂觀的態度。早期的研究曾發現，倘若能在全球超過七十％的海洋上空雲層進行噴灑，便能抵銷二氧化碳含量加倍所造成的暖化效應，遏止海冰的流失。[10]

雲層增亮法基本上會減少落在海面上的太陽輻射量，如果只針對特定區域施行，也可能有助於降低颶風的強度（這是取決於海面溫度），減緩珊瑚漂白的速度（這是取決於海水溫度和海水酸度）。然而，南極海冰也會受到影響。二〇一四年的研究曾顯示，全球種雲將會增加南極海冰的覆蓋面積，也可以從源頭，也就是從海底洋流進行冷卻，因為這些洋流目前正讓思韋茨冰川和松島冰川處於崩塌邊緣，倘若這些冰川突然塌陷，海平面將會上升三公尺。[11]因此，**海洋雲層增亮法不僅有助於延緩全球的暖化現象，更有助於解除區域性，尤其是兩極地區，所受到的威脅。**

沙特教授規劃了一套完善的方案，讓雲層增亮系統能全面性地運作，估計在研發上的相關費用，將高達七千三百萬英鎊，對一般科學研究計畫而言，這簡直是天文數字，但要是能有效解決迫切的全球問題，這筆錢算是滄海一粟。英國若真心想對抗全球氣候變遷的問題，這便是個我們能引領全球的地方。

第三種是懸浮微粒注入氣候工程法（aerosol injection），這可說是目前被提出的所有方案中，第二大規模的地球工程法。[12]最近一項英國政府所贊助，名為SPICE（平流層粒子注入氣候工程，Stratospheric Particle Injection for climate Engineering）的研究計畫，曾針對此工程法的效應進行詳細評估，然而，在科學家實地進行測試前，政府就已撤回補助。此工程法的基本概念是將一大團懸浮微粒，也就是細小的粒子，潑灑到平流層較頂端的地方，以便將太陽光直接反射回太空。這個注入的動作必須毫無間斷，因為懸浮微粒最終會從大氣層上方掉落出來。

最初的想法，是在平流層中製造硫酸鹽微粒雲，或透過釋放所謂的前導氣體，例如二氧化硫（SO_2），或者直接釋放硫酸粉末（H_2SO_4）。一旦硫酸氣體釋出，就會在大氣層上方氧化，並溶解在水分中，形成硫酸水滴，但會離原始的釋放地點有一段距離；這種方法無法控制粒子的大小，但最大的優點是其步驟簡單容易。反之，硫酸粉末若直接釋放到空氣中，會迅速的形成懸浮微粒。此作法的最大關鍵，在於控制這些微粒的大小，才能在影響氣候上達到最佳的效果。倘若懸浮微粒是被釋放到平流層底部，這些微粒只能停留數周，最多幾個月的時間，因為這裡的氣流大多是往下降的，若要延長懸浮微粒的停留時間，就必須將這些微粒釋放在更高海拔的地方。

然而，又如何將這些微粒運送到平流層釋放呢？可能的辦法有將微粒裝入砲彈彈殼，利用高空飛行器運送，甚至將高空氣球連接上固定在地面的巨大軟管，或者讓裝有前導氣體的氣球自由漂浮，再自行爆破。其中，最節省成本的方法則是利用現有的空中加油機，像是美國的 KC-135 或 KC-10 軍用空中加油機。每年只需要九台大型的 KC-10 加油機，就能以每天三航班的速度，完成運送總數達一百萬噸的二氧化硫。此外，利用十六英吋的彈藥殼，其花費也不高；同樣平價的方法還有利用大量的小氣球，將前導氣體硫化氫灌入氣球中，和氫氣混合，讓氣球能飄升到平流層後自行爆破。若是用這種方法，每年則需要三萬七千顆氣球。這種方式比雲層增亮法簡單，但牽涉到的數量相當龐大，還必須設法把化學物質運送到大氣層中，執行難度較高。

我們都知道高空中的粒子必定會對氣候造成影響，最據說服力的案例就是火山噴發。一九九一年菲律賓的皮納圖博火山（Mount Pinatubo）噴發，造成隨後三年全球明顯的冷卻效應；雖然將懸浮微粒釋放到高空中作法，其花費不高，根據大力支持此方法的學者保羅克魯岑估計，每年僅需二百五十到三百億，就能效抵銷人為製造的二氧化碳所造成的影響。[13] 然而，此方法有潛在的負面效應：降雨量會減少，對亞洲和非洲的雨季造成嚴重衝擊；也可能會破壞臭氧層，讓臭氧層的破洞又再次擴大。此外，很難預測這種方法在全球造成的冷卻情況，或許某些國家冷卻的幅度較低，或許有些國家甚至會更加暖化。事實上，最大的癥結點，是這個作法背後存在著相當大的不安全感，畢竟是要將大量的化學物質注入大氣層上方，而這個化學物質確實是有毒的。相較之下，用海水例子將海洋雲層增亮看來是更無害的選擇。羅格斯大學（Rutgers University）的艾倫羅伯克教授（Alan Robock）曾強力地反對將懸浮微粒釋放到大氣層中，但他近來已有所改觀。二〇一六年，他與研究團隊共同發表的論文中提到，[14]懸浮微粒雲層不僅能有效阻擋太陽直接的輻射接觸地表，更能有效擴散輻射，搭配冷卻效應雙管齊下，可加速植物進行光合作用。因為植物的生長加速，也有助於降低大氣中的二氧化碳含量，這是意想不到的好處。

至於其他的地球工程法，也陸續有人提出。其中一個是在太空中架設反射鏡，將大面反射鏡或一組鏡子放入軌道中，把太陽光反射回太空中。然而，至今尚未有人想出可行的辦法，用低成本的方式將這種設備組裝起來，送入軌道。

碳循環機制

前面，我已經說明為何減少碳排放量的工作在執行層面如此困難，且在推動速度上也不夠快的原因。然而，如果這工作的推動速度過於緩慢，像現在一樣，就會在大氣中留下過量的二氧化碳，導致全球未來繼續暖化。地球工程法或許能抵消二氧化碳和甲烷對於大氣層造成的衝擊，但必須要付出的代價就是讓二氧化碳繼續酸化海水，最終導致整個海洋生態的毀滅，也或許會因此造成全球生態系統的毀滅，因為海洋佔了地球表面積的七十二%。我悲觀的預測，最終（或許這個最後就在不久的將來），我們必須設法將二氧化碳從我們的行星系統取出，才能徹底剷除全球暖化的問題，拯救全世界。但，這又該如何才能做到？

首先，我們必須正視這個攸關全人類的整體問題。事實上，這是全球面臨到最嚴峻的考驗。我們能懸崖勒馬，防止氣候變遷脫韁失控，守住人類最基本的生存條件嗎？還是只能坐以待斃，放任氣候變遷加速惡化，一步步擴大威脅地球人類可以生存的空間？在這方面，最難堪的失敗，莫過於政府間氣候變遷專家小組（IPCC）的失敗。IPCC 在二〇一三年的第五次評估報告中提到，唯一可行的氣候模式就是遵循 RCP2.6 的路線（也就是低溫室氣體排放情境）。我已經表達了我的質疑，這個未來可能的濃度發展路線所推算出輻射驅力，並未詳實顯示我們在災難性氣候變遷的防治工作上，真正需要做的事情（請參考第七章）。

報告中提出了一個似是而非的結論，IPCC 也刻意不強調這點：拯救我們自己的唯一辦法就是遵循 RCP2.6 路線，而達成這個目標的唯一辦法就是把大氣層中的二氧化碳取出，因為我們很快的就會讓二氧化碳濃度碰頂（四百二十一 4ppm），濃度再增高就無法將全球暖化維持在「尚能接受」幅度。我們必定在十年內，在毫無知覺的情況下，就會突破這個界線，二氧化碳濃度如此迅速的攀升，我們唯一的希望就是實際進行除碳工作。IPCC 知道這點，但完全不去思考我們究竟要如何進行除碳的工作。除碳的另一個重要關鍵在於倘若大規模執行除碳工作，這將對整個生態系統和生物多樣性造成衝擊。在開始進行大規模的除碳工作前，進行跨國研究是十分必要的步驟，但這點 IPCC 也絲毫不重視。

目前受到矚目的除碳方法主要有兩種，[15] **分別是「生物能源搭配碳捕集與封存」（bioenergy with carbon capture and storage, BECCS）和造林（afforestation）。**生物能源搭配碳捕集與封存的方法，包含種植生物能源農作物，草樹皆可，隨後送至發電廠燃燒，將廢氣中的二氧化碳取出，壓縮成液體，存放在地底的封存設施內。

造林，也就是栽種樹木，藉由光合作用來取出大氣中的二氧化碳，用自然的方式進行封存，將二氧化碳封存在木頭和土壤中。如果我們想把全球氣溫的上升幅度控制在攝氏二度，我們必須在本世紀末前，移除大約六千億噸的二氧化碳。倘若使用生物能源搭配碳捕集與封存的方法，光是為了要移除二氧化碳所種植的農作物，就要佔地四千三百到五千八百萬公頃，這大約是全球可耕作農地的三分之一，美國可耕地的一半；其作法顯然是不可能的，除非我們能大幅提升農產效率，而這種產量也會遠遠超過目前日亦增多的世界人口需求。比較可能出現的情況是，我們需要這些可耕農地來種植作物，養活世界人口（目前這些可耕地的產值，已因北極的氣候變遷導致的極端氣候影響而下降）。

然而，生物能源搭配碳捕集與封存的方法，必須佔用我們的原始森林和自然草原，這也是我們難以割捨的，相較之下，造林本身就是一種除碳的方式。此外，這些森林和草原原本是許多瀕臨絕種的物種棲息地，若喪失這些物種，地球的生態系統也將岌岌可危。除此之外，科學家對於生物能源搭配碳捕集與封存的最大顧慮，還是在於這個方法是否真的能有效的移除大氣層中的二氧化碳。如此大規模的栽種農作物或許會排放，而非吸收更多溫室氣體，至少在初期一定會釋放出溫室氣體。這是因為在最初的階段，必須要先整地、鬆土，和加強施肥。若將這些工作的碳排放量一併採計，則生物能源搭配碳捕集與封存能移除的二氧化碳（根據 RCP2.6 路線），據估計在二一〇〇年之前能夠到達三千九百一十億噸，這比要控制地球升溫不超過攝氏二度，所需要的移除量少了三十四%。然而，即便我們保守估算實際這些生物能源作物所需的土地可以確實獲得並執行，那麼二一〇〇年前的碳捕捉淨值僅一千三百五十億噸。因此，單靠生物能源搭配碳捕集與封存的方法來單打獨鬥是行不通的。此外，這方法是要在這個氣候變遷加劇的系統內栽種生物能源作物，氣候暖化後，這些作物又將會需要多少水來灌溉呢？如果未來人口爆炸，對於糧食的需求暴增，那麼這些作物又如何在有限的可耕地上，保有自己的一席之地呢？更重要的是，我們要如何捕捉碳？又該將捕捉到的二氧化碳存放何處呢？

與此相比，造林看起來像是比較溫和的移碳方式，因為我們不需要擔心碳的存放問題。人們大多認為增加森林的覆蓋面積對環境是有益的，但人們為了取得木材、栽種黃豆或畜牧，正大肆砍伐亞馬遜和東南亞的森林。因為生活所逼讓我們漸漸失去樹林的同時，我們又該如何把樹林重新種回去呢？

如果我們用單一樹種造林取代自然森林，非常有可能會破壞當地原始的生態系統，為此，我們開始研究究竟森林中哪些是關鍵性物種；一旦該物種消滅或絕種，將會危害全球生態系統的運作，或使得小囊蟲等害蟲失去天敵，造成災難。[16]目前，市面上有三分之一的藥品原料，是從這些森林植物中萃取出來的。大規模地栽種施業林（managed forest）將會因蒸發和植物的蒸騰作用改變，導致雲層、反照率、水土平衡方面的複雜變化。目前，北方針葉林已出現了我們不願意見到的現象。由於全球暖化，樹線日亦往北擴大。雖然一般認為是好事，然而，原本應是冰雪覆蓋的土地，現在卻佈滿落葉（枯樹枝或針葉），使其表面的顏色比冰雪覆蓋的草原或凍原深，整體的反照率降低，結果就是加速暖化效應。有系統的造林也代表在樹林成長到一定的階段後，會定期砍伐（和儲存木材），再重新種植。如果森林大火日亦頻繁、乾旱不斷出現，病蟲害問題加劇，使得樹林在得以採收前就已經死亡斷裂，造林就不是個好方法。

目前還有其利用地球化學、化學、或生物學方法來移碳的討論與研究。如果只就這些理論上的可行性進行模擬，而不考量環境上可能會造成的衝擊，會產生截然不同的結論。更不用說，這些想法的實際層面，管理和接受度的問題仍有待評估。過去，很長一段時間一直討論的「海洋施肥法」（ocean fertilization）就是個很好的例子；這是另一種移碳法。最早當有人發現海洋的自然落塵量、海洋生產力和氣候情況這三者之間有互相關聯時，人們對海洋施肥法抱有高度的期待，希望這方法能幫助我們解決人為造成的全球暖化問題。

一九九〇年代研究學者推估，若將一噸的鐵粉灑入海中，就會有數萬噸的碳會被大量生長的浮游植物吸收。近幾年進行了十四次小規模的實地測試後，這些估算出的數據已被大幅刪減，因為無論透過何種方式促成浮游植物大規模生長，像是在海洋中加入鐵粉或者其他營養劑，甚至利用器具強化海洋的上升流等方法，這些浮游植物所吸收的二氧化碳，都會在浮游植物分解後，重新被釋入大氣層中。除此之外，某個區域（例如南海海域）若出現大規模的浮游植物生長，將會加速消耗海水中的其他養分，甚至造成水中的脫氧作用，影響其他區域的漁獲量。由於這些潛在的風險，世界各國在制訂生物多樣性公約（the Convention o Biological Diversity, CBD）時，**一致否決了利用海洋施肥法來解決氣候變遷問題這個選項。**

最近，也有人提出其他利用海洋來移除二氧化碳的方法，像是種植海藻來覆蓋全球海洋九%的面積；這個方法對環境會造成的影響仍有待評估。然而，此方法顯然會影響，甚至干擾現有的海洋生態系統，特別是在淺水海域，影響其經濟價值。

至於在陸地上執行的移碳方法，包括增加土壤中的碳封存量，方法是在翻土耕地時加入稻草之類的有機物質，減少耕地的頻率（以降低對土壤的干擾），甚至是添加生物碳（biochar）。生物碳本身就有豐富的歷史，因為曾有一群有志之士試著要說服全世界，生物碳就是全球暖化的解藥。作物和農耕廢料經過一種熱解的方式分解後，產生液體和一團看似煤炭的海綿，可以被埋進土壤中，據說有特殊的效用。然而，這方法究竟能如何解決二氧化碳問題，仍有待詳細研究。此外，也曾有人極力倡導強化風化這方式，利用矽酸鹽石，如橄欖石，來吸收大氣中的二氧化碳。這個作法，首先必須將這些岩石磨碎成沙狀的小顆粒，以增加表面積，再灑在海灘或其他平面上，隨後便會有化學反應發生，吸收二氧化碳，排出氧氣。誠如這方法的支持者所說，最早在地球上，岩石就是透過這些化學反應釋出氧氣的。

但如果要減少大氣中五十 ppm 的二氧化碳，以從目前的四百 ppm 降回三百五十 ppm，則每年必須在二十到六十九億公頃（相當於十五到四十五%的地球陸地面積），且必須在熱帶地區播灑矽酸鹽石顆粒，而每平方公尺需一到五公斤的矽酸鹽石，其所需的開採量和加工量會超過目前全球的煤炭產量，總花費可能高達六十到六百兆，這是所有地球工程法中花費最高的。此外，就像所有的地球工程法一樣，這種方法的執行不能間斷，矽酸鹽石化學反應一旦發生後，這些岩石就沒有用了，必須定期更換。為此，顯然這方法是不可行的，然而，我們還是得了解這些利用生物學來進行的地球工程法，能讓碳儲存持續多久，一旦大規模執行後，會對環境造成什麼影響。我們需要各方面的探討。

綜觀前述，當前的每個方法都有嚴重，甚至致命的缺點；我們所能仰賴的方法尚未問世，但應該成為某個大型研究計畫的主題。這計畫的規模不能亞於曼哈頓計劃，主題就是「直接空氣捕捉法」（direct air capture, DAC）。直接空氣捕捉法是把空氣打入一個移除二氧化碳的系統，將二氧化碳液化封存，或讓二氧化碳經某種化學反應成為另一種有用的物質。我所謂的「尚未問世」，表示這方法的成本不會高得離譜，只是實際執行方法尚未被發明。理論上，直接空氣捕捉法可將空氣送入含有氫氧或碳族元素的離子交換樹脂中，乾燥時能吸收二氧化碳，浸濕後則會將二氧化碳釋出。萃取到的二氧化碳經過壓縮，能以液體的形式存放，並透過碳捕捉或封存的技術存放在地底。直接空氣捕捉法和強化風化法一樣昂貴，每噸碳的處理費用大約需要一百多美元；最近（二〇一六年）這方面有了突破，可將花費降至每噸四十美元。

萃取的過程需要土地和用水，和生物能源搭配碳捕集與封存法一樣，都有二氧化碳從地底儲存槽外洩的風險。然而這些風險是可以降低的，其方法是將二氧化碳封存在海底，或用地球化學方法加工改變其性質，讓二氧化碳和某些岩石在地層內進行反應。理論上，利用冷卻（而非化學）的方式將二氧化碳液化，也是直接將二氧化碳從環境空氣中取出的方法。若要評估這方法技術上的可行性、花費和潛在的環境衝擊，則須在南極或格林蘭這些極地高原架設萃取站，然目前技術尚未能執行。**根據上述的分析，我認為直接空氣捕捉法，是我們要永久維持世界現況的唯一希望。**要是現在我們能夠進行大規模的研究，像是戰爭時期的曼哈頓計劃，我們或許能將成本降低，就如同近期太陽能發電板價格持續下跌一樣。

對於地球工程和移碳這些方法，曾有人提出過合理的批評，認為這些方法只會讓我們更加怠惰，不積極處理降低二氧化碳含量的問題。此外，我們應該要把焦點放在「減少碳排放」，而非採用一個不可靠的「先排放，後移除」的策略。然而，殘酷的現況是，全球尤其是西半球的民眾，大多不願放棄化石燃料帶來的諸多便利與舒適。我們終將得割捨掉有碳生活所帶來的諸多便利的，但我們不願意立刻放棄。只要能再搭一次瑞安廉航空往返歐洲也好，或者開休旅車送孩子上學不是比較舒服嗎？然而，即使我們立刻採用激烈的手段來進行減排，重大的地球工程和二氧化碳移除計畫也必須在二〇二〇年展開，且在二一〇〇年前每年移除兩百億噸的二氧化碳，才能將全球氣溫的上升幅度控制在攝氏二度的範圍內。我們必須要知道這是否可行，才能夠繼續回答下列的問題。

巴黎氣候協議是救世主？

二〇一五年十二月，一百九十五個國家在巴黎依聯合國氣候變化綱要公約，所召開的第二十一屆締約國大會（UNFCCC COP21）上，通過了一項歷史性的協議。這些國家同意要在二〇五〇年到二一〇〇間，達成穩定溫室氣體濃度的目標。這項承諾（在二〇一六年四月陸續有多國簽署）目的在於控制全球平均氣溫的增幅，和全球工業革命前的氣溫相比，不超過攝氏二度；最理想的情況是控制在攝氏一・五度。

要促成溫室氣體濃度的平衡，則農業和工業必須是零排放，或積極的將大氣層中的溫室氣體移除（還得搭配迅速且大幅的減排動作）。大多數的預測模型顯示，若要將增溫幅度控制在攝氏二度內，每年必須移除數十億噸的二氧化碳，並將其安全封存起來。若要達成更遠大的目標，每年則必須移除數百億噸的二氧化碳。因此，這和我們在本章節中探討的十分有關聯。

巴黎氣候協議的內容摘要如下；各國政府同意：

- 努力達成控制升溫的長期目標，將全球平均的氣溫升幅，控制在不超過工業革命前水平的攝氏二度範圍內。

- 目標將平均氣溫升幅控制在攝氏一・五度，以大幅降低氣候變遷帶來的衝擊。
- 盡速讓全球二氧化碳排放量達到峰值，但深知對開發中國家而言需花費較長的時間。
- 立即運用現有的最新科技，迅速地展開減排工作。

在巴黎峰會前和進行期間，許多國家遞交了「國家自定預期貢獻」（Intended Nationally Determined Contributions, INDC）。這是各國對於減少二氧化碳排放量的承諾。目前所有的INDC加起來不足以將暖化控制在攝氏二度以內，但這項協議仍規劃了達成這個目標的方法，因為各國政府同意：

❶ 每五年召開一次會議，依科學數據訂定更遠大的目標。

❷ 向彼此及大眾報告在達標方面的進展。

❸ 利用一個完善且透明化、可靠的系統，追蹤對於達成長期目標方面所做的努力。

❹ 增強社會的應變能力，以面對氣候變遷帶來的衝擊。

❺ 對於開發中國家提供每年一千億美元來協助達標，直至二〇二五年。

❻ 意識到避免、減少和處理氣候變遷所造成的損失及破壞的重要性。

❼ 注意到合作的重要性，且需要加強跨區域的交流、活動和援助，設置早期警報系

統，緊急應變計畫和提供各項風險保險。

那麼，以上這些白紙黑字的協議到底有什麼「實質」意義呢？當然，積極正面的意義是很明顯的。**這是史上第一項全球氣候協議，不僅讓美國重新歸隊，更讓印度、中國和其他排碳大國也參與其中。**這項協議改變了整個故事的氛圍。在先前的哥本哈根和德爾班會議期間，各國只願意做出最低承諾，甚至袖手旁觀，滿是尖酸的推託言詞。這種情景在巴黎峰會中已不復見。各國皆拿出誠意相待，共同致力於達成一個重要目標。這不僅增強了國際間的互動，更是促進國際合作的良機。在許多方面看來，這項協議無論在外交上或政治上都算一大勝利，和之前比較起來可說是否極泰來。

然而，巴黎峰會所取得的成果，真的能夠拯救世界嗎？我們先來看看協議裡缺少了什麼。首先，這和創造安全氣候環境所應遵循之道有些出入。協議的目標是將暖化程度控制在攝氏二度以內，但是依照各國提出的 INDC 來看，即使全面履行，暖化的程度也至少會有攝氏二・七度二，要將增幅控制在攝氏一・五度似乎是不可能的任務，除非大規模的進行地球工程和二氧化碳移除。但協議中只提到碳的排放量，並未對移碳多加著墨。此外，這項協議並未提及航空產業——這個造成全球暖化的另一大主因，也沒有規劃立即改善的行動策略，亦沒有針對達成碳平衡訂定明確的期限，只大略的制定了一個時間範圍「在二〇五〇到二一〇〇年間」，這種模糊的期限是十分危險的；時間拖得越久，就表示碳平衡會在更高的二氧化碳濃度才能實踐。簡言之，這項協議是否會有成效，完全取決於各國是否有善意和誠意來付諸行動，但檢討會議仍是會有幫助的。

基本上，氣候變遷是個存量和流量問題：氣溫的上升和長期累積的炭排放量有密切的關連（存量）。然而，我們只能從控制今以後二氧化碳排放的速度（流量）。我們的星球已經累積了龐大的二氧化碳排放量，若要穩定或降低大氣中的溫室氣體濃度，則必須把目前的排放量減少九十%，這也代表我們必須想辦法採用減排技術。

雖然，這項協議的確讓全球往前跨了一大步，但也僅是一步而已。**這項協議讓我們有了共同的目標，卻沒有勾勒出達成這個目標的具體計畫。**我認為穩定溫室氣體濃度的目標是可以實踐的，方法是透過地球工程或碳循環工法。如果世界僅仰賴減排來達成將暖化控制在攝氏一・五到二度的目標，這個方法會徹底失敗。我們現在應把焦點放在如何應用這些新的科技，以防止減排工作又再次失敗，招致口舌之爭，導致協議徹底瓦解。巴黎協議是我們早在二三十年前就應該做的事情，現在也應將重點全力放在對抗氣候變遷的問題上，而不是口頭上的美麗說詞而已。

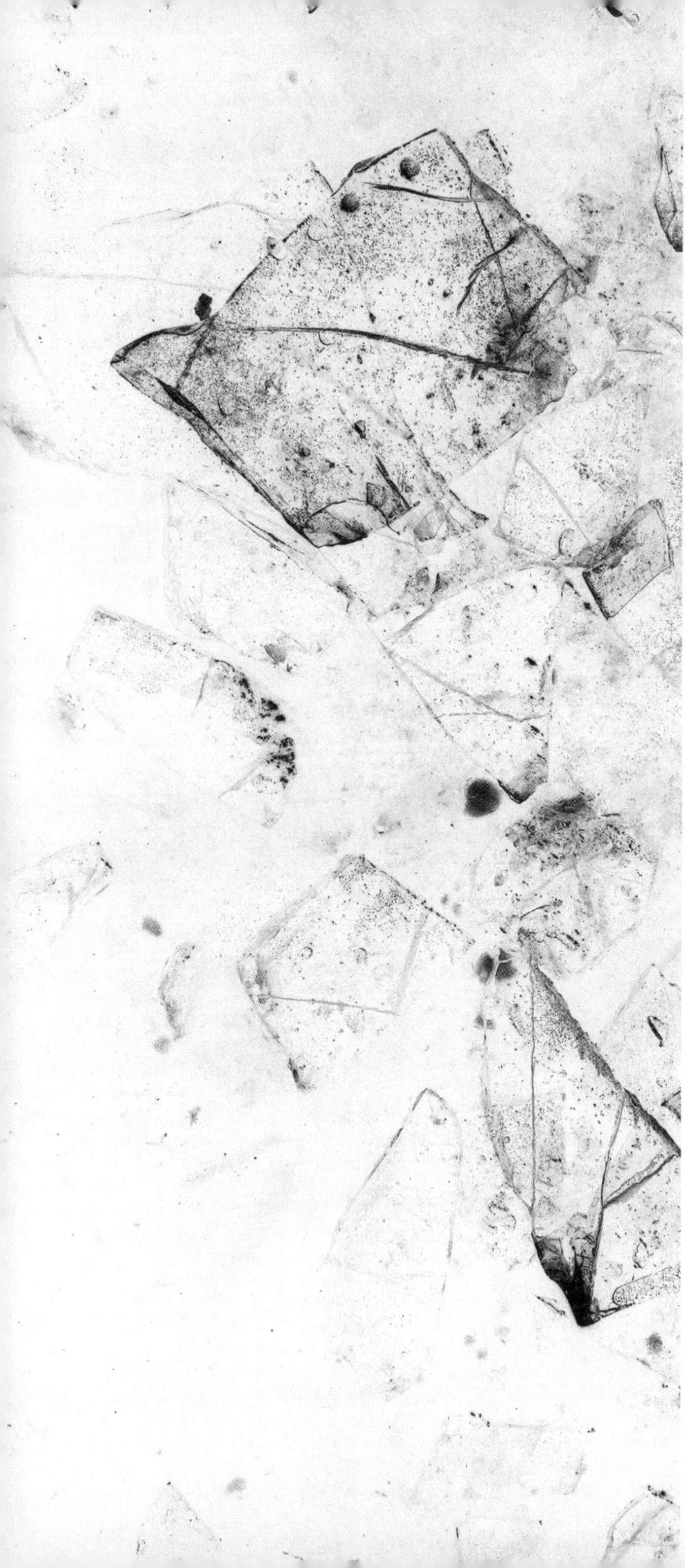

第十四章

擊鼓備戰

科學家在二〇一五年發現，地球氣候長期以來對溫室氣體是高度敏感的反應，[1]這個發現有助於我們釐清身為人類，在面對眼前這重大危機時，什麼才是當務之急的事情。這也讓我們意識到，「目前」大氣中的二氧化碳含量，已能造成我們未來難以承受的暖化衝擊；我們已無「碳預算」可以任意揮霍，「氣候變遷」已成定局，因此，「光是減少碳排放量」是不夠的，無法緩解現況。

二、三十年前，在人們開始發現全球暖化是這星球的一大威脅時，若能即刻全球共同努力，減少化石燃料的使用、改用核能等再生能源，或許能減緩氣候暖化的腳步，讓地球的增溫幅度得以趨緩，維持在一個不算太危險的基準。然而，政府和民眾皆過於短視近利、貪得無饜，不願意做出改變。大氣層中的二氧化碳含量已過高，若在未來數十年中，這些二氧化碳完全發揮其暖化作用，將會造成災難性的升溫情況。

加速移碳工程的進行

若要避免世界步入這災難性的下場，我們不僅要做到「零碳排」，更要實際地去「移除大氣層中的二氧化碳」，才能避免嚴重的後果發生。然而，如同我在上一個章所提到的，這件事情非常難以執行。目前，已被提出和研發的方法皆極為昂貴，移除每噸碳的成本大約是一百美元，而我們每年的移除量必須「超過」我們的排放量，大約是三百五十億噸。我們必須立即展開一個大規模的研究計畫，研發更平價的移碳方法。目前已有人改良了催化碳轉換的方式，可將移碳成本壓到每噸四十美元；也就是說，我們絕對有能力將成本壓的更低，而且從心理學的角度看來是更行的通的，因為這總比要求民眾立即停止一切的碳排放來得更合情理。畢竟，全球的基礎建設，無一不鼓吹化石燃料的使用。尤其在美國，民眾深信人定勝天，將會十分樂於挑戰新移碳技術的研發。

雖然這些方法仍在研發試驗的階段，我們仍需要利用地球工程法來幫地球暫時「貼上OK繃」。我深知地球工程法無助於根除全球暖化的主因，也無法降低二氧化碳造成的影響，例如海洋酸化，而且還可能產生副作用，甚至為全球各地帶來輕重不一的衝擊，更不用說這方法並非一勞永逸。但是若不執行地球工程法，氣溫必定會繼續攀升，造成進一步的反饋作用，使得人類的文明無法延續，最終滅亡。

我們盲目地求發展，一再濫用科技，種種作為已摧毀了地球的維生系統。目前，我們最需要的是審慎地進行研發，先發展地球工程法，再研發移碳科技，才有辦法拯救我們自己。這是有史以來所有的人類活動中，最為重要也是最急迫的事情，我們必須立刻採取行動。

精進科學研究

我們先暫時停止探討全球的現況，將焦點轉回北極，思考我們要如何提升科學研究的深度廣度，並把經濟層面納入考量。北極暖化造成的衝擊是全球性的，這事實告訴我們，**並非只有北極附近的國家要關心北極地區的改變，而是全世界的所有國家都必須正視北極暖化的問題。**在計算北極離岸甲烷釋放的影響上，我們只研究了眾多環境影響中的單一層面，我們必需再進一步探究其他北極反饋作用在經濟上造成了什麼衝擊，而哪些地區又將深受其害。

雖然甲烷釋放所造成的損失已相當可觀，但極地氣候變遷所造成的全球損失，將會遠超過於我們最初估算甲烷釋放所致損失的數字。

首先，我們需要一個電腦模型整合各項資訊，包括極地的實體變化和其所連帶跨越時間空間的經濟衝擊，這些是 PAGE 模型中沒有詳加呈現的。此外，這個模型還得整合所有反饋作用，顯示北極海冰範圍、北極均溫增幅、全球海平面上升、海洋酸化等現象之間的關連性。未來的模型還需包括目前尚未納入 PAGE 的反饋作用，例如黑碳沉澱、凍原永凍層融化的影響等；這模型也得突顯出北極海冰範圍和北極均溫上升之間有何關聯性，並且進一步研究其帶來的經濟衝擊，像是海冰範圍退縮造成了航運更加頻繁或全球海平面上升等。這樣融合各個層面的模型，可計算出北極變化造成的全球經濟衝擊，更應將這些全球數據分成不同國家和產業來各別探討。如此一來，我們便能注意到會有哪些國家或地區將面臨到什麼衝擊，特別像是島嶼國家或紐約州沿岸的城市等。目前的分析模型中並未將這些反饋作用聯結，希望在未來的模型中可以全盤納入考量。

其次，這些整合分析以及從事分析的研究人員，必須加入全球經濟的討論。舉例來說，世界經濟論壇（World Economic Forum, WEF）在二〇一二年秋天成立了北極問題全球議程理事會（Global Agenda Council on the Arctic），期盼能開啟各國領袖之間的非正式對話，並闡明北極地區就潛在的經濟價值（從運輸道礦石開採）[2]和生態的脆弱性而言，在全球日亦舉足輕重的地位。然而，在一場關於二〇一四年達沃斯會議（Davos meeting）的電視討論中，「氣候變遷」這幾個字只被提到了一次，在場的學者專家也都沒有積極討論。

我們必須清楚認知，北極地區的潛在經濟影響力是不容否認的。因此，我們需要一個完善的經濟分析，才能實際地看出北極變化造成的全球衝擊和損失。世界經濟論壇應起領導作用，開始投資這種新型的系統式經濟評估方法，實際研究生態系統的實體改變，像是在北極出現的變化，將會如何影響全球經濟。世界經濟論壇也應善用自身的影響力，要求世界領袖全盤思考北極變化將會帶來的損益，將焦點從運輸及採礦的短期獲利，轉移到處理這個經濟和生態的定時炸彈上。我們已經看到（詳見第九章），光是一個反饋作用，就能在一世紀內帶來三十七到六十兆美元的損失，而首當其衝的往往是貧窮國家。然而目前全球的經濟產值每年約七十兆美元，[3]由此可見，極地變遷將會嚴重撼動全球的經濟基礎。我們可以加速改變，方法是在世界經濟論壇的全球風險報告和世界經濟展望（World Economic Outlook）中，[4]納入這些損失的計算，而目前這兩者都沒有評估北極變化的潛在經濟威脅。

此外，我們迫切地需要用科學的方法來緩和北極的氣候變化。若要真實呈現這種迫切性，則必須發展出一門新的科學，也就是「北極整合科學」（Integrated Arctic Science）。對人類經濟而言，這門科學將會是一大策略性的助力，因為北極發生了什麼事，將會對我們的生物物理、政治、以及經濟體系造成重大衝擊。若沒有這種認知，全球的領袖和經濟學家就不會充分了解問題所在，進而展開明確的行動。

擦槍走火的邊緣

我從二〇一三年開始撰寫這本書。當時，全球正追思著已過世五十年的約翰甘迺迪總統，並且又再次回想起一九六二年的古巴飛彈危機，以及當時世界差一點陷入戰火的情況。古巴飛彈危機發生在一九六二年十月二十七日，我還記得，當時我十四歲，我和父母親守在電視機前，收看 BBC 電視台的新聞轉播。當時，我們突然意識到，隔一天或許再也無法醒來，而我們位於埃薩克斯郡的半獨立式房子，原本是心中最堅實的堡壘，也極有可能在一夕之間，連同我們自己和所有英國民眾，化為灰燼，隨風而逝；這一切只是因為一個小島的行徑惹惱了美國。

今天就猶如一九六二年一樣，人們或許會讚揚甘迺迪和赫爾雪夫的智慧和自制力，但是只為了古巴，就刻意讓全球游移在毀滅的邊緣，這絕非明智之舉，而是瘋狂之為。我們今天會恭賀自己，揮別了冷戰的陰影，類似的對峙情況也不可能再發生，但是美國和俄羅斯仍持續儲備大量的毀滅性武器。然而，擁有核武的國家越來越多，不只是政策走向較為溫和的大國，還包括局勢動盪不安的國家，例如以色列、北韓和巴基斯坦等。這些國家似乎已有準備，一旦宗教或政治信念受到挑戰，將毫不留情啟用核子武器攻擊。在今日，兩國之間的爭議或許會是下一個核子戰爭的引爆點。

然而，**氣候變遷已帶來一連串的壓力，足以引發國際衝突，這些壓力包括資源和飲用水的短缺、糧食產量崩盤、和極有可能因此而導致的大規模饑荒。**核子武器的發明是個既定的事實，也唯有人性改變，才有可能將核子武器徹底銷毀。我們只能祈禱那些缺乏理智的國家會效法較為理智的國家，放棄核武。然而，人性並沒有改變，若有改變，也只是變得更糟更壞。亞歷山大索忍尼辛（Aleksandr Solzhenitsyn）曾將二十世紀比喻為「山頂洞人世紀」。然而二十一世紀一開始，我們就非法入侵伊拉克，奪走數百萬條無辜的人命，有這樣的開端，也很難期盼這世紀會出現任何轉蹟。要完全消滅核子武器，就得先改變人性，而我們無力改變人性，也因此無力阻止核子武器的使用。

同理，氣候變遷很可能引發全球的緊張情勢，一不小心擦槍走火，就會讓人類滅絕。這也是為什麼對抗氣候變遷是如此的重要。人類應同仇敵愾的對抗氣候變遷，而非分崩瓦解成不同敵對的國家相互鬥爭。

混淆視聽者的逆襲

科學家在一九八〇年代開始注意到全球暖化的現象，當時的看法普遍是樂觀的，認為只要大眾和政客了解這些事實和來龍去脈，將會傾全力支持所有國際間必要的工作，以抑制碳排放，使用再生能源，防止地球遭到氣候變遷更多的摧殘；當時的情況也的確朝這個方向發展。在英國，當時的首相柴契爾夫人（Margaret Thatcher），由於自身的化學背景，立刻就了解氣候變遷的相關科學原理，並且把推動全球共同對抗氣候變遷這個任務，視為是她後半任期的重要工作。在一九九〇年，她在英國氣象局（UK Meteorological Office）下成立了哈德利氣候預報和研究中心（the Hadley Centre for Climate Research and Prediction），並且呼籲世界各國皆應採取行動。她深知兩極地區經歷的改變，對全世界會有重大的影響，這從她在一九八九年捎來給我的訊息中可以看得出來。當時，我正搭著破冰船在南極海域進行研究，她希望我寫一段話，讓她在聯合國會員大會公開發表。以下是她在一九八九年十一月八日的談話，內容得「歸功於一個在南極海域研究船上的英國籍科學家」：

「近來，在兩極地區我們已經發現人為造成氣候變遷的早期徵兆。哈雷灣

（Halley Bay）和我目前搭乘的研究船上，皆有測量工具測得數據，顯示我們正進入春季臭氧層消耗期，臭氧層受到破壞的程度和過去最嚴重的時期不相上下。在一九八八年所觀察到的復原狀況已被扭轉。這艘研究船在九月偵測到的臭氧厚度最低只有一百五十 DU，而過去在一般的情況下，同一時節厚度仍有三百 DU。這個受損程度非常嚴重。」

他也提到極地的海冰變得十分薄弱。他表示，在南極地區，「我們的觀測數據已確認，覆蓋著南極海域大半面積的首年冰，已比以往來的薄。大氣溫度若持續暖化，將會使得這些海冰承受不住，開始融化。海冰，其原來的功能是把海水和空氣隔離，原本的海冰覆蓋範圍超過三千萬平方公里。這些海冰能夠將太陽輻射反射出去，讓地球表面保持涼爽。一旦海冰覆蓋面積縮小，海水會吸收到更多的太陽輻射，地球暖化便會加速。」

他進一步地說，「極地所經歷的變化告訴我們，人為造成的環境或氣候變遷，極有可能出現自我維持，甚至完全失控的特質……後果很可能是無法逆轉的。」以上這些警訊，這是正在研究船上研究氣候變遷問題的科學家所說的。而我這位特派員也提出了一個很有意思的想法，就是成立世界極地觀察小組（World Polar Watch），透過這個倡議，我們能更密切監測全球氣候系統，充分了解其運作方式。[5]

在一九九二年六月的里約地球峰會上，聯合國正式通過氣候變化綱要公約（Framework Convention on Climate Change, UNFCCC）。更早在一九八八年，世界氣象組織（World Meteorological Organization, WMO）和聯合國環境署（United Nations Environmental Program, UNEP）共同成立了政府間氣候變遷專家小組，這組織在一九九〇年提出了第一次評估報告。[6]柴契爾夫人在她激勵人心的演講中，提議讓政府間氣候變遷專家小組成為一個長期運作的單位，定期提出評估報告。後來，政治力介入；一九九〇年，正當柴契爾夫人開始讓世界重視到氣候變遷問題時，她因某些因素被迫下台。她的繼任者，梅傑、布萊爾、布朗、和卡麥隆先生，沒有一個有科學背景；在政治上，這些人缺乏擔當，口口聲聲說要引領全球對抗氣候變遷，實際上付諸行動的卻是少之又少。美國的情況更慘，對於任何威脅到石油產業霸權的事情，兩位布希總統都會極力反對，以捍衛自身的利益。柯林頓總統和歐巴馬總統雖然發表了動人的演說，真正做的事情也不多。美國遲遲不願簽署一九九七年的京都議定書，儘管各方已極盡所能，做出最大的讓步配合美國，開出誘人的條件，仍無法說服美國簽署。舉例來說，在附帶條款中，京都議定書免除了軍事飛行的排碳控管，這完全是在討好美國的條例，因為美國的軍事飛行里程，比世界各國加幾來的總數還高出許多。這樣的條款彷彿迫使大家都得相信這迷思，認為軍機排放的二氧化碳粒子不同於民航機排放的二氧化碳粒子，對環境是較無傷害。

聯合國氣候變化綱要公約在哥本哈根和德爾班舉辦的「峰會」失敗的一蹋糊塗，這點不難讓人看出在對抗氣候變遷的議題上，國際的努力停滯不前，政治上又無人帶頭。更雪上加霜的是，對抗氣候變遷的努力已開始遭受由財力雄厚的邪惡之士和密謀組織的阻力。這些組織傾全力在媒體上散播不實故事，設法說服膽怯或無知的政客，讓他們相信即使全球暖化是事實，我們也沒本錢去根除這問題。他們的目標和手段和煙草業的說客是一樣的，就是讓民眾懷疑這些潛在的危害是否真實存在，讓一般百姓開始困惑，困惑到可以容忍政府毫無做為。他們不需要說服民眾氣候變遷不是真的，只需要讓人開始懷疑氣候變遷的真實性。拯救世界所需的努力和花費龐大，而且必定會造成生活中諸多的不便，因此民眾會更容易採信主張不要採取行動的一方。一本名為《販售疑惑的商人》（Merchants of Doubts）[7]的書籍就揭露了這個現象。

混淆視聽運動每年的預算高達約十億美金，據推測是由石油相關產業和神祕的實業家出資贊助。這個運動的主要方向有二。首先，對氣候科學家的職業成就展開惡性的人身攻擊。這些科學家之所以被鎖定，主要是因為大多是充分了解氣候變遷的專家，也往往會因憂心此議題而登高一呼。這個活動在二〇〇二年首次有了重大的斬獲。當時，埃克森美孚公司（ExxonMobil）的藍迪・蘭道爾（Randy Randol）曾給白宮下了紙條，使得當時的布希總統下指令給 IPCC 的美國代表團，免除羅伯特・華森教授（Robert Watson）的主席職位，讓比較服從且好說話的人士取代他。美國當時可以這樣操控 IPCC，因為它是這組織的主要資助者。華森教授是位成就傑出且活力十足的氣候科學家，卻被認為對於這個議題太過熱衷，尤其是在一九九〇年代後期他曾一度提出警告，最新版的氣候模型即使納入改良後的碳循環處理機制，全球氣候增溫的速度仍比之前的預測快了三分之一。拉金德拉・帕喬里（Rajendra K. Pachauri）接任了他的職位。帕喬里是位個性隨和的印度人，然而當他意識到全球面臨的威脅竟是如此龐大後，他的態度轉為激進，使得該組織在二〇〇七年（連同高爾先生）獲頒諾貝爾和平獎。

我從一九九〇年開始，長期擔任 IPCC 的作者，也因此獲頒了由帕喬里先生和小組秘書長「R. Christ」共同簽署的感謝狀。秘書長的姓氏是 Christ 耶穌，也因此他的簽名頗有神靈的感覺。這張感謝狀表揚了我對於「獲頒諾貝爾和平獎的卓越貢獻」，小組也致贈我一枚紀念勳章。勳章太過俗氣，因此我或我熟識的科學家從來都沒有配戴過它。

混淆視聽者的下一個攻擊目標是詹姆士・漢森（James Hansen）。他曾任職於美國太空總署戈達德太空研究所（NASA Goddard Institute for Space Studies），擔任所長一職。漢森是名大氣工程師，時常公開闡述氣候變遷的危險性。為了對付他，有心人士開始操弄他的身分，說他是政府部門的科學家，因此他的所作所為實際上佔用了政府的時間，他應該要回去好好進行研究才是。後來他保住了工作，只是仍受到來自四面八方，包括他老闆的的騷擾。這個事件被詳實地記錄在一本關於科學審查的書中，內容豐富且驚嚇指數十足。[8]

在英國，這些矇混視聽者的主要工具是一個邪惡的組織。這個組織名為全球暖化政策基金會（Global Warming Policy Foundation），由英國前財政大臣勞森（Lord Lawson）創立，但拒絕揭露其資金來源。這個基金會的負責人是班尼・派澤（Benny Peiser），在氣候研究上最偉大的成就是擔任利物浦約翰摩爾斯大學（Liverpool John Moores University）運動科學的講師。這個組織的運作極為神秘，甚至缺乏科學上的可信度，卻仍對英國政府有極大的影響力，甚至讓英國的政策轉向。原本立志成為「全球有史以來最環保綠色的政府」，現在卻將對抗氣候變遷的措施視為是「綠色廢物」。在二〇〇九年甚至發生了氣候門（Climategate）事件。東安格利亞大學（University of East Anglia）的氣候研究單位是舉世聞名的氣候研究中心，當時被職業駭客入侵，將數千封私人電子郵件迅速掃瞄。這些駭客隸屬一個位於俄羅斯的組織，贊助者不明。有些稍微尷尬的電子郵件落入媒體手中，信件內容卻被肆無忌憚地渲染成一場被迫曝光的重大陰謀，疏不知真正的陰謀理當是駭客攻擊，卻完全沒有相關單位進行調查和懲處。

我個人在二〇一二年開始受到人身攻擊。在二〇一二年九月，夏季海冰融退到最低點，BBC 電視台拍攝了相關影片，我也和其他人一起在影片中接受訪問，同時影片也播放了海冰退縮的衛星空照圖。該影片在二〇一二年九月五日播出，影片後接著棚內的討論，當時 BBC 認為要讓兩「方」都各自表述立場。氣候科學家團隊由奈特莉・班尼特（Natalie Bennet）做代表，當時她是綠黨新任主席，有心做事但對北極的情況了解不足。而矇混視聽者一方由彼得・萊利（Peter Lilley MP）代表，當時他僅是個保守黨的政府首長，剛出版了一項由勞森基金會贊助的研究報告。在報告中，他呼籲大眾不須採取任何行動來對抗氣候變遷，亦無須理會史登報告的內容。

在節目中，他甚至表示是受到誤導才來上這個 BBC 的節目，宣稱 BBC 的節目內容是杜撰的（儘管當時有播放海冰消退情況的衛星照片），甚至說我是個「眾所皆知的危言聳聽者」，這個不實指控還重複說了五次。他說對於氣候變遷，他知道的比我還多，並且引用了 IPCC 在二〇〇七年的評估報告內容，表示海冰要等到二十一世紀末才會完全消失。萊利是克能石油公司（Tethys Petroleum）的副總裁，主要的生意夥伴是中亞的各個政權。擁有這種身分的萊利，竟然可成為下議院環境與氣候委員會的一員，並且善用這個職位來決定因應氣候變遷的相關法案。因此，勞森的祕密基金會在政府的相關委員會中，取得了至關重要的代表權。萊利並非唯一的個案，還有很多類似的案例，尤其在美國的共和黨內部更是嚴重。然而，他突顯出搬弄是非的力量是如何能操控大眾，使得大家即使面臨到人類生存的重大威脅，卻仍然無動於衷。

近來勞森的全球暖化基金會在態度上稍微做了調整。在少數基金會派人出席的辯論場合中，基金會已不再全盤否認氣候變遷的存在。基金會表示氣候的確出現了變化，但拒絕承認這是由人類活動所造成的現象。基金會更進一步地指出，因應之道在於調適（adaptation），而非減緩（mitigation）。所謂的「減緩」氣候變化，就是要努力消除造成氣候變遷的因素，像是透過減少碳排放，設法移除大氣中的溫室氣體，或透過地球工程法來管理太陽幅射。「調適」基本上就是種「放手不管，試著接受」的作法。問題是，如果我們放手不管，暖化的程度據IPCC的保守估計，在本世紀末會達到攝氏四度，這樣子的增幅，對地球上的萬物而言，將會造成災難性的衝擊。然而，暖化的情況不會在二一〇〇年就停歇，較可能在我們毫無作為的情況下，再創新高。

公開說明氣候變化對全球威脅的科學家，就如同在挑戰國家的國防安全，確實會引發抨

擊。英國食品、環境與鄉村事務部（the Department for Environment, Food and Rural Affairs, DEFRA）的首席科學顧問伊恩博爾德（Ian Boyd）教授曾表示，科學家應該避免「評論政策是好是壞」，而是要「與專業的顧問（像我這樣子的人）溝通」，再提出個人意見，並且「對於公共事務提出理性的觀點，而非異議。」這段言詞顯示出博爾德夜郎自大的心態，認為自己聰明過人，只有自己有資格「屢進諍言」。然而，諸多承接英國政府研究計畫案的科學家，似乎都收到了類似的指示，被要求要約束自己的言行。其他國家的政府，像是在加拿大和澳洲，對科學家的打壓更為嚴重，直到最近政權輪替後才有所改變。在這些國家，政府解雇了大批的環境科學家，中斷了各項研究氣候變遷相關影響的計畫。由此可見，地球若是要逃過環境變遷之劫，完全得仰賴政府的決定。然而不幸的是，有些政府似乎無意制訂相關政策，只想打壓那些和當權者態度相左的科學研究結果。

這些混淆視聽者一再強調要用「調適」的手法來面對氣候變遷。對此，羅伯特・艾伯爾（Robert P. Abele）教授提出了強而有力的回應：「我們若對地球施暴，導致它的滅絕，我們同時也在對自己施暴，終究會導致自我的毀滅。地球活不了，人也別想活。如果一個國家的民眾和／或其領袖在心理和道德上對於這種人類暴力的影響毫不自覺，那麼這一個國家將沒有長期生存的機會。」

西雅圖酋長（Chief Seattle）在一世紀前所說的話更是撼動人心：「**世上萬物皆有關聯。地球遭受的任何衝擊，也將衝擊到地球的子民。**」破壞這個星球，等同於傷害我們自己。失去地球，我們將無處可逃，沒有另一個星球可以居住生活，不僅得高歌永別了，冰層，更得感嘆永別了，萬物。

戰鬥時刻來臨

我相信，本書大部分的讀者都是對這議題相當關切，且具有十足的判斷智慧，並非只是科學專家而已。我們個人及集體能做什麼來拯救地球呢？能做的事情可以列成一張冗長的清單，我只挑出一些會有影響力的改善方法詳加說明。

首先，對於身旁所有拒絕認清氣候變遷事實的混淆視聽者，我們必須奮力地提出反駁，一一揭露他們的謊言和騙局，並且要意識到氣候變遷不會憑空消失。尤其要特別留意政客的刻意誤導，特別注意首相以降的政要，看看他們的言辭和行為是否有太大的出入。當他們在巴黎簽署了正式的國際協議要降低碳排放後，卻又撤回了太陽能的政府電力收購制度，吝於支持再生能源的研發，且透過壓裂方式大舉開採化石燃料。這樣子的作為顯露出他們的虛偽，你大可以指著這些已當選的民意代表說，如果這些作為沒有改善，下次將會失去你的選票。研究氣候變遷的科學家應該挺身而出，並做好心理準備可能研究生涯會因此受到嚴重打擊，並且從此和所有獎項無緣。至少，他們將不會受到公審，當氣候變遷這事實開始影響民眾生活後，這些仗義執言的科學家將會獲得尊敬，而不是被威脅虐待。

第二，在日常生活中，採用所有必要的措施來減少不必要的能源使用，特別是化石燃料的使用。為什麼這麼多房子沒有絕緣裝置？這絕對是自家房屋中最佳的節能配備，有時政府還會心不甘情不願的提供補助。家用車要選擇低油耗的，或者乾脆騎單車。電動腳踏車是通勤或在城市裡移動的最好選擇。就算沒有任何補助，也請在屋頂安裝太陽能板。

第三，在國家的層面，民眾應要求政府改變發電的主力；英國在這方面尤其怠惰。在二○一五年，我們有八十二%的能源來自化石燃料。我們在波浪能和洋流發電科技的研發工作上，是引領全球的。也有相當理想的海洋環境來探索這些想法的可行性，無論是波濤洶湧的西岸，或是奧克尼群島之間湍急的水流，甚至是塞文河的湧潮等。然而，如同我在「海底科技」（Underwater Technology）雜誌中曾提到的，[9] 政府對於這些研發新型能源的先鋒所提供的補助是少之又少的。最近，甚至有些創新且原本應大有可為的波浪能發電公司，因為得不到支持，紛紛倒閉。[10]英國也有非常豐富的風力資源，卻從來沒有嘗試過生產風力發電機，把這大好的機會拱手讓給了丹麥。太陽能發電板的成本越來越低，在總是陰雨綿綿的英國，也適合在自家裝設，更可以設立大型太陽能發電場，進行大規模發電；唯一的問題是電力的儲存量，畢竟晚上是照不到太陽光的。

然而，這個問題的解決之道已呼之欲出，方法是利用更大顆的電池，或使用電流交換系統。電流交換系統是把電力儲存在外接槽的化學溶液中，性質類似燃料電池，外接槽越大，儲存的電量就越多。麥可阿茲士（Michael Aziz）教授在哈佛大學的研究團隊在二〇一四年研發出利用醌（一種有機化合物）作為水溶液的電流交換系統。[11]只要有政府的大力支持，這些方法便能步上軌道。若有人嚷嚷（例如在英國），宣稱因為政府的開源節流政策，所以沒有經費可以補助，那根本是胡說八道。再生能源必定成為未來供電的主流，我們必須要開始適應這些方法並做出改變，讓我們自己的產業有能力生產這些新的技術。

此外，也不應太畏懼核能發電。核能發電是非常強大的發電方式，能有效地供應基礎電力，讓我們不用排放任何二氧化碳，就能有電把燈點亮。然而要小心的是，英國在採購核能發電設施這方面，實在笨拙得可以。我們常向法國（還是中國？）購買過時又危險的水冷式反應器，架設一台還得花上十年的時間。在過去四十年所發生的核電災難，像是三哩島、車諾比和福島事件，都是因為緩和反應器中複雜的冷卻系統問題所致的災難。要解決這個問題我認為有兩個比較理想的方式：其一為「卵時床反應器」（pebble bed reactor）是由位於德國的某個公會在一九六〇年代開發。這個反應器就像一座高塔，從上方置入裝在球狀容器的燃料後在塔中進行反應，隨後用氣體進行冷卻，最後將這些球狀容器從下方排出；這是非常簡單，也不容易故障的裝置。這種反應爐的大小也非常有彈性，可以是超大型的發電廠，或小型的地區發電系統。南非曾一度試著開發這種核反應設施，但目前只有中國繼續進行研發。另一個可行的方式是採用「釷反應器」（thorium reactor），其利用釷二三二作為裂變材料。在最早研發核能發電時，釷和鈾兩者都曾獲得同等的重視。鈾反應爐後來較為普及，因為鈾反應爐最原始的設計是從軍用潛水艇的反應爐改良的，當時潛水艇也必須使用鈾，才能讓艦艇的供電有十足的彈性。[12] 由於釷的價格較低，裂變產物也無法再進行加工做為軍事用途，因此我們不用擔心這些反應爐會被一些危險政權濫用。

就國際層面而言，如同我曾提到的，最迫切需要的就是開始進行大規模的科技研發計畫，研究地球工程法和移除二氧化碳的方法。地球工程法可以幫助我們暫時拖延暖化的腳步，畢竟我們減碳的速度不夠快，在科學、工程、和管理上也仍有許多問題尚待解決，才能安全地執行下一個步驟。我們當然可以架設一個雲層增亮系統或懸浮微粒噴散網絡，然後進行測試。沙特教授已經設計出一個敏感度實驗，可以檢測水氣注射系統是否會造成任何影響。但是為了安全起見，我們必須先進行研究，模擬各種地球工程法的實際影響，才能大規模的採用這些工法。

最重要的是，我們需要設法移除大氣中的二氧化碳，這是我們拯救地球的唯一希望，所以我們應當打鐵趁熱，趁在技術上還有能力，整個人類文明還有心解決問題的時候，趕緊設法移除二氧化碳。我已經針對目前被提出的間接移碳方式分析了各個方法的缺點，從使用壓碎的石子、生物碳、造林法、到生物能源結合碳捕集與封存法。

總之，解決這些問題需要從多層面來著手，在化學、物理、科技的研發上都得下功夫；這的確是個規模龐大的難題，但是，既然人類可以將在實驗室中觀察到的細微原子反應，製造成威力龐大的炸彈，那還有什麼事情是辦不到呢？這是目前世界所面臨到最為嚴峻的挑戰，克服它，人類文明才得以延續，我們也才有多餘的精力可以對抗其他問題，像是人口過多、水資源和糧食短缺、疾病和戰爭等。若我們無法克服這個挑戰，我們就只能坐以待斃，順便輕嘆一聲：永別了，北極冰層。

參考文獻

第一章　湛藍美麗的北極悲歌

1 Wadhams, P. (1990), Evidence for thinning of the Arctic ice cover north of Greenland. Nature, 345, 795- 7.

2 Rothrock, D. A., Y. Yu and G. A. Maykut (1999), Thinning of the Arctic sea-ice cover. *Geophysical Research Letters*, **26**, 3469- 72; Wadhams, P. and N. R. Davis (2000), Further evidence of ice thinning in the Arctic Ocean. *Geophysical Research Letters*, **27**, 3973- 5.

3 Wadhams, P. (2009), The Great Ocean of Truth. Ely: Melrose Books.

4 Headland, R. K. (2016), Transits of the Northwest Passage to end of the 2013 navigation season. Atlantic Ocean - Arctic Ocean - Pacific Ocean. Il Polo, 71 (3), in press.

5 Rothrock, et al., Thinning of the Arctic sea-ice cover.

6 'The ice is in a "death spiral" and may disappear in the summers within a couple of decades', M. Serreze, in National Geographic News, 17 Sept. 2008; 'There are claims coming from some communities that the Arctic sea ice is recovering, is getting thicker again. That's simply not the case. It's continuing down in a death spiral'. M. Serreze, Statement to Climate Progress, 9 Sept. 2010.

第二章　冰層結晶的奧妙

1 Pauling, L. (1935), The structure and entropy of ice and other crystals with some randomness of atomic arrangement. *Journal of the American Chemical Society*, **57**, 2680- 84.

2 Hobbs, P. V. (1974), *Ice Physics*. Oxford: Clarendon Press. See also Petrenko, V. F. and R. W. Whitworth (1999), *Physics of Ice*. Oxford: Oxford University Press; Chaplin, M. (2016), Water structure and science. www.lsbu.ac.uk/water/ice_phases.html.

3 Weeks, W. F. and S. F. Ackley (1986), The growth, structure and properties of sea ice. In Norbert Untersteiner, ed., *The Geophysics of Sea Ice*, New York: Plenum, pp. 9- 164.

4 Woodworth- Lynas, C. and J. Y. Guigné (2003), Ice keel scour marks on Mars: evidence for floating and grounding ice floes in Kasei Valles. *Oceanography*, 16 (4), 90- 97.

第三章　地表冰層的簡史

1 Kirschvink coined the phrase Snowball Earth in a short paper, Kirschvink, J. L. (1992), Late Proterozoic low- latitude global glaciation: the snowball Earth. In J. W. Schopf and C. Klein, eds., *The Proterozoic Biosphere – a Multidisciplinary Study*. Cambridge: Cambridge University Press, pp. 51- 2. Subsequent strong support for Snowball Earth came from Hoffman, P. F., A. J. Kaufman, G. P. Halverson and D. P. Schrag (1998), A Neoproterozoic snowball Earth. *Science*, **281**, 1342- 6.

2 Turco, R. P., O. B. Toon, T. P. Ackerman, J. B. Pollack and Carl Sagan (1983), Nuclear

Winter: Global consequences of multiple nuclear explosions. *Science*, **222** (4630), 1283- 92.

第四章　近代冰河的週期變化

1 Stothers, R. B. (1984), The Great Tambora eruption in 1815 and its aftermath. Science, 224 (4654), 1191- 8.

2 Croll, J. (1875), Climate and Time in their Geological Relations; a Theory of Secular Changes of the Earth's Climate. Reprinted 2013 by Cambridge University Press, Cambridge Library Collection.

3 Wasdell, D. (2015), Facing the Harsh Realities of Now. www. apollogaia.org.

4 Mann, M. E., R. S. Bradley and M. K. Hughes (1999), Northern hemisphere temperatures during the past millennium: inferences, uncertainties and limitations. Geophysical Research Letters, 26, 759- 62.

5 Arenson, S. (1990), The Encircled Sea. The Mediterranean Maritime Civilisation. London: Constable.

6 Tzedakis, P. C., J. E. T. Charnell, D. A. Hodell, H. F. Kleinen and L. C. Skinner (2012), Determining the natural length of the current interglacial. Nature Geoscience, doi:10.1038/ngeo1358.

7 Ganopolski, A., R. Winkelmann and H. J. Schellnhuber (2016), Critical insolation - CO_2 relation for diagnosing past and future glacial inception. Nature, doi:10.1038/nature 16494.

第五章　溫室效應

1 Houghton, Sir John (2015), *Global Warming: The Complete Briefing , 5th edn*. Cambridge: Cambridge University Press.

2 Arrhenius, S. (1896), On the influence of carbonic acid in the air upon the temperature of the ground. *Philosophical Magazine and Journal of Science*, **41**, 237- 76.

3 Wasdell, D. (2014), *Sensitivity and the Carbon Budget: The Ultimate Challenge of Climate Science*. www. apollogaia.org.

4 Farman, J. C., B. G. Gardiner and J. D. Shanklin (1985), Large losses of total ozone in Antarctica reveal seasonal ClOx/NOx interaction. *Nature*, **315**, 207- 10.

5 Norval, M., R. M. Lucas, A. P. Cullen, F. R. de Grulil, J. Longstreth, Y. Takizawa and J. C. van der Leun (2011), The human health effects of ozone depletion and interactions with climate change. Photochem. *Photobiol. Sci.*, 10 (2), 199- 225.

6 Molina, M. J. and F. S. Rowland (1974), Stratospheric sink for chloro-fluoromethanes: chlorine atom- catalysed destruction of ozone. *Nature*, **249**, 810- 12. There is a more complete account in Rowland, F. S. and M. J. Molina (1975), Chlorofluoromethanes in the environment. *Reviews of Geophysics and Space Physics*, **13**, 1- 35.

7 Wasdell, D. (2015), *Facing the Harsh Realities of Now*. www. apollogaia.org.

8 Screen, J. A. and I. Simmonds (2010), The central role of diminishing sea ice in recent Arctic temperature amplification. *Nature*, **464**, 1334- 7.

第六章　海冰消融之時

1 Scoresby, William Jr (1820), An Account of the Arctic Regions With a History and Description of the Greenland Whale- Fishery. 2 vols. London: Constable (reprinted 1968, David and Charles, Newton Abbot).

2 Kelly, P. M. (1979), An Arctic sea ice data set 1901- 1956. *Glaciological Data*, **5**, 101- 6, World Data Center for Glaciology, Boulder, Colo.

3 Parkinson, C. L., J. C. Comiso, H. J. Zwally, D. J. Cavalieri, P. Gloersen and W. J. Campbell (1987), *Arctic Sea Ice, 1973–1976: Satellite Passive- Microwave Observations*. Washington, DC: National Aeronautics and Space Administration, SP- 489.

4 Wadhams, P. (1981), Sea-ice topography of the Arctic Ocean in the region 70 °W to 25 °E. *Phil. Trans. Roy. Soc., London*, **A302** (1464), 45- 85; Comiso, J. C., P. Wadhams, W. B. Krabill, R. N. Swift, J. P. Crawford and W. B. Tucker (1991), Top/bottom multisensor remote sensing of Arctic sea ice. *Journal of Geophysical Research*, **96** (C2), 2693- 709.

5 Wadhams, P. (1990), Evidence for thinning of the Arctic ice cover north of Greenland. *Nature*, **345**, 795- 7.

6 Rothrock, D. A., Y. Yu and G. A. Maykut (1999), Thinning of the Arctic sea-ice cover. *Geophysical Research Letters*, **26**, 3469- 72.

7 Wadhams, P. and N. R. Davis (2000), Further evidence of ice thinning in the Arctic Ocean. *Geophysical Research Letters*, **27**, 3973- 5.

8 Polyakov, I. V., J. Walsh and R. Kwok (2012), Recent changes of Arctic multiyear sea- ice coverage and the likely causes. *Bulletin of the American Meteorological Society*, doi: 10.1175/

BAMS-D-11- 00070.1.

9 Morello, S. (2013), Summer storms bolster Arctic ice. *Nature*, **500**, 512.

10 Parkinson, C. L. and J. C. Comiso (2013), On the 2012 record low Arctic sea ice cover. Combined impact of preconditioning and an August storm. *Geophysical Research Letters*, **40**, 1- 6.

11 Zhang, J., R. Lindsay, A. Schweiger and M. Steele (2013), The impact of an intense summer cyclone on 2012 Arctic sea ice extent. *Geophysical Research Letters*, **40** (4), 720- 26.

12 Maslowski, W., J. C. Kinney, M. Higgins and A. Roberts (2012), The future of Arctic sea ice. *Annual Reviews of Earth and Planetary Science*, **40**, 625- 54.

13 Macovsky, M. L. and G. Mechlin (1963), A proposed technique for obtaining directional wave spectra by an array of inverted fathometers. *In Ocean Wave Spectra*, Proceedings of a Conference held at Easton, Maryland, 1- 4 May 1961. Englewood Cliffs: Prentice-Hall, pp. 235- 45.

14 Wadhams, P. (1978), Wave decay in the marginal ice zone measured from a submarine. *Deep- Sea Research*, **25** (1), 23- 40.

15 MIZEX Group (33 authors, inc. P. Wadhams) (1986), MIZEX East: The summer marginal ice zone program in the Fram Strait/Greenland Sea. *EOS, Transactions of the American Geophysical Union*, **67** (23), 513- 17.

第七章　墜入死亡漩渦的北極冰層

1 Laxon, S. W. et al. (2013), CryoSat-2 estimates of Arctic sea ice thick-ness and volume. *Geophysical Research Letters*, **40**, 732- 7.

2 Rothrock, D. A., D. B. Percival and M. Wensnahan (2008), The decline in Arctic sea-ice thickness: separating the spatial, annual and interannual variability in a quarter century of submarine data. *Journal of Geophysical Research Oceans*, **113**, C05003.

3 Kwok, R. (2009), Outflow of Arctic Ocean sea ice into the Greenland and Barents Seas: 1979- 2007. Journal of Climate, 22, 2438- 57; Polyakov, I. V., J. Walsh and R. Kwok (2012), Recent changes of Arctic multiyear sea-ice coverage and the likely causes. *Bulletin of the American Meteorological Society*, doi: 10.1175/ BAMS-D-11-00070.1.

4 Tietsche, S., D. Notz, J. H. Jungclaus and J. Marotzke (2011), Recovery mechanisms of Arctic summer sea ice. *Geophysical Research Letters*, **38**, L02707.

5 IPCC (2013), Climate Change 2013. *The Physical Science Basis. Working Group 1 Contribution to the Fifth Assessment Report of the Intergovernmental Panel on Climate Change. Summary for Policymakers.* Cambridge: Cambridge University Press, p. 21.

6 Wadhams, P. (2014), The ' Hudson-70' Voyage of Discovery: First Circumnavigation of the Americas. In D. N. Nettleship, D. C. Gordon, C. F. M. Lewis and M. P. Latremouille, Voyage of Discovery, *Fifty Years of Marine Research at Canada's Bedford Institute of Oceanography.* Dartmouth: BIO-Oceans Association, pp. 21- 8.

7 Humpert, M. (2014), Arctic Shipping: an analysis of the 2013 Northern Sea Route season. *Arctic Yearbook 2014*, Calgary: Arctic Institute of North America. See also Arctic Council

(2009), *Arctic Marine Shipping Assessment 2009 Report.*
8 National Research Council of the National Academies (2014), *Responding to Oil Spills in the U. S. Arctic Marine Environment.* Washington, DC: National Academies Press.
9 Wadhams, P. (1976), Oil and ice in the Beaufort Sea. **Polar Record, 18** (114), 237- 50.

第八章　北極回饋的加速效應

1 Maykut, G. A. and N. Untersteiner (1971), Some results from a time-dependent thermodynamic model of Arctic sea ice. *Journal of Geophysical Research*, **76** (6), 1550–75。
2 Perovich, D. K. and C. Polashenski (2012), Albedo evolution of seasonal Arctic sea ice. *Geophysical Research Letters*, **39** (8), doi:10.1029/2012GL051432。
3 Pistone, K., I. Eisenman and V. Ramanathan (2014), Observational determination of albedo decrease caused by vanishing Arctic sea ice. *Proceedings of the National Academy of Sciences*, **111** (9), 3322–6。
4 Rignot, E. and P. Kanagaratnam (2006), Changes in the velocity structure of the Greenland ice sheet. *Science*, **311** (5763), 986–90。
5 McMillan, M., A. Shepherd, A. Sundal, K. Briggs, A. Muir, A. Ridout, A. Hogg and D. Wingham (2014), Increased ice losses from Antarctica detected by CryoSat-2. *Geophysical Research Letters*, **41**, 3899–905。
6 Wadhams, P. and W. Munk (2004), Ocean freshening, sea level rising, sea ice melting. *Geophysical Research Letters*, **31**, L11311, doi:101029/2004GLO20039。

7 Quinn, P. K., A. Stohl, A. Arneth, T. Berntsen, J. F. Burkhart, J. Christensen, M. Flanner, K. Kupiainen, H. Lihavainen, M. Shepherd, V. Shevchenko, H. Skov and V. Vestreng (Arctic Monitoring and Assessment Programme (AMAP)) (2011), *The Impact of Black Carbon on Arctic Climate*. Oslo: Arctic Monitoring and Assessment Programme (AMAP)。

第九章　北極甲烷——醞釀中的大災難

1 Westbrook, G. K. et al. (2009), Escape of methane gas from the seabed along the West Spitsbergen continental margin. *Geophysical Research Letters*, **36** (15), doi: 10.1029/2009GL039191。

2 Shakhova, N., I. Semiletov, A. Salyk and V. Yusupov, (2010), Extensive methane venting to the atmosphere from sediments of the East Siberian Arctic Shelf. *Science*, **327**, 1246。

3 Dmitrenko, I. A., S. A. Kirillov, L. B. Tremblay, H. Kassens, O. A. Anisimov, S. A. Lavrov, S. O. Razumov and M. N. Grigoriev (2011), Recent changes in shelf hydrography in the Siberian Arctic: Potential for subsea permafrost instability. *Journal of Geophysical Research*, **116**, C10027, doi:10.1029/2011JC007218。

4 Shakhova, N., I. Semiletov, I. Leifer, V. Sergienko, A. Salyuk, D. Kos- mach, D. Chernykh, C. Stubbs, D. Nicolsky, V. Tumskoy and Ö Gustafsson (2013), Ebullition and storm induced methane release from the East Siberian Arctic Shelf. *Nature Geoscience*, **7**, doi: 0.1038/ NGEO2007; Frederick, J. M. and B. A. Buffett (2014), Taliks in relict submarine permafrost and methane hydrate deposits: Pathways for gas escape under present and

future conditions. *Journal of Geophysical Research Earth Surface*, **119**, 106–22, doi:10.1002/2013JF002987。

5 Whiteman, G., C. Hope and P. Wadhams (2013), Vast costs of Arctic change. *Nature*, **499**, 401–3。

6 Hope, C. (2013), Critical issues for the calculation of the social cost of CO2: why the estimates from PAGE09 are higher than those from PAGE2002. *Climatic Change*, **117**, 531–43。

7 Stern, Sir Nicholas (2006), *The Economics of Climate Change*. London: HM Treasury。

8 Overduin, P. P., S. Liebner, C. Knoblauch, F. Günther, S. Wetterich, L. Schirrmeister, H. W. Hubberten and M. N. Grigoriev (2015), Methane oxidation following submarine permafrost degradation: Measure- ments from a central Laptev Sea shelf borehole. *Journal of Geophysical Research. Biogeosciences*, **120**, 965–78, doi:10.1002/2014JG 002862。

9 Janout, M., J. Hölemann, B. Juhls, T. Krumpen, B. Rabe, D. Bauch, C. Wegner, H. Kassens and L. Timokhov (2016), Episodic warming of near bottom waters under the Arctic sea ice on the central Laptev Sea shelf. *Geophysical Research Letters*, January 2016, doi: 10.1002/ 2015GL066565。

10 Nicolsky, D. J., V. E. Romanovsky, N. N. Romanovskii, A. L. Kholodov, N. E. Shakhova and I. P. Semiletov (2012), Modeling sub-sea permafrost in the East Siberian Arctic shelf: The Laptev Sea region. *Journal of Geophysical Research*, **117**, F03028, doi:10.1029/2012JF002358。

第十章　詭譎多變的天氣

1 Francis, J. A. and S. J. Vavrus (2012), Evidence linking Arctic amplification to extreme weather in mid-latitudes. *Geophysical Research Letters*, **39**, L06801, doi:.10.1029/2012GL051000。

2 Overland, J. E. (2016), A difficult Arctic science issue: mid-latitude weather linkages. *Polar Science*, in press。

3 National Academy of Sciences (2014), *Linkages Between Arctic Warm- ing and Mid-Latitude Weather Patterns*. Washington, DC: National Academies Press。

4 Cohen, J., J. A. Screen, J. C. Furtado, M. Barlow, D. Whittleston, D. Coumou, J. Francis, K. Dethloff, D. Entekhabi, J. Overland and J. Jones (2014), Recent Arctic amplification and extreme mid-latitude weather. *Nature Geoscience*, **7** (9), 627–37, doi:10.1038/ngeo2234。

5 Ghatak, D., A. Frei, G. Gong, J. Stroeve and D. Robinson (2012), On the emergence of an Arctic amplification signal in terrestrial Arctic snow extent. *Journal of Geophysical Research*, **115**, D24105。

6 Overland, J. E. and M. Wang (2010), Large-scale atmospheric circulation changes are associated with the recent loss of Arctic sea ice. *Tellus A*, **62**, 1–9。

7 Liu, J., C. A. Curry, H. Wang, M. Song and R. M. Horton (2012), Impact of declining Arctic sea ice on winter snowfall. *Proceedings of the National Academy of Sciences*, **109**, 4074–9, doi: 10.1073/ pnas.1114910109。

8 Screen, J. A. and I. Simmonds (2013), Exploring links between Arctic amplification and mid-latitude weather. *Geophysical Research Letters*, **40**, 959–64, doi: 10.1002/grl.50174。

9 Grassi, B., G. Redaelli and G. Visconti (2013), Arctic sea-ice reduction and extreme climate events over the Mediterranean region. *Journal of Climate*, **26**, 10101–10, doi:10.1175/JCLI-D-12-00697.1。
10 Wu, B., D. Handorf, K. Dethloff, A. Rinke and A. Hu (2013), Winter weather patterns over northern Eurasia and Arctic sea ice loss. *Monthly Weather Review*, **141**, 3786–800, doi:10.1175/M WR-D-13-00046.1。
11 Wilkins, Sir Hubert (1928), *Flying the Arctic*. New York: Grosset and Dunlap。
12 Haberl, H., D. Sprinz, M. Bonazountas, P. Cocco, Y. Desaubies, M. Henze, O. Hertel, R. K. Johnson, U. Kastrup, P. Laconte, E. Lange, P. Novak, I. Paavolam, A. Reenberg, S. van den Hove, T. Vermeire, P. Wadhams and T. Searchinger (2012), Correcting a fundamental error in greenhouse gas accounting related to bioenergy. *Energy Policy*, **45**, 18–23。
13 Arnell, N. W. and B. Lloyd-Hughes (2014), The global-scale impacts of climate change on water resources and flooding under new climate and socio-economic scenarios. *Climatic Change*, **122**, 1-2, 127–40, doi: 10.1007/s10584-013-0948-4。

第十一章　深海煙囪的神祕身世

1 Marshall, J. and F. Schott (1999), Open ocean convection: observations, theory and ideas. *Reviews of Geophysics*, **37**, 1–63。
2 Scoresby, William Jr (1820), *An Account of the Arctic Regions With a History and Description of the Greenland Whale-Fishery*. 2 vols. London: Constable (reprinted 1968, David and Charles,

Newton Abbot)。
3 Wilkinson, J. P. and P. Wadhams (2003), A salt flux model for salinity change through ice production in the Greenland Sea, and its relationship to winter convection. *Journal of Geophysical Research*, **108** (C5), 3147, doi:10.1029/2001JC001099。
4 MEDOC Group (1970), Observations of formation of deep water in the Mediterranean Sea, 1969. *Nature*, **227**, 1037-40。
5 Wadhams, P., J. Holfort, E. Hansen and J. P. Wilkinson (2002), A deep convective chimney in the winter Greenland Sea. *Geophysical Research Letters*, **29** (10), doi:10.1029/2001GL014306。
6 Budéus, G., B. Cisewski, S. Ronski, D. Dietrich and M. Weitere (2004), Structure and effects of a long lived vortex in the Greenland Sea. *Geophysical Research Letters*, **31**, L053404, doi:10.1029/2003 62 017983。
7 Wadhams, P., G. Budéus, J. P. Wilkinson, T. Loyning and V. Pavlov (2004), The multi year development of long lived convective chimneys in the Greenland Sea. *Geophysical Research Letters*, **31**, L06306, doi:10.1029/2003GL019017。
8 Wadhams, P. (2004), Convective chimneys in the Greenland Sea: a review of recent observations. *Oceanography and Marine Biology. An Annual Review*, **42**, 1-28。
9 De Jong, M. F., H. M. Van Aken, K. Våge and R. S. Pickart (2012), Convective mixing in the central Irminger Sea: 2002-2010. *Deep-Sea Research, I*, **63**, 36-51。

第十二章　南極發生什麼事？

1 See website climate.nasa.gov/news/.

2 Rignot, E., J. L. Bamber, M. R. van den Broeke, C. Davis, Y. Li, W. J. van de Berg and E. van Meijgaard (2008), Recent Antarctic ice mass loss from radar interferometry and regional climate modelling. Nature Geoscience, 1 (2), 106–10.

3 Wadhams, P., M. A. Lange and S. F. Ackley (1987), The ice thickness distribution across the Atlantic sector of the Antarctic Ocean in midwinter. Journal of Geophysical Research, 92 (C13), 14535- 52; Lange, M. A., S. F. Ackley, P. Wadhams, G. S. Dieckmann and H. Eicken (1989), Development of sea ice in the Weddell Sea Antarctica. Annals of Glaciology, 12, 92- 6.

4 Wadhams et al. (1987), The ice thickness distribution across the Atlantic sector of the Antarctic Ocean in midwinter.

5 Ibid.

6 Wadhams, P. and D. R. Crane (1991), SPRI participation in the Winter Weddell Gyre Study 1989. *Polar Record*, **27** (160), 29- 38.

7 Ackley, S. F., V. I. Lytle, B. Elder and D. Bell (1992), Sea-ice investigations on Ice Station Weddell. 1: ice dynamics. *Antarctic Journal of the US*, **27**, 111- 13.

8 Hellmer, H. H., M. Schröder, C. Haas, G. S. Dieckmann and M. Spindler (2008), Ice Station Polarstern (ISPOL). *Deep- Sea Research II*, **55**, 8- 9.

9 Massom, R. A., H. Eicken, C. Haas, M. O. Jeffries, M. R. Drinkwater, M. Sturm, A. P. Worby, X. Wu, V. I. Lytle, S. Ushio, K. Morris, P. A. Reid, S. G. Warren and I. Allison

(2001), Snow on Antarctic sea ice. *Reviews of Geophysics*, **39**, 413- 45; Eicken, H., M. A. Lange, H.-W. Hubberten and P. Wadhams (1994), Characteristics and distribution patterns of snow and meteoric ice in the Weddell Sea and their contribution to the mass balance of sea ice. *Annals of Geophysics*, **12**, 80- 93.

10 Parkinson, C. L. and D. J. Cavalieri (2012), Antarctic sea ice variability and trends, 1979-2010, *The Cryosphere*, **6**, 871- 80, doi:10.5194/ tc-6-871-2012.

11 Zwally, H. J., J. C. Comiso, C. L. Parkinson, W. J. Campbell, F. D. Carsey and P. Gloersen (1983), *Antarctic Sea Ice 1973– 1976: Satellite Passive- Microwave Observations*. Washington, DC: NASA, Rept. SP-459.

12 Bromwich, D. H., J. P. Nicolas, A. J. Monaghan, M. A. Lazzara, L. M. Keller, G. A. Weidne and A. B. Wilson (2013), Central West Antarctica among the most rapidly warming regions on Earth. Southern ocean winter mixed layer. *Nature Geoscience*, **6**, 139-45.

13 Steig, E. J., D. P. Schneider, S. D. Rutherford, M. E. Mann, J. C. Comiso and D. T. Shindell (2009), Warming of the Antarctic ice-sheet surface since the 1957 International Geophysical Year. *Nature*, **457**, 459–62.

14 Bromwich et al. (2013), Central West Antarctica among the most rapidly warming regions on Earth.

15 Maksym, T., S. E. Stammerjohn, S. Ackley and R. Massom (2012), Antarctic sea ice - a polar opposite? *Oceanography*, **25**, 140- 51.

16 Zwally, H. J. and P. Gloersen (1977), Passive microwave images of the polar regions and research applications. *Polar Record*, **18**, 431- 50; Steig et al. (2009), Warming of the Antarctic

ice-sheet surface.

17 Bagriantsev, N. V., A. L. Gordon and B. A. Huber (1989), Weddell Gyre - temperature maximum stratum. *Journal of Geophysical Research*, **94**, 8331- 4; Gordon, A. L. and B. A. Huber (1990), Southern ocean winter mixed layer. *Journal of Geophysical Research*, **95**, 11655-72.

18 www.climate.nasa.gov/news/.

19 Zhang, J. (2014), Modeling the impact of wind intensification on Antarctic sea ice volume. *Journal of Climate*, **27**, 202- 14.

20 Jacobs, S., A. Jenkins, H. Hellmer, C. Giulivi, F. Nitsche, B. Huber and R. Guerrero (2012), The Amundsen Sea and the Antarctic ice sheet. *Oceanography*, **25**, 154- 63.

21 Mengel, M. and A. Levemann (2014), Ice plug prevents irreversible discharge from East Antarctica. *Nature Climate Change*, **4**, 451- 5, doi:10.1038.

22 Peterson, R. G. and W. B. White (1998), Slow oceanic teleconnections linking the Antarctic Circumpolar Wave with the tropical El Niño- Southern Oscillation. *Journal of Geophysical Research*, **103**, 24573- 83.

23 Comiso J. C., R. Kwok, S. Martin and A. L. Gordon (2011), Variability and trends in sea ice extent and ice production in the Ross Sea. *Journal of Geophysical Research*, **116**, C04021, doi:10.1029/2010JC006391.

24 Rind, D., M. Chandler, J. Lerner, D. G. Martinson and X. Yuan (2001), Climate response to basin- specific changes in latitudinal tem-perature gradients and implications for sea ice variability. *Journal of Geophysical Research*, **106**, 20161- 73.

25 Wilson, A. B., D. H. Bromwich, K. M. Hines and S.-H. Wang (2014), El Niño flavors and their simulated impacts on atmospheric circulation in the high-southern latitudes. *Journal of Climate*, **27**, 8934- 55, doi:10.1175/ JCLI-D-14-00296.1.
26 Francis, J. A. and S. J. Vavrus (2012), Evidence linking Arctic amplification to extreme weather in mid-latitudes. *Geophysical Research Letters*, **39**, L06801, doi:.10.1029/2012GL051000.
27 Whiteman, G., C. Hope and P. Wadhams (2013), Vast costs of Arctic change. *Nature*, **499**, 401- 3.

第十三章 地球的現況

1 Ehrlich, P. R. and A. H. Ehrlich (2014), Collapse: what's happening to our chances? http://mahb.stanford.edu/blog/ collapse-whats-happening-to-our-chances?
2 UN (2015), *World Population Prospects, the 2015 Revision*. New York: United Nations Population Division, Department of Economic and Social Affairs.
3 Meadows, D. H, D. L. Meadows, J. Randers and W. W. Behrens III (1972), *The Limits to Growth*. Universe Books.
4 MacKay, Sir David J. C. (2009), *Sustainable Energy – Without the Hot Air*. UIT Cambridge Ltd. Available for download, www.without-hotair.com.
5 Paterson, Owen. The State of Nature: Environment Question Time. Conservative Party fringe, Manchester, 29 September 2013.

6 Royal Society (2009), *Geoengineering the Climate: Science, Governance and Uncertainty*. London: Royal Society.

7 Latham, J. (1990), Control of global warming? Nature, 347, 339- 40.

8 Salter, S., G. Sortino and J. Latham (2008), Sea-going hardware for the cloud albedo method of reversing global warming. *Philosophical Transactions of the Royal Society*, **A366**, 3989-4006.

9 Latham, J., A. Gadian, J. Fournier, B. Parkes, P. Wadhams and J. Chen (2014), Marine cloud brightening: regional applications. *Philosophical Transactions of the Royal Society*, **A372**, 20140053.

10 Rasch, P., J. Latham and C-C. Chen (2009), Geoengineering by cloud seeding: influence on sea ice and climate system. *Environmental Research Letters*, **4**, 045112, doi:10.1088/1748-9326/4/4/045112.

11 Rignot, E., J. Mouginot, M. Morlinghem, H. Senussi and B. Scheuchi (2014), Widespread, rapid grounding line retreat of Pine Island, Thwaites, Smith and Kohler Glaciers, West Antarctica, from 1992 to 2011. *Geophysical Research Letters*, **41**, 3502- 9, doi:10.1002/2014GL060140.

12 Jackson, L. S., J. A. Crook, A. Jarvis, D. Leedal, A. Ridgwell, N. Vaughan and P. M. Forster (2014), Assessing the controllability of Arctic sea ice extent by sulphate aerosol geoengineering. *Geophysical Research Letters*, **42**, 1223- 31, doi:10.1002/2014GL062240.

13 Crutzen, P. J. (2006), Albedo enhancement by stratospheric sulfur injections: a contribution to resolve a policy dilemma? *Climatic Change*, **77**, 211- 20.

14 Xia, L., A. Robock, S. Tilmes and R. R. Neely III (2016), Stratospheric sulfate engineering could enhance the terrestrial photosynthesis rate. *Atmospheric Chemistry and Physics*, **16**, 1479–89.

15 Williamson, P. (2016), Emissions reduction: scrutinize CO2 removal methods. *Nature*, **530**, 153–5.

16 Halter, R. (2011), The Insatiable Bark Beetle. Victoria BC: Rocky Mountain Books.

第十四章　擊鼓備戰

1 Wasdell, D. (2015), *Facing the Harsh Realities of Now*. www. apollogaia.org.

2 Emmerson, C. and G. Lahn (2012), *Arctic Opening: Opportunity and Risk in the High North*. London: Chatham House/Lloyd's Risk Report. www.chathamhouse.org/sites/default/files/public/Research/Energy,%20Environment%20and%20Development/0412arctic.pdf.

3 International Monetary Fund (2013), *World Economic Outlook, April 2013*. New York: IMF.

4 Ibid.

5 Full text of speech available on website of Margaret Thatcher Foundation, www. margaretthatcher.org.

6 Houghton, J. T., G. J. Jenkins and J. J. Ephraums (eds.) (1990), *Climate Change. The IPCC Scientific Assessment*. Cambridge: Cambridge University Press.

7 Oreskes, N. and E. M. Conway (2010), *Merchants of Doubt: How a Handful of Scientists Obscured the Truth on Issues from Tobacco Smoke to Global Warming*. London: Bloomsbury Press.

8 Bowen, M. (2008), *Censoring Science: Inside the Political Attack on Dr. James Hansen and the Truth of Global Warming*. New York: Dutton Books.

9 Wadhams, P. (2015), New roles for underwater technology in the fight against catastrophic climate change. *Underwater Technology*, **33** (1), 1- 2.

10 Merry, S. (2016), Outlook for the wave and tidal stream industry in the UK. *Underwater Technology*, **33** (3), 139- 40.

11 Huskinson, B., M. P. Marshak, C. Suh, E. Süleyman, M. R. Gerhardt, C. J. Galvin, X. Chn, A. Asparu- Guzik, R. G. Gordon and M. J. Aziz (2014), A metal-free organic-inorganic aqueous flow battery. **Nature**, **505**, 195- 8; Lin, K. et al. (2015), Alkaline quinone flow battery. *Science*, **349**, 1529.

12 Martin, R. (2012), *Superfuel. Thorium, the Green Energy Source for the Future*. London: Palgrave Macmillan.

愛悅讀
VOLUNTARY READING
004 愛閱讀系列004

消失中的北極

極地海冰持續消融，不僅洪水會來臨，2050年地球也將不再適合人居

A Farewell to Ice: A Report from the Arctic

作　　者　彼得．瓦哈姆斯（Peter Wadhams）
譯　　者　王念慈、吳煒聲、黃馨如
總 編 輯　何玉美
副總編輯　陳永芬
責任編輯　周書宇
封面設計　高偉哲
內文排版　菩薩蠻數位文化有限公司

出版發行　采實出版集團
行銷企劃　黃文慧．鍾惠鈞．陳詩婷
業務經理　林詩富
業務發行　張世明．吳淑華．何學文．林坤蓉
會計行政　王雅蕙．李韶婉
法律顧問　第一國際法律事務所　余淑杏律師
電子信箱　acme@acmebook.com.tw
采實ＦＢ　http://www.facebook.com/acmebook

ＩＳＢＮ　978-986-93933-7-9
定　　價　399元
初版一刷　2017年2月
劃撥帳號　50148859
劃撥戶名　采實文化事業股份有限公司
104台北市中山區建國北路二段92號9樓
電話：(02)2518-5198
傳真：(02)2518-2098

國家圖書館出版品預行編目資料

消失中的北極：極地海冰持續消融，不僅洪水會來臨，2050年地球也將不再適合人居 / 彼得.瓦哈姆斯(Peter Wadhams)作；王念慈, 吳煒聲, 黃馨如譯. -- 初版. -- 臺北市：采實文化, 民106.02
面；　公分. --(愛閱讀系列；4)
譯自：A Farewell to Ice: A Report from the Arctic
ISBN 978-986-93933-7-9(平裝)
1.氣候變遷 2.環境保護

328.8018　　105022867

采實出版集團
ACME PUBLISHING GROUP

用「圖像分析」練「鑑賞能力」，看懂名畫背後的人文歷史

每一幅美術作品，
都是恣意穿越西方歷史的任意門。

池上英洋◎著／葉廷昭◎譯

天才，不是個人成就，而是善用城市資源的結果？

端看七座培育天才的搖籃，
如何引領世界向前！

艾瑞克・魏納◎著／鄭百雅◎譯

你要的愛情很簡單，卻總遇到不對的人？

鎖，與鑰匙，都握在自己的手上……
永遠不要放棄愛！

蘇珊・佩琦◎著／林雨蒨◎譯

廣	告	回	信
台北郵局登記證			
台北廣字第03720號			
免	貼	郵	票

采實文化 ACME PUBLISHING 采實文化事業有限公司

104台北市中山區建國北路二段92號9樓

采實文化讀者服務部　收

讀者服務專線：02-2518-5198

消失中的北極

極地海冰持續消融，不僅洪水會來臨，2050年地球也將不再適合人居

A FAREWELL TO ICE

A REPORT FROM THE ARCTIC

彼得・瓦哈姆斯——著　王念慈、吳煒聲、黃馨如——譯

愛悅讀 VOLUNTARYREADING 004 系列專用回函

系列：愛閱讀系列004
書名：消失中的北極：極地海冰持續消融，不僅洪水會來臨，2050年地球也將不再適合人居

讀者資料（本資料只供出版社內部建檔及寄送必要書訊使用）：

1. 姓名：
2. 性別：☐男 ☐女
3. 出生年月日：民國　　年　　月　　日（年齡：　　歲）
4. 教育程度：☐大學以上 ☐大學 ☐專科 ☐高中（職） ☐國中 ☐國小以下（含國小）
5. 聯絡地址：
6. 聯絡電話：
7. 電子郵件信箱：
8. 是否願意收到出版物相關資料：☐願意 ☐不願意

購書資訊：

1. 您在哪裡購買本書？☐金石堂（含金石堂網路書店） ☐誠品 ☐何嘉仁 ☐博客來 ☐墊腳石 ☐其他：＿＿＿＿＿＿＿＿＿（請寫書店名稱）
2. 購買本書日期是？＿＿年＿＿月＿＿日
3. 您從哪裡得到這本書的相關訊息？☐報紙廣告 ☐雜誌 ☐電視 ☐廣播 ☐親朋好友告知 ☐逛書店看到☐別人送的 ☐網路上看到
4. 什麼原因讓你購買本書？☐對主題感興趣 ☐被書名吸引才買的 ☐封面吸引人 ☐內容好，想買回去做做看 ☐其他：＿＿＿＿＿＿＿＿＿＿＿＿（請寫原因）
5. 看過書以後，您覺得本書的內容：☐很好 ☐普通 ☐差強人意 ☐應再加強 ☐不夠充實
6. 對這本書的整體包裝設計，您覺得：☐都很好 ☐封面吸引人，但內頁編排有待加強 ☐封面不夠吸引人，內頁編排很棒 ☐封面和內頁編排都有待加強 ☐封面和內頁編排都很差

寫下您對本書及出版社的建議：

1. 您最喜歡本書的特點：☐實用簡單 ☐包裝設計 ☐內容充實
2. 您最喜歡本書中的哪一個章節？原因是？

＿＿＿＿＿＿＿＿＿＿＿＿＿＿＿＿＿＿＿＿

＿＿＿＿＿＿＿＿＿＿＿＿＿＿＿＿＿＿＿＿

3. 您最想知道哪些關於環境保護和社會議題的觀念？

＿＿＿＿＿＿＿＿＿＿＿＿＿＿＿＿＿＿＿＿

＿＿＿＿＿＿＿＿＿＿＿＿＿＿＿＿＿＿＿＿

4. 未來，您還希望我們出版哪一方面的書籍？

＿＿＿＿＿＿＿＿＿＿＿＿＿＿＿＿＿＿＿＿

＿＿＿＿＿＿＿＿＿＿＿＿＿＿＿＿＿＿＿＿